清华大学水利工程系列教材

全国水利行业规划教材

北京市高等教育精品教材立项项目

Watershed Hydrology

U0284000

流域水文学

杨大文 杨汉波 雷慧闽 编著

Yang Dawen　Yang Hanbo　Lei Huimin

清华大学出版社

北 京

内 容 简 介

本书为高等学校水文水资源专业及水利水电工程专业的通用教材。全书共 12 章,主要内容包括:地球上水的分布及循环,降水,积雪与融雪,蒸发,降雨下渗及土壤中的水分运动,河川径流,流域产汇流分析及水文模型,流域水文预报,水文统计分析方法,设计年径流,设计洪水等。全书系统介绍了流域水文学的基本概念、原理和方法,包括流域水文基本过程、流域水文计算方法和工程水文设计三大部分。本书内容安排重视从原理到方法的自然过渡,注重科学与工程的结合,在保持经典内容的基础上体现水文学的新进展。

本书可供高等院校相关专业的师生使用,也可作为相关专业科研人员和工程技术人员的参考书。

图书在版编目(CIP)数据

流域水文学/杨大文,杨汉波,雷慧闽编著. —北京:清华大学出版社,2014(2025.1重印)
(清华大学水利工程系列教材)
ISBN 978-7-302-36069-8

Ⅰ. ①流… Ⅱ. ①杨… ②杨… ③雷… Ⅲ. ①流域—水文学—高等学校—教材 Ⅳ. ①P343

中国版本图书馆 CIP 数据核字(2014)第 069720 号

责任编辑:张占奎   洪 英
封面设计:常雪影
责任校对:赵丽敏
责任印制:沈 露

出版发行:清华大学出版社
　　　　　网　　址:https://www.tup.com.cn,https://www.wqxuetang.com
　　　　　地　　址:北京清华大学学研大厦 A 座　　　　　邮　　编:100084
　　　　　社 总 机:010-83470000　　　　　邮　　购:010-62786544
　　　　　投稿与读者服务:010-62776969,c-service@tup.tsinghua.edu.cn
　　　　　质量反馈:010-62772015,zhiliang@tup.tsinghua.edu.cn
印 装 者:北京建宏印刷有限公司
经　　销:全国新华书店
开　　本:203mm×253mm　　印　　张:14.75　　　　字　　数:435 千字
版　　次:2014 年 8 月第 1 版　　　　　　　　　　印　　次:2025 年 1 月第 10 次印刷
定　　价:49.80 元

产品编号:043973-02

前　　言

　　水文学是研究地球上水的起源、循环及分布,水与物理、生态环境之间的相互作用及水对人类活动的响应等规律,以及应用这些规律为人类服务的知识体系。水文学是地理科学、水利科学与工程等专业的基础课程。流域水文学以流域为研究的基本对象,介绍流域尺度的水文过程、分析方法及工程应用等基础知识。

　　水文现象具有确定性和随机性,水文过程的描述方法也有确定性方法和统计方法两大类。确定性方法认为,水文过程遵循质量守恒、能量守恒和动量守恒定律,流域水量平衡、蒸发、下渗、地表与地下径流等水文过程的数学物理描述都是这三大守恒定律的具体应用。根据水文现象的随机性,概率与数理统计方法广泛应用于水文分析与工程水文设计。流域水文学力求体现对自然规律的认识,从不同时间和空间尺度讲解水文循环的现象、过程和原理,揭示流域水量平衡的基本规律。本书系统介绍了流域水文学的方法论,力求做到从原理到方法的自然过渡,注重科学与工程的结合,在保持水文学经典内容的基础上适当体现水文学的一些前沿发展,做到经典与前沿相结合。

　　早在1938年,清华大学土木工程系水利组就开设了水文学课程,并培养了一批我国早期的水文学家。1952年,清华大学成立水利工程系,工程水文学是本科生的专业基础课程。长期以来,水文学课程坚持课堂教学与实践教学相结合,强调基础理论知识,重视培养学生分析和解决工程实际问题的能力。20世纪50年代,黄万里教授讲授工程水文学课程并编写了《工程水文学》(电力工业出版社,1957年)教材,廖松教授参加了全国高等学校教材《工程水文学》(水利电力出版社,1987年)的编写,王燕生教授主持了全国高等学校教材《工程水文学(第2版)》(中国水利水电出版社,1992年)的编写。

　　为了适应水利学科及中国水利事业发展的新形势,从2004年开始,清华大学水利水电工程系对工程水文学课程的教学内容进行调整,启动编写水文学新教材,并同步启动了精品课程建设。2005年,将原来的工程水文学课程(48学时)调整为水文学系列课程,包括水文学原理与应用(Ⅰ)(32学时)、水文学原理与应用(Ⅱ)(32学时)及工程水文设计(16学时)。水文学原理与应用(Ⅰ)的主要授课内容为流域水文学,水文学原理与应用(Ⅱ)的主要授课内容为地下水文学。水文学原理与应用课程在2008年被评为清华大学精品课,在2009年被评为北京市精品课程和国家精品课程。

　　本书主要由杨大文编写与统稿,杨汉波和雷慧闽参与了部分内容的编写,全书由张思聪校稿。本书在编写过程中,得到了多位教师的热情帮助,清华大学水利水电工程系水文水资源研究所的多名研究生参与了资料的收集、整理和编写工作,特此感谢。虽然本书在编写过程中做了大量的工作,但是书中难免存在一些问题,希望广大师生及读者在使用过程中提出宝贵意见和建议,以便今后进一步完善。

编　者

2014年5月于清华园

目　　录

第1章 绪 论

1.1 水文学的研究对象和内容

在语源学上,hydrology 来源于古希腊,是一个复合词,由"水(water)"和"词(word)"组成。就词义而言,水文学是关于水的科学,涉及的范围非常广泛。水文学作为一门现代学科,直到 20 世纪 60 年代还没有全世界同行公认的定义。1968 年 Price 和 Heindl 对过去约百年的文献资料进行了调研,得出的结论是:人们有一个共识,即水文学是一门研究陆地和近海地区水循环的物理科学,而且水文学的概念还有不断拓展的趋势,甚至涉及社会经济学层面。

《中国大百科全书》中对水文学的定义是:水文学是关于地球上水的起源、存在、分布、循环、运动等变化规律和应用这些规律为人类服务的知识体系。联合国教科文组织(UNESCO)对水文学的定义是:Hydrology is the science which deals with waters of the earth, their occurrence, circulation, distribution on the planet, their physical and chemical properties, and their interactions with the physical and biological environment, including their responses to human activity。由此可见,水文学研究的主要内容和目的是揭示地球上水的时空分布和变化规律以及如何应用这些规律为人类服务。

地球上水的循环包括大气水循环、海洋水循环和陆地水循环。根据不同的研究对象,水文学可分为气象水文学(hydrometeorology)、海洋水文学(marine hydrology)和陆地水文学(terrestrial hydrology)。水文学在全球尺度上以海洋—陆地—大气系统中的水循环为研究对象,揭示大气、海洋、陆地之间的水量交换规律。全球水循环研究又将上述地球科学中的不同分支联系在一起。在陆地水文学这个分支中,还有针对不同对象的流域水文学(watershed hydrology)、湖泊水文学(limnology)、地下水水文学(groundwater hydrology)、冰川水文学(glaciology)和沼泽(湿地)水文学(swamp hydrology)等更细的学科划分。水文学作为地球科学的一个分支,除研究水循环自身的机理和规律之外,另一个主要研究内容是水圈与地球表面其他圈层(包括大气圈、岩石圈、土壤圈、生物圈和人类圈)之间的相互作用,其中涉及水资源、洪水和干旱、地质灾害、生态与环境等方面,这些都与人类生存和发展息息相关。

由于水对人类有着广泛而深刻的影响,水文学是随工程应用而发展,并非由于水文学的发展而导致应用。为了满足防洪、供水和灌溉等的需求,水文学在水利工程和农业工程的实践中诞生、发展和不断完善,最初的水文学更应称为应用水文学。就从水利工程的视角而言,应用水文学也称为工程水文学,它直接服务于水利工程的规划设计、施工和运行管理等,在水利工程的规划设计、施工和运营管理阶段有不同的任务。工程水文学在水利工程规划、设计阶段的主要任务是确定合理的工程规模;在工程施工阶段是确保规划设计建筑物得以安全实施;在运营和管理阶段是保证水利工程效益的充分发挥。在这三个不同的阶段,工程水文学的主要任务是水文计算、水文预测和预报。现代水利不仅仅是水利工程的规划、设计、施工和管理,更重要的是确保人类对水资源的可持续利用。人类开发、利用和保护水资源的活动通常是以流域为基本单元,流域是水文学研究的主要对象。流域水文学主要研究流域水文现象、水文过程、产汇流基本规律、径流和洪水的预测和预报方法,以及流域水资源开发中的水文计算方法等。

总之,无论是作为应用科学的工程水文学还是作为地球科学的水文学,其根本目的是为人类社会的可持续发展提供科学依据。

1.2   水文学的发展历程

水文学经历了从萌芽到成熟、从定性到定量、从经验到理论、又从应用再到理论的发展过程。

1. 萌芽时期(1400 年以前)

这一时期,一些早期的文明古国就开始了水文学的萌芽。古埃及在公元 3000 多年前,为了灌溉引水就开始对尼罗河水位进行了观测,至今还保存有公元前 2200 年所刻水尺的崖壁。在中国,公元前 300 年,战国时代的李冰父子在川西平原开凿了举世闻名的都江堰引水工程,设石人水尺进行水位观测,都江堰水利工程至今仍发挥着巨大的效益。早在公元前 239 年,《吕氏春秋》中就提出了水循环的朴素概念:"云气西行云云然,冬夏不辍;水泉东流,日夜不休;上不竭,下不满,小为大,重为轻,圜道也。"在长江上游涪陵城北,长江岸边有长 1600m,宽 15m 左右的"白鹤梁",用雕刻的石鱼图形记载了自公元 700 年以来长江的最枯水位,被誉为"世界最早的古代水文站"。

2. 奠基时期(1400—1900 年)

自 14 世纪欧洲文艺复兴开始,特别是 18 世纪的工业革命以来,水文观测仪器得到了巨大发展,为建立水文学奠定了基础。法国人 Bernard Palissy(1510—1590 年)根据自己的野外观测,提出了降雨是河流的唯一来源的革命性理论,并首先正确解释了温带地区的水循环。之后,法国人 Pierre Perrault(1608—1680 年)开展了田间水文综合研究。英国人 Edmund Halley(1656—1742 年)进行了蒸发试验。

3. 应用时期(1900—1950 年)

在这一时期,水文观测站网开始建设并不断扩大,实测资料不断积累,应用水文学研究取得长足的进展。在这一时期诞生了诸多具有里程碑意义的水文分析方法,如 1924 年提出的 P-Ⅲ 频率曲线分析方法,1932 年提出的谢尔曼单位过程线,以及 1935 年提出的马斯京根河道洪水演进计算方法等,这些方法不仅满足了当时的工程实践需要,而且极大地推动了水文学的发展。

4. 现代水文学的形成(1950 年以后)

20 世纪 50 年代以来,科学技术进入了新的发展时期,人类改造自然的能力迅速增强,人与水的关系正由古代的趋利避害,近代较低水平的兴利除害,发展到现代较高水平的兴利除害,水文学也进入了现代水文学时期。这个新阶段赋予水文学新的特色有:①人类对水资源的需求越来越迫切,水文学的研究领域正向着为水资源开发利用提供依据的方向发展。②大规模人类活动对水文循环,进而对地球环境正在产生多方面的影响。研究和评价这种影响,指导人们在水资源开发时注意保护人类生存环境,也是水文学发展中的新课题。水文学和环境学的交叉学科——环境水文学以及水文学与生态学的交叉学科——生态水文学正在孕育形成。③现代科学技术,如遥感技术(特别是地球观测技术)、地理信息系统、计算机技术、网络技术等,正在渗入水文学的各个研究领域,使传统水文学方法实现新突破成为可能。④水文学的研究领域不断扩大,水文学与地球科学中其他学科间的空隙逐渐得到填补,交叉学科正在蓬勃兴起。

现代水文学以研究地球表面不同时间和空间尺度的水循环过程为主要内容,包括水循环的物理过程、伴随水循环过程的生物化学过程以及植物生态过程等。其应用范围涉及水利工程、水资源管理以及生态与环境保护等领域,在研究手段上,更加重视包括地面观测与试验、卫星遥感观测及计算机模拟和仿真等的综合方法;在学科发展上,更具多学科交叉的特色。总之,现代水文学是地球科学与工程科学的结合,架设从科学认知通向工程实践的桥梁是水文学研究的主要任务之一,这对应用科学而言尤为重要。

1.3　水文学的研究方法

1. 系统分析方法

系统分析方法是现代水文的一个标志,它将流域视为一个系统,气象因子(降雨和气温等)是该系统的输入,而流域出口断面的流量则是该系统的输出,旨在建立系统外部输入和系统输出之间的数学关系。由于系统分析方法没有考虑流域水循环要素之间的相互作用,而将流域系统视为一个"黑箱",由此构建的水文模型称为"黑箱模型"。采用这一方法得出的数学关系是经验性的,所以系统分析方法也称为经验性方法。

采用系统分析可以方便地应用一些通用的数学算法,简单而且实用。但是,其得到的数学关系与流域水文过程的物理机理相差甚远,这也正是这种方法的缺陷。究其原因,首先,对于输入输出变量之间因果关系的判断主要源于经验,很有可能忽视了一些重要的现象;其次,这种方法仅仅是简单复制系统过去输入和输出的数据,不能处理系统中的变化因素,也就无法预测流域水文条件变化(如城市化、气候变化等)带来的影响。

2. 成因分析法

从水文现象的成因出发,分析流域水文过程,通过成因推理提出估算河川径流量、洪峰大小等关键水文变量的公式,这一方法称为成因分析法。成因分析法来自于对水文过程的认识和实践经验的积累,将复杂的流域水文过程进行简化,抽象为一个"概念性的模型",并构建流域输入与输出的响应函数,这种函数中的许多系数通常采用经验系数。

3. 基于水文过程的分析方法

基于水文过程机理的分析方法,利用流体力学、热力学中的守恒原理和边界条件,以建立水文输入(如流域内的降雨量)和输出(如流域出口的流量)之间的关系。依据守恒定律建立流域水文过程的数学物理描述构建的水文模型称为"物理性水文模型"。由于大多数流域的地形地貌、土壤和植被等下垫面条件十分复杂,而且流域边界条件的不确定性也很大,因此难以推导模型的解析解,通常利用计算机进行数值求解。水文过程分析与计算机数值模拟相结合的方法是现代水文分析的主流方法。

4. 数理统计法

水利工程的使用寿命一般是数十乃至上百年,在工程规划和设计阶段需要对未来长期的水文情势进行合理预测。针对流域的历史气象和水文资料,采用数理统计方法分析其中的水文统计特征,由此可以预测未来较长时期内的流域水文情势。这种方法适用的前提是:流域过去的水文行为在未来可能重复,过去的水文统计特征可以代表流域未来的水文状况。数理统计方法仅适用于长期水文预测,不适用于短期或实时的水文预报。

系统分析、成因分析和机理分析方法之间的界限其实并不十分清晰,它们本质上都是成因分析方法,只是对流域水文过程机理的解释程度不同而已。还有一点必须指出:水文分析是在一定的时间和空间尺度上进行的。虽然基本的守恒定律并不随尺度改变,但是为了使方程闭合以便求解而补充的其他方程,是在一定尺度给出的。因此,在研究水文现象的时候,重要的并不是选择机理分析方法、系统分析方法或是概念性方法,而是根据现有的观测数据以及需要解决的问题,决定在什么尺度上构建什么方程。

参 考 文 献

[1] 施成熙,华士乾,陈道弘. 中国大百科全书——大气科学·海洋科学·水文科学[M].北京:大百科全书出版社,1987.
[2] BISWAS A K. History of hydrology[M]. Amsterdam-London:North-Holland Publishing Company,1970.
[3] Committee on Opportunities in the Hydrologic Sciences,et al. Opportunities in the hydrologic sciences[M]. Washington, D. C. :National Academies Press,1991.
[4] BRUTSAERT W. Hydrology:an introduction[M]. Oxford:Cambridge University Press,2005.

习　　题

1.1　水文学的一般定义。

1.2　水文学的主要研究对象有哪些? 水文学包括哪些学科分支?

1.3　在水利工程、农业工程的生产实践中,水文学有哪些应用?

1.4　以时间为线索,概述水文学的发展阶段。

1.5　现代水文学主要有哪些特点? 包含哪些研究内容?

1.6　简要的概述水文学的分析方法及特点。

第 2 章　地球上水的分布及循环

水是地球上一切生命之源,水的分布及循环与地球上人类的生存和繁衍息息相关。全球气候变化可能导致全球水循环发生变化,从而改变地球上水的分布,并影响地球生态系统,特别是陆地生态系统及人类。

本章主要介绍全球水循环和水量平衡的概念及其基本特征,全球能量平衡及其与水循环和水量平衡之间的关系,流域水文循环和水量平衡的概念及流域气候水文特征等。

2.1　地球上水的分布与循环

2.1.1　地球上水的分布

地球上的水主要存在于海洋、陆地和大气中,表 2-1 所示为地球主要水体中的水量分布。海洋中的水占地球总水量的 96.5% 左右,陆地上的水占 3.5% 左右,其中淡水仅占全球总水量的 2.5% 左右,大气中的水在全球水体中所占比例微不足道。在全球的淡水中,江河水体中的淡水占全球淡水的比例仅为 0.006%,这部分淡水是人类利用的主要水资源。

表 2-1　地球主要水体的水量分布

主 要 水 体		水量/km³	占全球总水量的百分比/%	占全球淡水的百分比/%
海洋		13.38×10^8	96.5	—
陆地	总水量	48.51×10^6	3.5	—
	淡水总量	35.03×10^6	2.5	100
	冰川和积雪	24.36×10^6	—	69.6
	地下水	10.53×10^6	—	30.1
	湖泊	9.1×10^4	—	0.26
	江、河	2120	—	0.006
大气		1.29×10^4	0.001	0.04

2.1.2　全球水循环与水量平衡

1. 全球水循环(global water cycle)

地球上的水在太阳辐射作用下,不断蒸发变成水汽上升到空中,被气流带动输送到各地,在输送过程中水汽遇冷凝结,形成降水降落到地面和海洋,降至地面的那部分水直接进入河流或渗入地下然后补给河流,再流入海洋。水分这种往返循环、不断转移交替的现象称为水文循环或水循环(见图 2-1)。图中数字表示全球水循环中的水量平衡关系,它反映了地球水循环的总体特征和大致的水量交换关系。

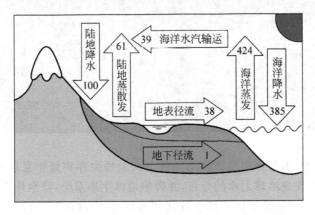

图 2-1　全球水循环及水量平衡关系示意图(以陆地上的年降水量为基准,100＝119 000 km³/a,资料来源：MAIDMENT D R. Handbook of hydrology[M]. New York：McGraw-Hill,Inc.,1993.)

从全球来看,水循环包括两个方向,即垂直方向上大气与地球表面之间通过降水和蒸发进行的垂向水分交换;水平方向上海洋和陆地之间进行的水分交换,包括海洋与陆地之间的双向水汽输送(由海洋向陆地输送的水汽较多)以及陆地向海洋输送径流(包括地表和地下径流)。图 2-2 是以水深(水量除以面积)表示的水量平衡关系,这给人以更加直观的认识。海洋的平均年降水量为 1270 mm,陆地为 800 mm;海洋的平均年蒸发量为 1400 mm,陆地为 480 mm;陆地向海洋输送的年径流量,以陆地面积衡量为 320 mm,以海洋面积衡量为 130 mm。人类水资源的主要来源是河川径流,水资源的可再生性取决于水的循环特性。

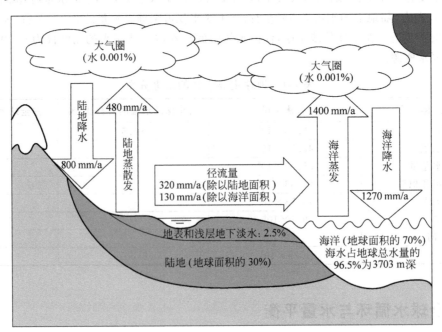

图 2-2　全球水循环中的水量平衡关系

2. 水量平衡(water balance)

在水循环中,任一地区(可以是全球、大陆、海洋、流域或区域)在一定时段内(可以是日、月、年或更长)的输入和输出水量之差,等于该地区蓄水量的变化量(即在时段始末的蓄水量之差)。水量平衡是水文学最基本的原理之一,是应用质量守恒定律对水文循环的特定描述。以积分形式来描述 Δt 时段内的水量平衡,可写为下列方程形式,即

$$\Delta S = I - O \tag{2-1}$$

式中,I 为该时段内输入研究区域的总水量,mm 或 m^3;O 为该时段内输出研究区域的总水量,mm 或 m^3;ΔS 为该时段内研究区域蓄水量的变化量,mm 或 m^3。

以微分形式表示的水量平衡方程为

$$\frac{dS}{dt} = I' - O' \tag{2-2}$$

式中,S 为区域内水的体积,量纲$[L^3]$;I'为水流入该区域的速率,量纲$[L^3 T^{-1}]$;O'为水流出该区域的速率,量纲$[L^3 T^{-1}]$。

3. 全球水量平衡(global water balance)

若以地球陆地(continent)为对象,Δt 内的水量平衡方程可写成

$$P_c - R - E_c = \Delta S_c \tag{2-3}$$

式中,E_c 为时段内陆地的蒸发量,mm 或 m^3;P_c 为时段内陆地的降水量,mm 或 m^3;R 为时段内由陆地流入海洋的径流量,mm 或 m^3;ΔS_c 为时段内陆地蓄水量的变化量,mm 或 m^3。

若以海洋(Ocean)为对象,Δt 内的水量平衡方程可写成如下形式:

$$P_o + R - E_o = \Delta S_o \tag{2-4}$$

式中,E_o 为海洋在时段内的蒸发量,mm 或 m^3;P_o 为海洋在时段内的降水量,mm 或 m^3;R 为时段内由陆地流入海洋的径流量,mm 或 m^3;ΔS_o 为海洋在该时段内蓄水量的变化量,mm 或 m^3。

在多年平均的情况下,$\Delta S_c = 0$,$\Delta S_o = 0$,则大陆水量平衡方程为

$$\overline{P_c} = \overline{E_c} + \overline{R} \tag{2-5}$$

海洋水量平衡方程为

$$\overline{P_o} = \overline{E_o} - \overline{R} \tag{2-6}$$

全球水量平衡方程为

$$\overline{P_c} + \overline{P_o} = \overline{E_c} + \overline{E_o} \quad 或 \quad \overline{E} = \overline{P} \tag{2-7}$$

式中,变量的上划线表示多年平均值,其中 $\overline{P} = \overline{P_c} + \overline{P_o}$,$\overline{E} = \overline{E_c} + \overline{E_o}$。

4. 全球水量平衡要素的估计

由于在全球范围内所能获得的数据还远不够充分,全球水量平衡要素的估计不是十分准确。然而,在一定的区域内,观测得到的数据是被广泛认同的,可以认为这些观测数据代表了世界上不同地区长期平均的水量平衡状况。根据各地区的观测数据,估计全球水量平衡结果如表 2-2 所示。地球表面年平均降水量和蒸发量均为 1000 mm/a 的数量级。其中,陆地上的年平均降水量为 800 mm/a,相应的蒸发量大约为 500 mm/a,相当于 63% 的年降水量。陆地上较长时期内的降水量与蒸发量之差相当于流入海洋的径流量,即 $R = P_c - E_c$。陆地的年平均径流量是年降水量的 35%~40%。

表 2-2　全球水量平衡估计　　　　　　　　mm/a

| 来源 | 陆地(1.49×10⁸ km²) | | | 海洋(3.61×10⁸ km²) | | 全球 |
	P	E	R	P	E	P=E
Budyko(1970,1974)	730	420	310	1140	1260	1020
Lvovitch(1970)	730	470	260	1140	1240	1020
Lvovitch(1970)	830	540	290	—	—	—
Baumgartner 和 Reichel(1975)	750	480	270	1070	1180	970
Korzun 等(1978)	800	485	315	1270	1400	1130

除了南美洲和南极洲,其他各大洲的平均年径流量相差较小(见表 2-3)。就降水量和径流量的观测而言,其测量方法已经得到充分发展并被世界各地广为采用,相对而言,蒸发量的观测方法还有待进一步的改进和完善。

表 2-3　全球各大洲降水和径流的估计(括号中数字为径流)　　　　　　mm/a

| 面积占比/%　　来源 | 亚洲 | 欧洲 | 非洲 | 北美洲 | 南美洲 | 大洋洲 | 南极洲 |
	29.6	6.7	20.0	16.2	12.0	6.0	9.5
Lvovitch(1973)	726 (293)	734 (319)	686 (139)	670 (287)	1648 (583)	736 (226)	— —
Baumgartner 和 Reichel(1975)	696 (276)	657 (282)	696 (114)	645 (242)	1564 (618)	803 (269)	169 (141)
Korzun 等(1977)	740 (283)	790 (324)	740 (153)	756 (339)	1600 (685)	791 (280)	165 (165)

注:表中"面积占比"是指该洲占全球陆地面积的百分比,根据式(2-5)可计算相应的蒸发量。

表 2-4 为全球主要水体的水量估计值,以它们各自平均覆盖在地球表面可以达到的深度来表示,单位为 m。由表 2-2 和表 2-4 可见,相对于地球上可以迅速更新的淡水资源而言,年平均约 1000 mm 的降水量是一个很大的值,这说明了水循环的速度相当快。通过计算水体中水的储藏量与水进出该水体速度的比值,可以估计不同水体的更新时间。

例如,陆地上径流的流速为 300 mm/a,将全球面积上的河流水深(见表 2-4)折算为陆地(占全球面积约 29%)上的等价水深(0.003/0.29=0.0103 m=10.3 mm),由此可以计算出河流中水的更新时间平均为 13 天(365 d×10.3/300=12.5 d);全球的平均蒸发量为 1 m/a,大气中的储水量为 0.025 m,可以计算出大气中水的平均更新时间为 9 天,水资源更新速度之快可见一斑。占地球表面积 71% 的海洋,通过蒸发也在不断参与水循环中人类可利用水资源的更新。

表 2-4　全球不同形式的储水量估计(按全球面积计算)　　　　　　m

来源	Lvovitch(1970)	Baumgartner 和 Reichel(1975)	Korzun 等(1978)
海洋	2686	2643	2624
冰盖和冰川	47.1	54.7	47.2
所有地下水(活跃地下水)	117.6 (7.84)	15.73(不含南极) (6.98)	45.9 (—)
土壤水	0.161	0.120	0.0323
湖泊	0.451	0.248	0.346
河流	0.002 35	0.002 12	0.004 16
大气	0.0274	0.0255	0.0253

水量平衡要素,即降水(P)、径流(R)和蒸发(E)的相对值和绝对值在不同地区有巨大的差异。在极端干旱的沙漠地区,降水、径流和蒸发的长期平均值都小到可以忽略的程度;在极端湿润地区,山地季风气候下的最大年平均降水量可达 26 500 mm;在西大西洋的海湾观测到的年平均蒸发量可达到 3730 mm/a,在阿克巴湾甚至达到了 4000～5000 mm/a。

2.2　全球能量平衡

2.2.1　太阳辐射传输

水循环的外在动力主要是太阳辐射和地球引力。地球的能量主要来自于外层空间的太阳辐射,太阳辐射在大气层中的传播过程如图 2-3 所示。到达地球表面的能量除了太阳辐射外,还有来自大气层的长波辐射,同时地球也向大气层发射长波辐射。这样,地球表面的净辐射为太阳辐射(短波辐射)、地表反射(短波辐射)、地表长波辐射及大气长波逆辐射之和(见图 2-4),即

$$R_n = R_S^\downarrow - R_S^\uparrow + R_L^\downarrow - R_L^\uparrow \tag{2-8}$$

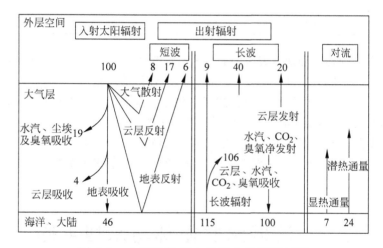

图 2-3　太阳辐射在大气层中的传播过程

图 2-4　地球表面吸收的净辐射

2.2.2　地球表面的能量平衡

水循环的内因是水的物理三态(气、液、固)以及三态转换所伴随的能量传输。我们知道,0℃冰的融解热为 3.34×10^5 J/kg,20℃水的汽化热为 2450 kJ/kg;水的比热容为 4200 J/(kg·K)。地球表面吸收的净辐射进一步转化为土壤热通量 G、显热通量 H 和潜热通量 $L_e E$,这正是促使大气运动的主要动力。在长期平均条件下,

土壤热通量 G 可以忽略，此时地表多年平均的能量平衡方程简化为

$$R_n = \lambda E + H \tag{2-9}$$

式中，R_n 为地表净辐射通量；λ 为蒸散发释放的潜热；E 为蒸发速率；λE 是潜热通量；H 是显热（或感热）通量。

表 2-5 所示为地球表面能量平衡要素的估计值，这进一步说明了水循环和气候之间存在着很重要的关联性。由此可见，地球表面吸收的净辐射能量主要通过水的蒸发以潜热形式消耗。在海洋上，潜热占净辐射能量的 90% 以上；在陆地上，潜热仍然占净辐射能量的一半以上。可见，伴随水循环中的蒸发过程，地球上的大部分能量进行着转换和再分配，水循环过程扮演着影响天气和气候的重要角色。换言之，全球水循环与能量传输是紧密耦合的，这一水热耦合关系决定了地球水循环的基本特征。

表 2-5 全球地表的能量平衡估计   W/m²

来　源	陆　地			海　洋			全　球		
	R_n	λE	H	R_n	λE	H	R_n	λE	H
Budyko(1974)	65	33	32	109	98	11	96	80	16
Baumgartner & Reichel(1975)	66	37	29	108	92	16	96	76	20
Korzun 等(1978)	65	36	29	121	109	12	105	89	16
Ohmura(2005)	62	36	26	125	110	15	104	85	19

可以通过大气层中的辐射传播和地球表面的能量平衡来解释温室效应和全球变暖现象。大气中的温室气体（如水蒸气、二氧化碳、甲烷及其他气体）阻拦了一部分向外辐射的能量（长波辐射），这如同温室的玻璃面板一样，将部分热能储存在大气中。如果没有自然的"温室效应"，气温会比现在低许多，地球上的生命就不可能存在。由于有了温室气体的存在，地球的平均温度保持在适中的 15℃ 上下。然而，当大气中温室气体含量增加时，可能会出现这样的问题，即长波辐射被对流层中的温室气体吸收，从而增加向下的长波逆辐射，使地球表面温度升高，地球表面温度升高也将促进热量对流；如此往复的长波辐射将整个对流层加热，导致全球变暖，从而影响到全球水循环。

2.3 流域水文循环与水量平衡

2.3.1 流域水量平衡

1. 流域水文循环过程

当大气降水落到地面上，一部分降水湿润地表或被植物等截留。这部分水随后蒸发，又变为气态。随着降水的持续，一部分降水形成坡面流或地表径流，一部分降水下渗进入土壤。地表径流慢慢地汇聚到水坑或小水塘（即洼地储蓄），或是继续以水流的形式在冲沟、河道中流动，并最终汇入更大的水体，如湖泊或海洋。下渗到土壤中的水可能在近地表的土壤中流动并很快流至地表，汇入泉水或是邻近的河流；它也可能渗入岩层，成为深层地下水，最终也将流入河川或湖泊等；一部分下渗到土壤中的水则由于毛细作用或是其他原因而存留在土壤中，可以供植物生长消耗或通过地表蒸发进入大气。

2. 流域水量平衡

河流某断面以上汇集地表水和地下水的区域统称为河流在该断面以上的流域，可简单定义为河流某断面

以上由分水线包围的集水区域。分水线有地面分水线和地下分水线之分,前者是汇集地表水的界线,后者是汇集地下水的界线。流域水文学中,通常把地面分水线作为流域的分水线,把地表水的集水面积称为流域。关于流域的基本概念,可参考第 7 章。若流域的地表水和地下水分水线在位置上重合,则称这种流域为闭合流域。集水面积足够大的流域可被视为闭合流域,它与周围区域不存在水流联系。若地面分水线与地下分水线在位置上不完全重合,这种流域称为非闭合流域,如岩溶地区的河流和一些小流域就是非闭合流域,它与周围区域存在地下水流联系。

闭合流域的水量平衡方程可表示为

$$P = E + R + \Delta S \tag{2-10}$$

式中,P 为流域年降水量,mm 或 m³;E 为流域平均蒸发量,mm 或 m³;R 为流域年径流量,mm 或 m³;ΔS 为流域蓄水量的变化量,mm 或 m³。

在多年平均情况下,可以忽略流域蓄水量的变化,即 $\Delta S \approx 0$,水量平衡方程可简化为

$$\overline{P} = \overline{E} + \overline{R} \tag{2-11}$$

式中,$\overline{P}$ 为流域多年平均降水量;$\overline{E}$ 为流域多年平均蒸发量;$\overline{R}$ 为流域多年平均径流量。

2.3.2　流域水文气候特征

反映流域水文气候特征的参数有径流系数、蒸发系数和干旱指数。将式(2-11)两边同时除以 $\overline{P}$,有

$$\frac{\overline{R}}{\overline{P}} + \frac{\overline{E}}{\overline{P}} = 1 \tag{2-12}$$

定义径流系数(runoff coefficient)为

$$\alpha_0 = \frac{\overline{R}}{\overline{P}} \tag{2-13}$$

它反映了流域年径流量和年降雨量之间的比例关系。定义蒸发系数(evaporation coefficient)为

$$\beta_0 = \frac{\overline{E}}{\overline{P}} \tag{2-14}$$

它反映了流域年蒸发量与年降雨量之间的比例关系。我国大多数湿润地区的径流系数 $\alpha_0 > 0.5$,半湿润地区的径流系数 $0.3 < \alpha_0 < 0.5$,半干旱地区的径流系数 $\alpha_0 < 0.3$,干旱地区的径流系数 $\alpha_0 < 0.1$。由于流域的蒸发量一般没有观测值,定义年蒸发能力(可以用从水面观测到的蒸发量来代替,或由气象数据估算)与年降水量之比为干旱指数,即

$$\gamma = \frac{\overline{E_0}}{\overline{P}} \tag{2-15}$$

式中,$\overline{E_0}$ 为年最大蒸发量。当 $\gamma > 1.0$,即蒸发能力超过降水量,说明该地区气候偏于干燥;反之,则气候偏于湿润。

参 考 文 献

[1]　施成熙,华士乾,陈道弘. 中国大百科全书——大气科学·海洋科学·水文科学[M]. 北京:大百科全书出版社,1987.
[2]　BRUTSAERT W. Hydrology:an introduction[M]. Oxford:Cambridge University Press,2005.
[3]　MAIDMENT D R. Handbook of hydrology[M]. New York:McGraw-Hill Inc.,1993.
[4]　CHOW V T,MAIDMENT D R,MAYS L W. Applied hydrology[M]. Noida:Tata McGraw-Hill Education,1988.

习　题

2.1　全球的总水量有多少? 其中,海洋、陆地水量占总水量的比例如何?

2.2　全球的淡水总量有多少? 其中,江河水体中的淡水占全球淡水的比例有多少?

2.3　何为全球水循环? 全球水循环的产生原因是什么?

2.4　太阳辐射传输包含哪些要素? 这些要素之间具有何种关系?

2.5　地球表面的能量平衡过程包括哪些要素? 这些要素之间具有何种关系?

2.6　简要概述流域水量平衡原理。

2.7　流域水量平衡分析中,通常考虑的要素有哪些?

2.8　反映流域水文气候特征的参数有哪些? 如何计算这些特征参数?

2.9　大气圈中的水分以 $12\,900$ km³ 计,多年平均全球降水量为 $577\,000$ km³,试计算大气水的更新周期。

2.10　某河流流域面积 $21\,901$ km²,多年平均降水量为 476.1 mm,多年平均径流深为 66.1 mm,试求多年平均年蒸发总量,并计算其多年平均径流系数和蒸发系数。

第 3 章 降　　水

陆地上的水资源主要来源于降水,降水也是流域水文循环的开始,所以了解地球上降水的分布、变化及发生降水的主要天气过程等,对预测和预报流域径流、洪水、干旱等自然水文现象具有十分重要的意义。

本章主要介绍大气的一些基本知识、降水的概念、发生降水的主要天气过程、降雨的观测及流域降雨特性分析等。

3.1　大气的基本特征

从全球水循环可知,大气中的水具有停留时间短和高度不稳定性等特点。近地大气层是全球水循环的一个关键路径,水汽和能量通过近地大气层在全球范围内传输,不受大陆或洲际边界的限制,而且近地大气层将上层大气、海洋和陆地三者联系在一起。水汽在近地大气层中的传输和分布是控制降水和蒸发的主要因素,而降水和蒸发决定了土壤和地下水的储量以及河川径流量。

某一地点上空大气中的水汽含量称为当地的可降水量,全球各地的可降水量在时间和空间上变化极大。观测资料表明,极地的可降水量约 5 mm,而赤道的可降水量达 50 mm,全球平均为 25 mm。即使在同一纬度,可降水量的变化也十分明显,最极端的情况是沙漠,可降水量接近为零。绝大多数水汽存在于近地大气层,约一半的水汽位于 1~2 km 以下的大气层中,水汽含量随高度增加而减少。

水汽在大气中的平均停留时间约为 9 天,这一时间尺度决定了全球大气与地球表面(包括陆地和海洋)之间的水文相互作用和水分传输的基本特性。就水汽从其源(主要是海洋蒸发)到汇(即降水)的传输而言,这一时间尺度尤为重要。陆地降水的一部分会蒸发到大气,另一部分主要通过河川径流进入海洋;海洋的蒸发量大于降水量,海洋上空的水汽被传输到陆地上空,这就是第 2 章中已经介绍的全球水循环。

水汽除了作为水循环的主要参与者之外,还影响着地球天气及气候的其他方面。水从液态或固态转变为气态需要大量潜热,这正是地球表面与大气之间能量交换的主要机理所在。作为潜热载体的水汽在大尺度范围内传输,使地球表面十分不均匀的太阳辐射(能量)得到重新分配。此外,大气中的水汽浓度和分布是控制云量及类型的主要因素,云层的数量和分布反过来决定了太阳辐射到达地表的多寡。水汽作为最丰富的温室气体,它能够吸收地表红外辐射能量,然后在气温较低的时候再释放到下面的大气层中,从而加速地表与大气之间的热量交换。

3.1.1　大气的垂直结构

大气受到地球引力的作用,在垂直方向上有分层结构。按照大气成分,可将其分成均质层和非均质层;按照大气功能,可将其分成电离层和臭氧层;按照大气温度结构,可将其分成对流层、平流层、中间层、暖层和散逸层。以上各种分类中,按照温度结构的分层(见图3-1)应用最广泛,以下将详细介绍。

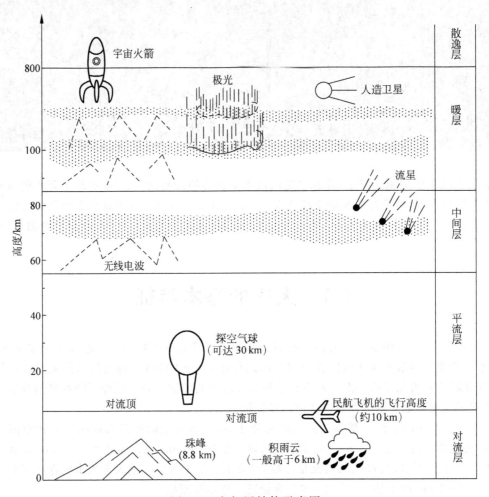

图 3-1　大气层结构示意图

(1) 对流层

对流层位于大气圈的最低层,集中了大气质量的 3/4,水汽质量的 9/10,绝大多数天气现象发生于对流层。它是地表系统的重要组成部分,也是对人类活动影响最大的一层。对流层的厚度随着纬度和季节的不同而变化:低纬度地区 17~18 km,中纬度地区 10~12 km,高纬度地区仅 8~9 km;纬度相同的地区,夏季对流层厚度大于冬季。

对流层的主要特征有:温度随高度增加而降低,对流运动明显,气象要素的水平分布不均。

(2) 平流层

对流层以上到 55 km 左右为平流层。平流层中,水汽含量极少、透明度好,大多数时间天空晴朗,空气以平流为主,气流稳定,是飞机飞行的理想高度。

平流层内,随着高度的升高,气温最初保持不变或略有上升;当高度达到 30 km 以上,气温随高度升高而显著上升,平流层的顶部气温可达 −3~17℃。

(3) 中间层(上对流层)

平流层顶到 80 km 附近是中间层。该层离地面热源较远,几乎没有臭氧,能被该层空气吸收的太阳辐射则被其上层大气吸收,因此气温随着高度增加而迅速下降,并伴有强烈的对流运动。

（4）暖层（热成层、电离层）

自中间层顶到 800 km 是暖层。该层的空气受到太阳紫外辐射和宇宙射线的作用,处在高度电离状态,其中电离强度最强的层次对地面发射的无线电波有反射作用,因而暖层又称为电离层。在该层内,由于太阳紫外辐射被吸收,温度随着高度的增加而迅速升高,在顶部可达到 1700℃。

（5）散逸层（外层）

暖层以上是散逸层,是大气圈和星际空间的过渡带。该层中空气极其稀薄,温度高,空气质点运动速度快,不断逃逸到外太空。

3.1.2　主要气象要素

气象要素是指表示大气属性和大气现象的物理量,如气温、气压、湿度、风向、风速、云量、降水量、能见度等。

1. 气温

气温是空气温度的简称,表示空气冷热的程度,实质上是空气分子平均动能的表现。当空气获得热量时,其分子运动的平均速率增大、平均动能增加,气温随之升高;反之亦然。气温决定着空气的干湿、降水、气压,是影响大气运动和大气变化的基本因素。

气温随着地点、高度、时间的改变而改变。通常所说的气温,是在地面 1.5m 高度的百叶箱内通过水银温度计测得的。

我国常用摄氏温标（℃）表示气温的高低,气象学中常用到热力学温标（K）。此外,美国等少数国家使用华氏温标（℉）。它们之间的转换关系如下：

$$\begin{cases} T = 273.15 + t \\ t_F = \dfrac{9}{5}t + 32 \end{cases} \tag{3-1}$$

式中,t 为摄氏温度;T 为热力学温度;t_F 为华氏温度。

2. 气压

气压是指大气的压强。从流体静力学的观点来看,它是由于某面积上方空气柱的重量所产生的;从空气动力学的观点来看,它是由空气分子运动所产生的。大气中任一高度上的气压值等于其单位面积上承受的大气柱的重量,可采用水银柱高度（mmHg）或以毫巴（mbar）或以帕斯卡（Pa）表示,它们之间的关系为

$$1 \text{ mbar} = 10^3 \text{dyn/cm}^2 = 100 \text{ Pa} = 1 \text{ hPa}$$
$$1 \text{ mmHg} = \rho_{Hg} \cdot g \cdot h$$
$$= 13.596 \text{ g/cm}^3 \times 980.665 \text{ cm/s}^2 \times 0.1 \text{ cm}$$
$$= 1.333 \times 10^3 \text{dyn/cm}^2 = 1.333 \text{ hPa}$$

所以,1 mmHg=1.333 hPa=1.333 mbar。

一般情况下,气压值通过水银气压表测量。当选定温度为 0℃、纬度为 45°的海平面作为基准时,海平面气压为 1013.25 hPa,相当于 760 mmHg,称此压强为 1 个标准大气压。

离海平面越高的位置,气压越低。由于空气密度是个变量,因此气压与高度不是呈线性关系。气象学上常用等压面与其相应的高度表示,如表 3-1 所示。

表 3-1　气压和海拔高程的对照表

等压面/hPa	1000	850	700	500	300	200	100
海拔高程/m	海平面	约 1500	约 3000	约 5500	约 9000	约 11 600	约 15 800

3. 大气湿度

表示大气中水汽含量多少的物理量统称为大气湿度,它和云、雾、霜等物理现象有关。根据研究的问题和领域不同,可以采用不同的物理量来描述大气湿度。

(1) 水汽压

大气中的水汽所产生的部分压力(分压)称为水汽压(e)。水汽压随高度增加而迅速减少,1500 m 高度的水汽压为地表的 1/2,5000 m 高空则仅有 1/10。水汽压的地理分布同气温相同,赤道区最大(2.6 kPa),向两级逐渐减少,N35°约为 1.3 kPa,极地为 0.1~0.2 kPa。

自然条件下的水汽压存在一个极大值,当水汽压接近这一极大值时便有水汽凝结,如果水汽含量达到这一极限,空气便呈饱和状态,此时的空气称为饱和空气,其对应的水汽压称为饱和水汽压(e_s),也叫最大水汽压。

饱和水汽压仅与温度有关,即 $e_s = e_s(t)$,常用的近似公式为

$$e_s = 0.6108\exp\left(\frac{17.27t}{237.3+t}\right) \tag{3-2}$$

式中,t 为温度,℃。

含有水汽但未达到饱和的空气,称为湿空气;水汽含量达到饱和的空气,称为饱和空气;在某些特殊条件下(如实验室中人为清除所有凝结核),空气实际水汽压可能远大于该温度下的饱和水汽压,此时的空气称为过饱和空气。

(2) 绝对湿度(水汽密度)

绝对湿度指的是单位体积空气中含有的水汽质量,也就是大气中的水汽密度 ρ_v,单位为 g/m³,它可用下式计算:

$$\rho_v = \frac{e}{R_w T} \tag{3-3}$$

式中,ρ_v 为大气中水汽的密度;e 为空气的水汽压;R_w 为水汽的气体常数。当水汽达到饱和时,将饱和水汽压 e_s 代入式(3-3)可得到饱和绝对湿度(饱和空气水汽密度)。

(3) 混合比

大气中水汽含量可以用混合比(mixing ratio)来表示,混合比的定义为水汽密度与干空气密度之比,即

$$m = \frac{\rho_v}{\rho_d} \tag{3-4}$$

式中,ρ_v 为大气中水汽的密度;ρ_d 为干空气(即没有水汽存在)的密度。

(4) 比湿

空气的比湿(specific humidity)定义为每单位质量湿空气中水汽的质量,即

$$q = \frac{\rho_v}{\rho} \tag{3-5}$$

式中,$\rho = \rho_v + \rho_d$ 表示湿空气的密度。

(5) 相对湿度

相对湿度是实际的混合比与同一温度和气压下饱和空气混合比之比值,即

$$r = \frac{m}{m^*} \tag{3-6}$$

式中,m^* 为饱和空气的混合比。通过简单推导,可以得到:相对湿度近似等于实际水汽压与同一温度的饱和空

气水汽压之比值(e/e_s)。

（6）饱和差

在一定温度下，饱和水汽压与实际空气中水汽压之差称为饱和差，即

$$d = e_s - e \tag{3-7}$$

饱和差 d 表示实际空气距离饱和的程度，在研究水面蒸发时常常用来反映水分子的蒸发能力。

以上这些表示湿度的物理量，水汽压、混合比、比湿等表示空气中水汽含量的多少，相对湿度、饱和差则表示空气距离饱和的程度。

4．降水

降水是指从天空降落到地面的液态或固态水，包括雨、雪、霰、雹等。降水量是指降水落至地面后（固态降水还需要经过融化），未经蒸发、渗透、流失而在水平面上集聚的深度，多以 mm 为单位。它是反映某地气候干湿状态的重要因素。后文将重点叙述降雨的形成、分类、观测以及其他特性。

5．风

空气的水平运动称为风，它是表示气流运动的物理量，风包括数值大小（风速）以及方向（风向）。风速指单位时间内空气在水平方向流动的距离，多用 m/s、km/h 等为单位；风向指风的来向，可以用 16 方位、方位度数等表示，如 0°表示正北，90°表示正东。

风向风速可以通过风向仪、风速仪来测定，也可以通过自然界物体受风吹动后所表现出的状况来估计。

6．能见度

能见度指视力正常的人在当时天气条件下，能够从天空背景下看到、辨出目标物体的最大水平距离，多以 m、km 为单位。

3.1.3　大气状态方程

在许多情况下，近地大气被认为是理想气体的混合物，为了方便，通常假设其为固定成分的干空气和水汽的混合物。

根据道尔顿定律（Dalton's law），理想混合气体的总压强等于各成分分压强之和，而且各成分遵守自己的状态方程。因此，干空气成分的密度为

$$\rho_d = \frac{p - e}{R_d T} \tag{3-8}$$

式中，p 为空气的总压强；e 为水汽部分的压强；T 为热力学温度；R_d 为干空气的气体常数（见表 3-2）。

类似地，水汽密度为

$$\rho_v = \frac{0.622e}{R_d T} \tag{3-9}$$

式中，0.622＝水汽摩尔质量/干空气摩尔质量＝R_d/R_w。

表 3-2　空气的一些物理常数

干　空　气	水　汽
摩尔质量：28.966 g/mol	摩尔质量：18.016 g/mol
气体常数：R_d＝287.04 J/(kg·K)	气体常数：R_w＝461.5 J/(kg·K)
比定压热容：c_{pd}＝1005 J/(kg·K)	比定压热容：c_{pw}＝1846 J/(kg·K)
比定容热容：c_{Vd}＝716 J/(kg·K)	比定容热容：c_{Vw}＝1386 J/(kg·K)
密度：ρ＝1.2923 kg/m³（p＝1013.25 hPa，T＝273.16 K）	

由式(3-8)和式(3-9),可得湿空气的密度为

$$\rho = \frac{p}{R_d T}\Big(1 - \frac{0.378e}{p}\Big)$$

(3-10)

上式说明,在压强 p 时湿空气的密度比干空气小。这意味着水蒸气的分层在决定大气的稳定性方面发挥着作用。湿空气的状态方程可以由从式(3-8)和式(3-9)中消去 e 得到

$$p = \rho T R_d (1 + 0.61q)$$

(3-11)

这说明空气混合物可以被视为理想气体,并有一个特定的气体常数

$$R_m = R_d (1 + 0.61q)$$

(3-12)

上式是一个关于水蒸气含量的函数。因此,式(3-11)常写作以下形式:

$$p = R_d \rho T_v$$

(3-13)

式中,T_v 是由下式定义的有效温度(virtual temperature):

$$T_v = (1 + 0.61q)T$$

(3-14)

在给定 q、T 和 p 的条件下,有效温度是干空气为与湿空气达到相同的密度所应具有的温度。

某一地点的大气可降水量是该点上方垂直空气柱中所含的水汽量。气压是高度的函数,即 $p = \rho g h$;假设在大气顶部压强可忽略,则大气可降水量可表示为

$$W_p = \int_0^{p_0} q \, dp / g$$

(3-15)

式中,p_0 是地表压强。这些变量的基本量纲是 $[q] = [MM^{-1}]$,$[p] = [ML^{-1}T^{-2}]$,$[g] = [LT^{-2}]$,可以方便地区分空气质量 M_a 和水质量 M_w。因此,可降水量的基本量纲是 $[W_p] = [ML^{-2}]$,即单位面积上水的质量。在 SI 单位制中可以表示为 kg/m²,近似等于垂直液态水柱以 mm 为单位的数值,因为液态水的密度大约是 1000 kg/m³。

3.1.4　大气稳定性

热力学第一定律说明加入某一系统吸收的热量等于系统内能的增加与系统对外做功的和。对于部分饱和空气,用微分形式表示为

$$dh = du + p \, d\alpha$$

(3-16)

式中,$\alpha = \rho^{-1}$ 是比体积,ρ 是空气密度;u 为内能;h 为加入系统吸收的热量。

由式(3-11)和式(3-12)可以得到

$$p = R_m T / \alpha$$

(3-17)

将 α、温度 T 和压强 p 这三个变量联系起来。因此要决定状态,只需给定这三个变量里面的两个即可。如果将 α 和 T 选作独立变量,式(3-16)可写为

$$dh = \Big(\frac{\partial u}{\partial T}\Big)_\alpha dT + \Big[\Big(\frac{\partial u}{\partial \alpha}\Big)_T + p\Big]d\alpha$$

(3-18)

因为比定容热容可以被定义为 $c_V = \Big(\frac{\partial u}{\partial T}\Big)_\alpha$,且 $\Big(\frac{\partial u}{\partial \alpha}\Big)_T = 0$,由式(3-17)的微分形式和式(3-18)得

$$dh = (c_V + R_m)dT - \alpha \, dp$$

(3-19)

或

$$dh = c_p dT - \alpha \, dp$$

(3-20)

式中,$c_p = (\partial h / \partial T)_p$ 是比定压热容。由流体静力学规律,得到静止流体压强随高度的变化为

$$dp = -\rho g \, dz$$

(3-21)

最终由式(3-20)可得

$$dh = c_p dT + g dz \tag{3-22}$$

式(3-22)是由能量守恒定律、状态方程及流体静力学等式相结合推导得到。这个结果是针对含有水汽的空气而言,但湿度随等压比热容的变化很小,即 $c_p = q c_{pw} + (1-q) c_{pd}$,因此式(3-22)中通常应可用干空气的 c_{pd} 来代替。

对于大气的稳定性可以通过如下的假想实验判断。假设一温度为 T_1 的小气团在没有同周围空气混合的情况下发生了很小的垂向位移,这个位移足够小且发生迅速,则这个气团的气压变化可以视为绝热过程,与周围环境没有热量交换而且是可逆的。按空气中水汽不同的饱和程度,考虑以下两种典型情况。

1. 非完全饱和(湿润)大气的稳定性

在下面的讨论中,假设大气中不发生蒸发和凝结,保持湿润的状态,热量保持不变(即 $dh = 0$)。空气的温度随高度变化的关系式为 $dT/dz = -g/c_p$。下面的讨论中用 $\varGamma$ 表示大气的温度随高度的降低值,即 $\varGamma = -dT/dz$,记为

$$\varGamma_d = -dT/dz = g/c_p \tag{3-23}$$

式中,$\varGamma_d$ 称为干绝热直减率。

实际状态下,如果实际大气温度随高度递减的速率 $\varGamma = -\dfrac{dT}{dz}$ 大于干绝热直减率,即 $\varGamma > \varGamma_d$,设想一个空气团向上运动 δz 的距离,它的温度将依式 $\varGamma_d = -dT/dz = g/c_p$ 降低;相对而言,该气团温度的降低速度比周围大气小,因此会变得比周围的空气暖且轻,因此它有继续向上运动的趋势。同理,一个往下运动的空气团会比周围的空气冷且重,有继续向下运动的趋势。在这种情况下,一旦有微小的扰动发生,空气团就会继续运动,将这种扰动产生的效果扩大,因此大气是不稳定的(见图3-2)。相反的,如果有 $\varGamma < \varGamma_d$ 向上运动的空气团由于比它周围的空气重且温度低,有回到运动之前的位置的趋势,这时大气是稳定的(见图3-3)。当实际大气的 $\varGamma = \varGamma_d$ 时,大气的稳定性处于两者之间。

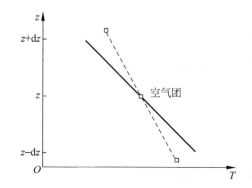

图 3-2　不稳定大气,温度随高度的减小率(实线)
大于干绝热直减率(虚线)$\varGamma > \varGamma_d$

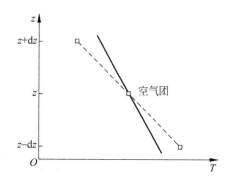

图 3-3　稳定大气,温度随高度的减小率(实线)
小于干绝热直减率(虚线)$\varGamma < \varGamma_d$

2. 完全饱和空气的稳定性

当大气处于饱和状态时,在绝热上升过程中,它内能的变化一定伴随着水汽的凝结,空气中水蒸气的含量就会减少。可以写为 $dh = -L_e dq$。其中,L_e 为蒸发潜热,q 为比湿。因此有

$$-\frac{dT}{dz} = \varGamma_d + \frac{L_e}{c_p} \frac{dq}{dz} \tag{3-24}$$

上式等号右边的值称为饱和绝热直减率(saturated adiabatic lapse rate)$\varGamma_s$。一般来说,$dq/dz < 0$,所以饱和绝热直减率小于干绝热直减率。

$\dfrac{L_e}{c_p}\dfrac{dq}{dz}$ 的值与温度有关,在高温下,例如赤道附近,$\varGamma_s \approx 0.35 \varGamma_d$;而在较低的温度下,例如 $-30\,℃$ 附近,$\varGamma_s$ 大

约和 Γ_d 相当,为 $9.8℃/km$。在低层大气中,该值约为 $5.5℃/km$。如果在上升的气团中,水蒸气被不断地移走(比如在降雨过程中),温度随高度降低的值称为假绝热直减率(pseudo-adiabatic lapse rate)。然而,在大多数情况下,水蒸气的减少带来的热量损失可以忽略不计。

实际情况中,温度随高度减少的速率处于干绝热直减率和饱和绝热直减率之间,即 $\Gamma_s < \Gamma < \Gamma_d$,称为有条件的不稳定状态(conditional instability)。研究一个部分饱和的空气团在大气中的上升过程,它的温度会先根据干绝热直减率的公式变化,因此会比周围空气的温度低,参照我们前面的讨论,这种情况下是稳定的。然而,如果空气质点进一步上升,温度继续下降,当它到达高度 z_C 之后,它的温度随高度变化的曲线会沿着饱和绝热直减率的曲线。继续上升,到达 z_F 的高度之后,空气质点的温度会超过其周围环境的温度,比周围的空气轻,情况就成为不稳定的。z_F 为自由对流的起始高度。因此,空气团在竖直方向上移动时是否稳定取决于空气团中水汽的含量。当湿度较大时,凝结高度低,空气质点在竖直方向上相对较小的移动就会产生不稳定。而在相对干燥的情况下,z_C 的值比较高,大气更可能维持稳定(见图 3-4)。

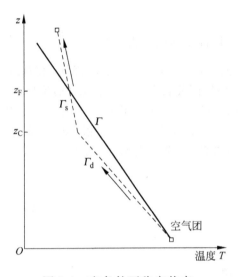

图 3-4　有条件不稳定状态

3.2　降水形成及分类

3.2.1　降水形成机理

降水是许多因素共同作用的过程,可简单地描述为:空气达到过饱和,水蒸气凝结成小水珠与小冰晶,这些小水珠和小冰晶的体积逐渐变大,最终在重力作用下从空中落下,在此期间有湿空气提供源源不断的水汽来维持上述过程。形成降水必须经过以下几个过程。

1. 大气冷却

如前文所述,随着大气高度增加,在温度下降的同时大气持水能力也下降。也就是说,大气冷却可以导致大气过饱和。大气冷却有很多方式:热空气通过辐射的方式将热量传递给冷空气,或是与温度较低的空气接触混合,都会导致前者的温度降低。但这两种降温方式仅能形成雾或是很少量的降水。气团上升冷却是天气过程中的主要冷却方式。当空气团因某些原因而抬升,例如受热、当空气团经过山地或者受锋面活动的影响时,上升越高则气压越低,故空气在上升过程中膨胀做功,消耗能量。若上升的速度很快,空气团可能来不及从周围的空气中吸收热量,则只能从空气团本身吸收热量。这样,空气团一边上升一边消耗能量而冷却,这一过程称为绝热冷却,是大气降水的主要原因。当温度降至露点以下时,就达到了水汽凝结的条件。

2. 凝结

当空气达到饱和或过饱和状态时,水蒸气就可能以烟尘、盐类微粒等凝结核为中心发生凝结,凝结成小水珠或小冰晶,凝结过程会产生和释放出潜热。这些小水珠和小冰晶体积增长的速度,与周围空气中的水汽被传输到它们表面的速度是有关的,也与凝结释放的潜热从它们表面输出的速度有关。起初,这些凝结产物非常小,可以浮在大气中。当雨滴的半径达到 20 μm 以上,将与周围不同大小和下落速度的雨滴发生碰撞而结合。当水珠和冰晶的体积增大到一定程度,不能继续浮在空气中时,就发生降水。水珠或冰晶的体积要足够大,以不至于在下落过程中被蒸发完,是否能产生降水的颗粒直径下限为 0.1 mm,稳定的降水通常在云层厚度不小于 1200 m 时才可能发生。

3. 水汽供应

当近地表气温为 20℃ 和大气压约为 1000 hPa 时,饱和湿空气柱中的最大可降水量相当于 5 cm 的液态水深;如果气温降到 10℃,可降水量大约仅有一半。这一结果表明,即使是在非常有利的条件下,空气柱也只能储存很有限的水量。大暴雨的降水量通常超过这个值,而且在降雨过程中,空气的湿度通常维持恒定。所以,降雨强度和雨量并不是仅由当地的可降水量决定,而主要受水平流入该地的水汽量控制。水平输入的水汽特性,由形成降水的天气系统决定。

追溯产生降水的水汽来源,对研究特定时期内区域水资源、洪水和干旱等具有十分重要的意义。某一区域的降水,一部分水汽来自于本区域之外的蒸散发,一部分则来区域内部水分的蒸散发。由区域内部蒸散发水汽产生的降水被称为再循环水或内循环(recycled water)。表 3-3 给出了世界上不同地区水分内循环比率的一些估计值。由此可见,当地的土壤中水分可以反馈到大气,是影响降水的重要因素之一。

表 3-3 世界不同地区当地水分的内循环比例

地 区	区域大小(面积平方根)/km	内循环比	参考文献
亚马逊 Amazon	2300	0.25	Brubaker 等 (1993)
亚马逊 Amazon	2500	0.25～0.35	Eltahir 和 Bras (1994)
密西西比 Mississippi	1800	0.10	Benton 等 (1950)
密西西比 Mississippi	1400	0.24	Brubaker 等 (1993)
欧亚大陆 Eurasia	2200	0.11	Budyko (1974)
欧亚大陆 Eurasia	1300	0.13	Brubaker 等 (1993)
萨赫勒 Sahel	1500	0.35	Brubaker 等 (1993)

3.2.2 降水类型

降水能够以各种形态到达地表,其主要形态包括:雨(rain)、雪(snow)、霰(graupel)、冰雹(hail)等。

(1) 细雨(drizzle):非常小且均匀的降雨,由许多直径在 0.1～0.5 mm 范围的微小水滴组成。

(2) 雨:由直径大于 0.5 mm 的水滴组成的降水。当强度小于 2.5 mm/h 时,称为小雨(light rain),在 2.5～7.5 mm/h 范围之内,则称为中雨(moderate rain),当强度超过 7.5 mm/h 时,称为大雨(heavy rain)。

(3) 雪:大气中水蒸气凝华产生的六边形分岔的冰晶或星形的冰晶,以单个或集合的晶体形态降落到地面上。当温度接近冰点时,雪花的体积会大一些。雪的比重变化范围很大,但通常新雪比重大约为 0.1。

(4) 霰：由白色不透明的、直径在 0.5~5 mm 范围内的小颗粒组成的一种降水。

(5) 冰雹：由球状或不规则形状的冰块组成，直径在 5~50 mm，或者更大一些。这些冰块可以是透明的，或者是由许多不透明的冰组成的同心层，这种层状结构是在形成冰雹的反复上升和下降运动中造成的。冰雹通常发生在长时间的对流天气情况下，近地温度在零度以上。

(6) 露(dew)：地面、植物或其他的表面上的液态水滴，由大气中的水汽直接凝结而成。在夜间，大地或植被表面的热量会以长波辐射的形式消散掉，所以露的形成通常在夜晚。

(7) 霜(hoar frost)：与露的形成机理类似，但形态不同。霜是由水汽直接凝华成形态各异的固态冰晶。

3.3　影响降水的天气系统

3.3.1　高纬度气旋和锋面

这种天气系统主要源于两种性质差异气团的相互作用。气团是指物理属性(温度、湿度、大气静力稳定度等)在水平方向差异很小的空气质点群体。其水平范围可达几百万平方公里，垂直厚度可达几公里至十几公里。在两种不同气团的交界面上，当冷气团发生运动，移动到暖气团的下面时，称为冷锋。反之则称为暖锋。相对而言，冷锋锋面比较陡，平均坡度约为 0.015。在北半球它们通常产生于西南至东北方向，向东或向东南移动。冷锋的到来通常伴随着风速增加和高积云(altocumulus clouds)的出现(见图 3-5)。气压持续降低，伴随着降水到来，以积雨云为主的较低云层出现。随着锋面靠近，降水密度增加，冷锋过境后，气压迅速上升，气温急剧下降，风向发生改变，一般是从南或西南方向变为偏西或偏北方向。冷锋过后的天气一般干燥寒冷。暖气团的稳定性决定了冷锋带来的降雨的类型。如果暖空气稳定，云层是层状结构；如果暖空气不稳定，云层是积云形式，降雨为对流雨，在这种情况下，可能有分散的大暴雨天气。在极端的情况下，锋面发展成为连续一线的雷雨天气，称为雷暴雨线(squall line)。

暖锋的锋面通常不如冷锋的陡峭，平均的坡度约为 0.01，它们比冷锋运动来得慢(见图 3-6)。随着暖空气被冷空气抬升，出现较大范围的云层，可以从锋面与地面的交线往前延伸几百公里。这种情况下，也是由暖空气的稳定性决定了暖锋产生的降水类型。若暖气团潮湿且稳定，产生的云层类型为卷云(cirrus)、卷层云(cirrostratus)、高层云(altostratus)和乱层云(nimbostratus)，降水逐渐增加；当暖气团潮湿且相对不稳定时，可能会有同样的天气现象，但同时也可能会出现高积云(altocumulus)和积雨云(cumulonimbus)，并伴随着雷暴天气。

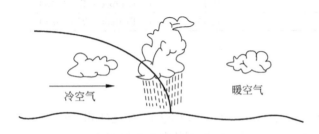

图 3-5　典型冷锋面的剖面图(垂直方向放大)

图 3-6　典型暖锋面的剖面图

两种不同气团的分界面不稳定，随着地球的自转，逐渐发展演变成为螺旋形的气流，称为气旋。气旋是较大范围的低气压区域，伴有云层系统和降水。反气旋则是高压区域，通常带来晴好的天气。在水平方向上，由于空气离开高气压中心运动，反气旋的特点是中心空气下沉。

　　尽管气旋的表现形式可以有无穷多种,但它们具有共同的特征。图 3-7~图 3-9 描绘了典型的气旋的生命周期。最初阶段静止锋面的两边,空气平行地向相反的方向运动。在剪切力和小紊动的作用下,以及受气团表面粗糙不平或是不均匀受热的影响,锋面可能会演化成波形。这种形状得以保持,并且范围越来越大,并最终演化成为逆时针方向旋转(北半球)的气流类型,称为锋带波(frontal wave)。至此,明显的冷锋面和暖锋面开始形成,气流的旋转运动不断加强。冷空气的前锋通常运动得快一些,并赶上了暖空气的前锋。此时,气旋的强度达到最大值,冷锋面和暖锋面重合被称为锢囚锋(occlusion or occluded front)。在锢囚锋发展的后期,气旋的强度和锋面的运动逐渐减弱,最后锢囚锋消失,新的静止锋形成。许多不同的因素控制着锢囚锋的演进,有研究表明,相对温度差异,锋面稳定性的差异更能控制锢囚锋的动力特性。

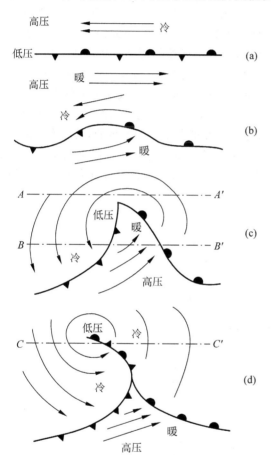

图 3-7　北半球高纬度气旋的发展

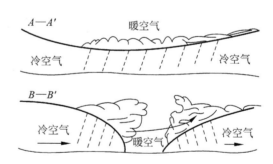

图 3-8　图 3-7(c)中沿 A—A′ 和 B—B′ 的垂直剖面

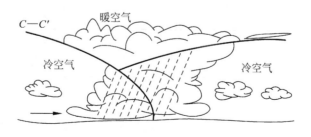

图 3-9　图 3-7(d)中沿 C—C′ 的垂直剖面

在寒冷季节,当赤道和极地的状况对比最为明显时,锋面气旋控制了中高纬度的天气。温暖季节气旋系统的作用一般较为微弱。它们长度上的典型尺度为 10^3 km,也被称为宏观的天气尺度,它们出现的最高纬度大约为 55°。

3.3.2 高纬度对流天气系统

不稳定的大气条件能够使空气在大尺度范围内产生准漩涡形式的对流运动。理想的漩涡流线的形式是同心圆。然而大气中的对流系统比浴盆中简单的漩涡要复杂得多。在合适的湿度条件下,这些对流系统可以发展为雷暴,它们可以由一个暴雨的单元组成,也可以由几个单元组成,是中尺度大气对流系统的一部分。这些天气系统典型的空间尺度为 50~500 km,但单个的单元可以小至几千米。每个单元的特点是具有强烈的上升气流和下降气流。简单地说,上升气流是空气不稳定状态的体现,导致空气冷却凝结产生降雨。另一方面,下降气流不单是由降雨的卷吸带动及蒸发冷却作用产生的,也是由于为了补偿向上运动的气流满足连续性的要求。一些下降气流是由上升气流到达它们的最高点,然后下降回地表产生的。大多数这类天气系统都伴随着特定的表面气压类型。简单地说,这种气压类型由一个中心高气压区,被中心低气压区拖着,这里面的一部分机理如图 3-10 所示。一般认为,高气压区是由于云层底部下面下降气流的蒸发冷却产生的,其他附带的效应还有下降气流与地面碰撞,由于水汽凝结的加载在这附近产生气压突出的区域。低气压可能是由于干空气下降至对流空气的后方而产生的,但它的引起原因尚不清楚。目前为止,暴风雨发展的细节,重力场在其中的作用都不完全清楚。

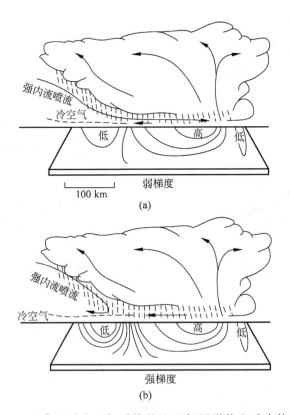

图 3-10 典型对流天气系统的地面气压形状和垂直构造

3.3.3 季节性的热带天气系统

季节性的热带天气系统发生在北信风与南信风交汇的地区,以及在亚热带高气压带和赤道之间的波形结构区域。它们是热带降雨和该地区丰富植被的主要影响因素。它们通常产生厚云团,伴有间断性的晴好天气和强烈的对流雨。这些系统通常具有季节性的特征,它们随着太阳相对于两个热带区域的位置而变化。

在印度东部的梅加拉亚邦,当季节性的热带天气系统和季风以及地形效应结合起来时,就会产生长时期降雨量。

3.3.4 大尺度热带对流天气系统

大尺度热带对流天气系统是一种充分发展的低气压天气系统,起源于热带海洋区域,能够跨越长远的距离,伴随着强劲的风和大量降水。随着它们离开其发源地,会引起沿海地区的恶劣天气。风速低于 40 km/h,它们就被称为热带低气压;当风速在 40~120 km/h 之间,被称为热带风暴;风速在此范围之上,则被称为飓风,在西太平洋则被称为台风。这些天气系统也产生了历史性的强降水。在平地上 24 小时时段内产生 150~250 mm的降水并不罕见。

3.3.5 降水的地形效应

这里讨论的各种天气系统产生的降雨都显著受到地形的影响,例如海拔、坡度和地面形态等,使迎风面降水增加,背风面降水减少,背风面也因此被称为"雨影区"(rain shadows)。在一些主要风向相对明确的地区,比如美国西海岸或印度东部的梅加拉亚邦山脚,可以很容易地判断哪部分是迎风坡。Gilman (1964)指出,在美国东部阿巴拉契亚地区,随着风向的变化,迎风坡和背风坡也会变化。Smith (1979)提出,有如下三种不同形成机理的地形雨。

(1) 大尺度的上坡降水,由层状大气的垂直运动或空气沿地形上升引起的触发对流所导致。

(2) 由于小山坡的存在,而引起的小范围云层降水的重分布。由于山坡的高处可以在降水蒸发之前将其截留,加之处在下层的云层被下落的雨滴冲失,所以山顶上降水增加。

(3) 由于山坡上太阳辐射的作用,条件不稳定,气团产生了沿坡向向上的风,并发展成为上升热气流,可在凝结的高度之上变成积雨云。

一般来说,由于还有其他许多的影响因素,地形因素本身在使降水增加方面的作用并不明显,它主要是对流运动的一个触发因素。因此,据 Suzuki 等(2002)观察,地形抬升通常对空气的对流降雨效果更大,而不是层状云降水。在累积雨量更大,降雨强度更大、累积降雨时间更长的情况下,这种影响更为显著。比如,在分析每小时的降水量时,它主要受到其他随机因素的影响,地形因素影响不明显。而分析日降水量时,地形的影响逐渐明显,尽管不同的日期降水量的数据有离散性。但是如果分析月降水量,其他随机因素的影响平均之后不明显了,而地形抬升的作用则凸现出来。Daly 等(1994)做了大量的降水量和地形抬升之间关系的研究,并得出线性关系的结论。但相关文献中也有的认为它们之间存在对数线性关系。在中纬度地区大气降水的最大值通常出现在山地的最高峰处。然而,在温暖地区(如夏威夷)或是在降水量大的时候,降水量最大值可能出现在稍低一些的山地之前的区域,在狭窄而陡峭的山脉,降水的最大值则可能出现在山的下风一侧。

例如,气团由于经过上升地形时而被迫抬升(见图 3-11),起初气团的温度会以约等于干绝热直减率的速度降低,在能使水蒸气凝结的高度以上,气团降温的速率会降低,接近于湿绝热直减率,随着饱和空气继续上升,它的温度进一步降低,其中的水蒸气逐渐变成降水下落。气团到达山峰后,随着地形下降,下降空气沿着干绝热直减率的线升温,饱和程度逐渐降低,空气的湿度比上升时要小,温度也比上升时要高。和在锋面系统中相类似,如果气团的初始状态是均一稳定的,且沿着地形均匀地上升,带来的是层云状的降水(stratiform type)。如果气团性质不均一,则会发展成为降雨强度大的对流雨,尤其是在地形不平整,气团受热不均时,会发生当地局部的对流。

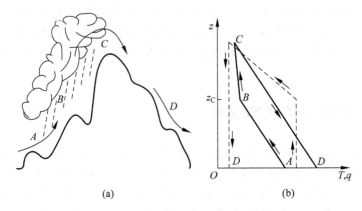

图 3-11   湿空气沿地形上升冷却形成降雨

3.4   降 雨 观 测

降水量可能是第一个被定期测量的水文变量,在世界上的许多地方这些测量始于一个多世纪之前。总体来看,降水也是水文循环各要素中最容易测量的一个。但是实际上,到目前为止,降水观测中仍存在一些问题。

3.4.1   雨量筒

在雨量站、气象站或水文站等地面观测站点,用于测量雨量的仪器称为雨量器。雨量器测量落至其边缘划定的水平面上的雨水的体积,除以雨量器的表面积,便得到降雨深度。

现在已经有各式各样的雨量器。雨量器有两种类型:自记的和非自记的。自记雨量器能自动记录累计降雨量,其时间分辨能力可细到 1 min 及以下,往往配有遥测设备,以便实时传送记录并为管理所用。自记雨量器有三种主要类型:称重式、浮筒式及虹吸式、倾斗式。非自记雨量器是由一个圆筒形容器和一根有刻度的量尺组成。原始雨量器的使用见于 2000 多年前的一些文献中。"现代"非自记雨量器的发明应归功于朝鲜人,时间可以追溯到 16 世纪。

从理论上看降水的测量非常简单。但实际上,过去许多年中测量的数据都存在严重的系统错误,在使用这些数据的时候需要格外谨慎。尽管研究者们很早就意识到了这一点,但是直到近几年来这个问题才有改善。

标准雨量站中测量仪器的孔口通常置于一定地面高度之上(大约是 0.5 m 或其以上的高度,随仪器类型的不同而不同),这主要是考虑到测量的方便,以及防止雨滴的泼溅和雪的吹积。但这样会导致一个重要问题——由于测量仪器的存在,成为风速场中的一个障碍物,风在经过孔口上方的时候就有尾漩涡发展。漩涡将把直径比较细小的雨滴从孔口上方带走,从而减少了进入孔口的雨量。因此,测得的雨量值和实际的雨量值之间的差异会随着风速的增加,降水强度的减小,或测量仪器孔口距离地面的高度增加而增加。根据不同情况,降雨量的损失可能在 2%~10% 之间,降雪量的损失则可能在 20%~50% 之间。

3.4.2　天气雷达

雷达降水遥测技术在全球的应用已经十分广泛,近年来多普勒雷达技术的发展大大提高了降水的测量精度,目前雷达遥测技术可以达到 5min 的时间分辨率和 $1\sim10\,000\ km^2$ 的空间分辨率。雷达遥测基于如下的雷达反射率与降雨率之间的经验关系:

$$R = aZ^b \tag{3-25}$$

式中,R 为降雨率;Z 为雷达反射率;a 和 b 是待定参数,由实验资料率定。

尽管雷达测雨还存在一些技术问题和精度问题,但由于雷达遥测(测雨雷达站网)具有实时直接测出降雨的空间分布、跟踪暴雨时空分布特点等优势,它仍是未来测雨技术的发展方向之一。

3.4.3　卫星遥感

基于卫星遥感的降水观测可用于大尺度(全球或区域)的水文气象研究,同时在缺少地面观测的地区也具有较大的应用潜力。目前卫星遥感测雨中常使用的传感器类型有:①可见光与红外遥感技术(VIS/IR),建立云顶温度与地面降雨的经验关系,但是这种关系并不直接可靠,往往随季节和地域变化而改变。但红外遥感的优势在于其搭载于同步卫星而且空间覆盖范围较大,具有高时间分辨率;②被动微波技术(PMW),微波辐射测量可直接与雨滴谱分布联系,相对具有更高的反演精度,但微波遥感器搭载于近地极轨卫星,时间分辨率和空间覆盖度均较低;③主动微波技术(AMW),已发射的 TRMM 卫星搭载了 Ku 波段降雨观测雷达,2014 年计划发射的全球降水观测计划卫星(GPM)会搭载双频降雨观测雷达,极大地提高了空间观测降水的精度。目前主流的全球卫星遥感降水产品(如 TMPA、CMORPH、PERSIANN 等)均是综合利用了上述红外观测与微波观测的相对优势来联合估计地面降水量。

3.5　流域降雨特性分析

降水分析的目的是:把握降水在不同空间和时间尺度上的分布与变化特性,从而为洪水预报、旱情预报、水资源评价等提供降水信息。由于雨量观测站观测到的降雨量仅代表其周围小范围内的降水量,故称为点降水量。在流域尺度上进行水文分析计算时,通常采用流域的平均降水量,也就是面平均雨量,可由流域内各点雨量来估算面平均雨量。

3.5.1　降雨的时空特征

描述降雨随时间变化的特征值有:

(1) 降雨量(rainfall amount),指一定时段内的降雨总量,一般单位为 mm;

(2) 降雨历时(rainfall duration),指一次降雨所经历的时间,单位为小时或天;

(3) 降雨强度(rainfall intensity),指单位时间内的降雨量,单位为 mm/min 或 mm/h。

降雨通常是按照每天或者每小时进行记录,而且可以在不同的时间段内进行报告。降雨随时间的演变过程的描述很大程度上取决于所选择的时间分辨率。在应用水文学中,一次独立降雨的降雨强度随时间变化的记录称为降雨强度历时曲线(hyetograph),通常表示为以小时为时间单位的柱状图,随着时间的累积降雨量则通过累积降雨量曲线反映,如图 3-12 所示。

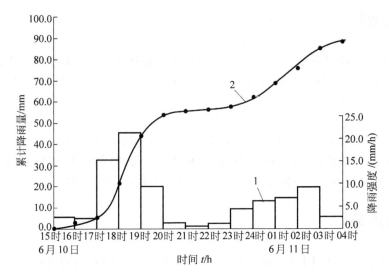

图 3-12　承德站(1991年)一场降雨的强度过程线及累积降雨量曲线

1—降雨强度；2—累积降雨量

通常采用降雨面积(rainfall area)来描述流域降雨空间分布特点。降雨面积是指降雨笼罩的水平面上的面积,反映雨区的大小。通常采用降雨中心(rainfall center)来描述降雨集中的程度和范围,降雨中心是指降雨面积上降雨量最为集中且范围较小的局部地点(区)。

除了上述只能描述降雨量时间变化和空间变化的一些方法外,还有一些综合性描述降雨特性的方法,称为降雨特性综合曲线。在不同的时间尺度下,降雨的面积分布是广泛关注的问题。图3-13所示的面平均降雨深度随面积的变化曲线反映了降雨的面积分布关系,这一面积分布关系随降雨历时的增加也会发生改变,因此根据不同的降雨历时又可以绘制面平均雨深-面积-历时曲线,如图3-14所示。

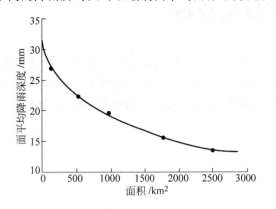

图 3-13　武烈河流域(1991年6月6日)面平均雨
深-面积曲线

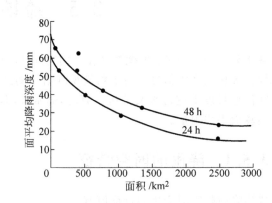

图 3-14　武烈河流域(1991年6月22—23日)面
平均雨深-面积-历时曲线

我国多年的平均年降水量约为650 mm,低于全球陆地的平均年降水量800 mm,小于亚洲的平均年降水量740 mm。我国的降水主要受东南和西南季风的影响,形成东南多雨,西北少雨的特点。同时,我国大部分地区降水的季节分配不均匀,主要集中于春夏季,年降水越少的地区,其降水季节越集中。

3.5.2 流域面平均雨量

在流域尺度的水文分析中,流域的平均降水是一个重要的输入数值。流域平均降水量通常指面平均雨量,一般由已知的各点降雨量来推求面降雨量。有各种通过雨量站测得的点降雨量来估计流域面平均雨量的方法,由点降雨量估算面平均雨量的常用方法如下。

(1) 算术平均法

当可知的信息量很少时,仅有的方法是通过取算术平均,也就是将每个点雨量站的权重取为一样,这时流域面平均雨量可根据流域内雨量站所测得的雨量值按算术平均计算得到。

$$\overline{P} = \frac{P_1 + P_2 + P_3 + \cdots + P_n}{n} = \frac{1}{n}\sum_{i=1}^{n}P_i \qquad (3\text{-}26)$$

式中,P_i 为各雨量站同时期的降雨量,mm;n 是测站数;$\overline{P}$ 是流域平均降雨量,mm。该法适用于流域内地形起伏不大,雨量站分布较均匀较密的情况。

(2) 泰森多边形法(面积加权平分法或垂直平分法)

当我们有地图上各个雨量站位置的信息时,泰森多边形法是一种常用的方法。如图 3-15(a)所示,每一个雨量站代表 A_i 一块子面积,由该雨量站和它周围的雨量站连线的中垂线围成,每个雨量站测得的降水量的权重与它代表的面积成正比,即

$$\overline{P} = \frac{1}{A}\sum_{i=1}^{n}A_iP_i \qquad (3\text{-}27)$$

式中,n 是雨量站的数目;A 是流域表面积,等于各子面积之和,$A = \sum_{i=1}^{n}A_i$。

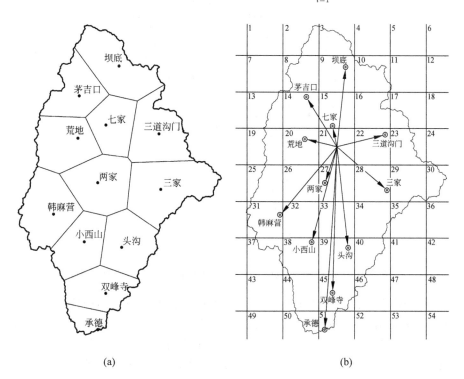

(a)   (b)

图 3-15　武烈河流域雨量站

(a) 泰森多边形法;(b) 距离倒数(inverse distance)权重法

（3）距离倒数（inverse distance）权重法

这种方法在原理上与泰森多边形法一样简单，但在使用上更方便。它假定该流域任一点的降水量和各个雨量站测得的数值都有关，数值的权重与该点到雨量站的距离的幂成反比。注意这个原理可以用于计算缺少的数据。为了计算面平均雨量，将流域细分为 m 个矩形区域，假设每个区域的降水是均匀的，以各自中心计算得到的雨量值代表（见图 3-15（b）），有下面的公式：

$$\bar{P} = \frac{1}{A} \sum_{j=1}^{n} A_j \left(\sum_{i=1}^{n} d_{ij}^{-b} \right)^{-1} \sum_{i=1}^{n} d_{ij}^{-b} P_i \tag{3-28}$$

式中，A_j 是第 j 个小矩形的表面积；A 是流域总表面积；n 是雨量站的总数；d_{ij} 是第 j 个小矩形的中心到该流域第 i 个雨量站的距离；b 是常数，通常情况下取 2，当 $b=0$ 时，上式表示的是算术平均值的算法。

（4）降水等值线法

另外，还有一种降雨量等值线法，通过在雨量站测得的数值之间进行内插，绘制等雨量线来实现（见图 3-16）。

$$\bar{P} = \frac{A_1 \cdot \bar{P}_1 + A_2 \cdot \bar{P}_2 + \cdots + A_n \cdot \bar{P}_n}{A} = \frac{1}{A} \sum_{i=1}^{n} A_i \cdot \bar{P}_i \tag{3-29}$$

式中，$\bar{P}$ 是流域平均降雨量，mm；A 是全流域面积，km^2；A_i 是两条等雨深线间的部分流域面积，km^2；$\bar{P}_i$ 是相邻两个等雨深线值的平均。

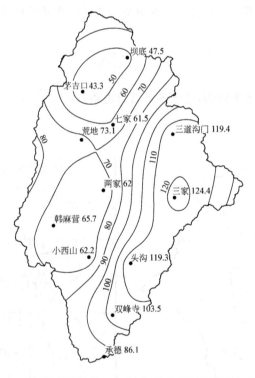

图 3-16　武烈河流域（1991 年 6 月 6 日）降雨量等值线图

以上描述的简单平均值方法在实际设计中的应用都较为广泛，并没有明确的使用标准。客观分析和地理统计学（geostatistics）研究提出了一种更客观的插值方法，这就是最优线性无偏估计法（the best linear unbiased estimator），也称为克里金方法（Kriging method）。这是一个取权重的过程，在降雨量波动的空间结构的基础上，以及误差估计的基础上决定权重的取值。由于复杂的山地地形影响，使降雨的空间（主要指平面内的）分布变得极为复杂，难以准确把握。将地形效应与客观分析相结合成为研究降雨空间分布的热点之一。

参 考 文 献

[1]　周淑贞,张如一,张超. 气象学和气候学 [M].3 版. 北京：高等教育出版社,2004.

[2]　葛朝霞,曹丽青. 气象学与气候学教程[M]. 北京：中国水利水电出版社,2009.

[3]　BRUTSAERT W. Hydrology：an introduction[M]. Oxford：Cambridge University Press,2005.

[4]　MAIDMENT D R. Handbook of hydrology[M]. New York：McGraw-Hill Inc. ,1992.

[5]　CHOW V T, MAIDMENT D R,MAYS L W. Applied hydrology[M]. Noida：Tata McGraw-Hill Education,1988.

习　　题

3.1　试概述大气的分层结构及各层的主要特征。

3.2　气象要素是表示大气属性和大气现象的物理量,常见的气象要素有哪些?

3.3　如何定性地评估大气稳定性?

3.4　降水形成的机理是什么? 主要包括哪些物理过程?

3.5　降水包括哪些类型?

3.6　比较分析冷锋、暖锋的特点及影响。

3.7　简述地形对降雨的影响。

3.8　降水观测的主要工具有哪些? 这些观测工具基于何种原理?

3.9　描述降雨随时间变化的特征值有哪些? 给出这些特征值的定义。

3.10　流域面平均雨量的估计主要源自于雨量站的点降雨量观测。由点降雨量估算面平均降雨量的常用方法有哪些?

第 4 章　积雪与融雪

陆地上相当大区域在寒冷季节的降水是以降雪的形式发生,积雪融化、下渗并形成地表和地下径流,是许多流域的重要水文过程。在这些流域内,融雪是主要的地表水及地下水补给源,也是洪水的主要来源。尽管地球上积雪和融雪的总量仅占全球水量的很小一部分,但是积雪和融雪过程的水文学意义十分重要,对水资源开发和利用也非常重要。

本章主要介绍雪的物理特性、积雪分布、融雪过程、常用的融雪计算方法,以及降雪、积雪和融雪的观测方法等。除了季节性的积雪之外,以固态存在的水体还包括永久性冰川和永久冻结带的固态水,它们占全球淡水资源的 75%,这些水体在水循环中并不活跃。在全球变暖趋势下,冰川和永久冻土带的融化成为了水文学的研究热点,这些内容超出了本书的范围,本章不作介绍。

4.1　雪的物理性质及分布

4.1.1　雪的成分

雪是由冰晶体和孔隙组成的颗粒状多孔介质。当雪处于冷态时(即雪的温度低于冰晶体的融化温度 0℃),孔隙里只有空气(包括水蒸气)。当处于融点时,孔隙中除了空气外,还有液态水,此时,雪是一个三相系统。

假想一个底面积为 A、高为 h_s 的雪体,用符号 M 代表质量,V 代表体积,h 代表高度,ρ 代表体积密度,下标 s 代表雪体,i 代表冰晶体,w 代表孔隙中的液态水,m 代表整个水体(冰晶体加上液态水),a 代表空气。由此,我们可以定量地描述雪体的各项自然物理属性。雪体的体积为

$$V_s = V_i + V_w + V_a = h_s \cdot A \tag{4-1}$$

雪体的孔隙度(porosity)ϕ,定义为孔隙体积与总体积之比

$$\phi = \frac{V_a + V_w}{V_s} \tag{4-2}$$

因此,有

$$V_i = (1 - \phi) \cdot V_s \tag{4-3}$$

液态含水量(liquid-water content)θ,定义为雪体中液态水的体积与总体积之比

$$\theta = \frac{V_w}{V_s} \tag{4-4}$$

雪体密度(snow density)ρ_s,定义为单位体积雪体的质量

$$\rho_s = \frac{M_i + M_w}{V_s} = \frac{\rho_i \cdot V_i + \rho_w \cdot V_w}{V_s} \qquad (4\text{-}5)$$

将式(4-2)~式(4-5)联立,即可得到雪体的密度为

$$\rho_s = (1 - \phi) \cdot \rho_i + \theta \cdot \rho_w \qquad (4\text{-}6)$$

式中,$\rho_i = 917 \ \text{kg/m}^3$;$\rho_w = 1000 \ \text{kg/m}^3$。

在水文学中,研究雪体的物理性质最重要的是掌握雪体中水分的含量,因为雪体中的水分含量最终决定了进入陆面系统参与水文循环过程的总水量。雪体中的总水分含量称为水当量(water equivalent),其表达式为雪体内全部水分含量融化成液态水后的深度

$$h_m = \frac{V_m}{A} \qquad (4\text{-}7)$$

式中,V_m 表示雪体全部融化成为液态水的体积。

根据前面的定义及公式,我们容易得到

$$V_m = V_w + V_i \frac{\rho_i}{\rho_w} \qquad (4\text{-}8)$$

将式(4-3)及式(4-4)代入到式(4-8)中得到

$$V_m = \theta \cdot V_s + (1 - \phi) \cdot V_s \cdot \frac{\rho_i}{\rho_w} \qquad (4\text{-}9)$$

根据式(4-1)和式(4-7),可将式(4-9)改写为

$$h_m = \theta \cdot h_s + (1 - \phi) \cdot h_s \cdot \frac{\rho_i}{\rho_w} = \left[\theta + (1 - \phi) \cdot \frac{\rho_i}{\rho_w} \right] \cdot h_s \qquad (4\text{-}10)$$

最终,根据式(4-6),水当量可以表达为

$$h_m = \frac{\rho_s}{\rho_w} \cdot h_s \qquad (4\text{-}11)$$

4.1.2　雪的相变

新雪(刚落下的雪)的密度是由雪体结构决定的,而雪体结构大体来说是空气温度、致雨云的水汽饱和度以及雪体表面风速的函数。在高风速作用下,雪花被击碎成星形或针形,并被压紧。新雪的相对密度(ρ_s/ρ_w)的观测值范围是 0.004~0.34,在低温以及低风速环境下,相对密度较低;而在相对高温及高风速环境下,相对密度较高。通常情况下,新雪相对密度在 0.07~0.15 的范围内变化。因为在实际应用中很难测量刚落下的雪体密度,因此在计算雪体水当量时,通常假定雪体的相对密度为 0.1。

从降雪落到地面开始,雪的相变过程就开始了,并一直持续到融化过程彻底完成。相变过程通常有四种形式:①重力作用;②破坏变质作用;③增温变质作用;④融化变质作用。

某一雪层的重力作用(gravitational settling)随着其上覆盖层的雪盖厚度及该雪层温度的增加而增强,随着该雪层密度的增加而减弱。在浅层雪体中,重力作用使雪体密度增加的速率为 2~50 $\text{kg/(m}^3 \cdot \text{d)}$。在冰川层中,上覆盖雪层的压力是下层坚实冰层形成的主要原因。

破坏变质作用(destructive metamorphism)的成因是曲率半径越小的凸面体上的水汽压更大,因此雪花的尖点和突起部分更容易蒸发。蒸发出的水汽在临近的非凸表面沉积,于是构成了更大、更圆的雪颗粒。这一过程在雪刚落下时进行得较为快速,雪体密度每小时增加 1%。这一过程大约在雪体密度达到 250 kg/m^3 时终止。

增温变质作用(constructive metamorphism)是季节性雪盖最重要的预融致密化过程。在短距离层面上,这一过程表现为结块作用(sintering),即水分子沉积在两个临近雪颗粒的接触面上,在两个雪颗粒中间形成一个连接桥。在长距离层面上,由于温度梯度的存在,水汽在雪盖中运移,雪盖中温度较高的部分升华,而水汽在温度较低的部分凝结。在浅层雪盖内的冷空气往往形成一个向上递减的温度梯度势,并伴随着形成一个向上递减的水汽压梯度势。在这种情况下,雪盖底部的水分子蒸发速率更大,形成一个低密度低强度的大型平板晶体基底层,称为雪中白霜(depth hoar)。

融化变质作用(melt metamorphism)通过两个过程发生。第一步,雪盖表面融化,降水,或者雪盖冷凝产生液态水。这一过程使雪盖致密化,并可能产生大面积的致密冰层。雪盖深层的冷凝过程同样释放潜热,在雪盖内部产生加温作用并加速水汽的释放和运移。在第二个相变过程中,随着雪盖的融化,体积较小的雪颗粒迅速消失,大的雪颗粒在不断的水汽释放和沉积过程中逐渐增大。在此作用下,正在融化的雪层将聚集成沙粒状的大型圆颗粒(直径为 1~2 mm)。

在积雪增加的季节,除了增温变质作用中暂时生成的雪中白霜,所有的相变过程都导致雪体密度的增加。需要注意的是,雪层的性质存在着很大的年际变异性,由于雪层存在坡度、坡向及植被覆盖的差异,降雪过程及相变过程也存在着很大的空间变异性。

在融雪季节开始的时候,雪层通常形成一个垂直方向的非均质体,并显著地分成密度差异很大的几层。在融化过程中,雪体密度持续增加,垂直方向的不均匀性逐渐消失。在这个阶段中,雪体的密度随着液态水体的形成和出流上下波动,周期大概是几小时到几天。温度达到0℃开始融化的雪层,在排水条件良好的情况下,相对于水的密度接近0.5。

4.1.3　积雪分布

1. 沿纬度分布

事实上,在纬度大于 40°的陆地上,都有季节性降雪的发生,在北半球,季节性降雪的面积约占到陆地总面积的 42%。纬度越高的地区,降雪量占到总降水量的比重就越大,例如在美国阿拉斯加州,这一比例达到了65%。除了纬度之外,陆地与大洋的相对位置也影响着降雪的比重,比如在大西洋东海岸的欧洲大陆,由于受到海洋性气候的影响,降雪占总降水量的比重小于大西洋西海岸的北美大陆。

每年降雪覆盖的时间也随着纬度升高呈现递增的关系,以北半球为例,在北极圈附近的陆地,每年被冰雪覆盖的时间长达半年之久,积雪的最大平均深度在 50 cm 以上。根据 1978 年以来每周的降雪区域图显示,由于气候变暖的影响,最近二十年的积雪覆盖时间和范围呈下降的趋势。

由于积雪的融化需要数小时乃至数月的时间,因此从降雪时间发生到产生径流需要一定的时间。但是因为降雪的蒸散发量要显著小于降雨,因此在同等的水当量条件下,降雪转化成径流的比例要高于降雨,尽管存在着一定的时间延迟。

2. 沿高程分布

由于温度随着海拔的增高而降低,因此降雪量在总降水量中所占的比重随着海拔的升高而递增。对于高海拔地区的山地,年降水量的 85%都是通过降雪的形式落到地面的。

即使在相同的海拔高度,降雪量所占总降水量的比重也会受到很多因素的影响,如坡度和坡向等。对于某一个区域,这个比重也会有明显的年际变化。有研究报道海拔高度每增加 100 m,降雪量增加 5.8~220 mm 水当量。

4.2　融雪过程及融雪量计算

4.2.1　融雪的物理过程

在融雪阶段之前,积雪层的雪水当量逐渐增多,这一过程通常称作积雪阶段(accumulation period)。在这个阶段内,净能量输入通常为负值,表现为积雪层温度降低。对于季节性融化的积雪层来说,当净能量输入大致稳定在正值时,可以认为积雪层处于融雪阶段(melt period),在实际研究中,通常将其分为以下三个阶段。

(1) 预热期(warming period):在这一阶段内,积雪层的温度通常稳定地增长,直至到达 0℃ 等温线为止。

(2) 成熟期(ripening period):在这一阶段,融化过程开始发生,但是积雪融水仍在积雪层内部。在这一阶段结束时,积雪层的温度还是在 0℃ 等温线,但积雪层内已经无法继续持水。

(3) 出流期(output period):在此阶段内,能量持续输入,雪水出流。

在很多情况下,融雪过程并不是严格地按照这三个阶段依次发生,有时在阳光直射的情况下,积雪层表面的温度可以到达 0℃,在积雪层表面就发生了融化,融水下渗入积雪层下部,遇冷凝结,放出的热量在积雪层内部加温。类似的,在融化期的夜晚,积雪层表面的温度可能会低于 0℃,此时,积雪层表面的融化过程停止,而底层则仍在继续。随着每天白天和夜间的温度变化,这三个阶段可能会交替往复的发生。尽管如此,将融雪过程划分为这三个阶段还是有助于了解和定量计算积雪的融化过程。下面介绍这三个阶段所需要的能量输入。

1. 预热期

冷质(cold content)Q_{cc},是指将积雪层内平均温度升高至融化点所需要的能量,其计算公式为

$$Q_{cc} = - c_i \cdot \rho_w \cdot h_m \cdot (T_s - T_m) \tag{4-12}$$

式中,c_i 为冰的比热容(2102 J/(kg·K));T_s 为积雪层的平均温度;T_m 为融化点温度(0℃);其他符号的含义如前所述。积雪层的冷质在预热期完成之前随时在发生变化,而完成预热期所需要的净辐射能 Q_{m1},等于在融化阶段开始时的冷质。Q_{cc} 的量纲为 $[EL^{-2}]$。

2. 成熟期

成熟期在积雪层温度升高到 0℃ 等温线时开始发生,在这个阶段内,净辐射的输入将雪体转化为雪水,而这一阶段内,雪水仍然通过毛细作用维持在雪颗粒之间形成的孔隙中。积雪层的液态水持水量 h_{wret},计算公式如下:

$$h_{wret} = \theta_{ret} \cdot h_s \tag{4-13}$$

式中,θ_{ret} 为毛细作用下雪体的最大体积持水量,可以根据经验公式得到

$$\theta_{ret} = - 0.0735 \cdot \left(\frac{\rho_s}{\rho_w} \right) + (2.67 \times 10^{-4}) \cdot \left(\frac{\rho_s^2}{\rho_w} \right) \tag{4-14}$$

式中,ρ_s 指第二阶段完成时雪体的密度,kg/m³。

根据之前得到的表达式来计算成熟期完成时被雪水填充的孔隙体积占总孔隙体积的百分比,在成熟期完成时,雪体内的含水量达到最大,有 $\theta = \theta_{ret}$。假定积雪层的雪体密度 $\rho_s = 500$ kg/m³,根据式(4-14)计算出 $\theta_{ret} = 0.03$。将此时的含水量代入式(4-6),计算出雪体孔隙度 $\phi = 0.49$。雪体含水率和孔隙度的比值 θ_{ret}/ϕ 是成熟期完成时雪体孔隙内的液态水百分比,在本例中该值为 0.061,即只有约 6% 的雪体孔隙中充满液态水。

从成熟期开始到完成所需要的净辐射能 Q_{m2},计算公式如下:

$$Q_{m2} = h_{wret} \cdot \rho_w \cdot \lambda_f = \theta_{ref} \cdot h_s \cdot \rho_w \cdot \lambda_f \tag{4-15}$$

式中，λ_f 为熔化热，取 0.334 MJ/kg。

3. 出流期

当雪体孔隙内的持水量达到了毛细作用所能承受的上限，在净辐射能量继续将积雪转化为雪水的时候，多余的雪水就会在重力的作用下渗透，最后流出雪体。

这一阶段所需要的净辐射能 Q_{m3}，是将成熟期结束后剩余的雪体完全融化所需要的能量，计算公式为

$$Q_{m3} = (h_m - h_{wret}) \cdot \rho_w \cdot \lambda_f \tag{4-16}$$

4.2.2　融雪水分下渗及径流

1. 融雪水分下渗

根据前面的介绍，处于成熟期的雪体的孔隙中，只有不到 10% 的部分被液态水所填充，多余的雪融水在重力的作用下在雪体内下渗。自然界中的雪体几乎都是非均匀的，雪体的密度各不相同，因此在雪体中还存在着水平向的渗透作用。然而，随着融化过程的持续，积雪层很快的变成由直径在 1~3 mm 的半球形雪颗粒组成的大孔隙雪体。在融雪过程的实际应用和研究中，我们通常假定雪体是一个均匀的多孔介质（homogeneous porous media）。

雪融水在雪体孔隙内并不能达到饱和，因此雪融水在雪体内的下渗过程是一个非饱和多孔介质流。在重力下渗开始后，雪体内的毛细作用对雪融水的影响可以忽略不计，因此根据达西定律，雪融水在雪体内的垂向通量为

$$V_{z'} = K_h(\theta_w) \tag{4-17}$$

式中，$V_{z'}$ 为通过单位横截面积的雪融水体积；K_h 为雪体的导水率。与土壤水运动类似，雪体的导水率 K_h 是含水量 θ 的函数

$$K_h(\theta_w) = K_h^* \left(\frac{\theta_w - \theta_{ret}}{\phi - \theta_{ret}} \right)^c \tag{4-18}$$

式中，K_h^* 为雪体的饱和导水率；c 为经验参数，通常取值为 3。饱和导水率 K_h^* 为雪体密度的函数

$$K_h^* = 0.0602 \cdot \exp(-0.00957 \cdot \rho_s) \tag{4-19}$$

式中，K_h^* 的单位为 m/s；ρ_s 的单位为 kg/m³。

在已知 $V_{z'}$ 之后，就可以计算出雪融水在雪体中的下渗速率

$$U_z = \frac{c}{\phi - \theta_{ret}} \cdot K_h^{*\, 1/c} \cdot V_{z'}^{(c-1)/c} \tag{4-20}$$

式中，U_z 的单位为 m/h。这样在已知积雪层厚度的情况下，就可以计算出雪融水从雪体中流出的时间。

2. 融雪径流

当雪融水通过在雪体中的下渗达到积雪层底部与地面的接触面时，一般会通过三种形式产生径流：①假如土壤是处于非饱和状态，那么雪融水会入渗，并产生地下径流；②假如土壤处于饱和状态，那么雪融水会在地表面形成一个饱和水带，从而形成地表径流；③土壤的情况介于两者之间，那么此时雪融水部分下渗，形成地下径流，另一部分在地表面聚集，形成地表径流。

4.2.3　融雪水量计算

1. 能量平衡法

在很多研究中，通常根据能量平衡来计算融雪水量。该方法的研究对象是特定的雪体，其底部边界定义为

雪与地面的界面,上部边界为雪与大气的接触面。通过计算雪体的能量平衡,估计融雪过程中消耗的热量,从而估计融雪产生的水量。

根据能量平衡原理,通过辐射、对流、传导、平流等方式输入和输出积雪体的热量与积雪体内部热量的变化量之和等于零。对于特定的积雪体,假定水平方向上的热量输送可以忽略不计,则热量平衡方程可写为

$$Q_m = R_n + H + \lambda E + G_0 + C - S \tag{4-21}$$

式中,Q_m 为融雪消耗的热量;R_n 为太阳净辐射;H 为显热通量;λE 为潜热通量;G_0 为地表热通量;C 为对流输入能量,表示从外部获得的能量,例如通过降雨带入雪体的能量;S 为单位时间、单位面积内部能量的变化率。式(4-21)中,输入积雪体内部的通量为正,输出能量的为负。

根据 Q_m,可计算融雪的水当量 M,即

$$M = 0.270 \cdot Q_m \tag{4-22}$$

式中,M 为每日的融雪水当量,mm;热量 Q_m 的单位是 W/m^2。

能量平衡法(energy-balance approach)的依据是式(4-21),根据能量平衡方程来计算点尺度上的融雪量,这一方法具有物理机制。

2. 温度指数法

由于很难获取到足够的气象数据来驱动能量平衡模型,换言之,即使在点尺度上可以运行模型,然而最终还是会因为数据的缺乏而无法扩展至中尺度的区域,因此能量平衡模型尚无法大范围的应用。在实际应用中,大量的水文模型采用了经验型的温度指数法(temperature-index approach)来模拟甚至预测积雪融化和径流过程。该方法假定积雪融水量 Δw,在日尺度或更长的时间尺度上,与空气平均温度存在线性关系

$$\begin{cases} \Delta w = M \cdot (T_a - T_m), & T_a \geqslant T_m \\ \Delta w = 0, & T_a < T_m \end{cases} \tag{4-23}$$

式中,M 称作融雪因子(melt coefficient,melt factor,degree-day factor)。融雪因子 M 与纬度、海拔、坡度坡向、植被覆盖以及季节变化等因子都有关系。通常情况下,对于某一给定的区域,M 可以通过观测率定出一个固定值。对于缺少观测值率定的地区,M 值可以通过下面的公式估算:

$$M = 4.0 \cdot (1 - \alpha) \cdot \exp(-4 \cdot F) \cdot f_{sl} \tag{4-24}$$

式中,M 的单位为 mm $\cdot$ day^{-1} $\cdot$ ℃$^{-1}$;α 为地表反照率;F 为植被覆盖度;f_{sl} 为比降因子(slope factor)。

3. 混合方法

通常情况下,能量平衡法因为需要大量的输入数据而变得不可行,温度指数法又忽略了季节变化、植被覆盖、坡度坡向等因子对太阳辐射的影响,而太阳辐射正是影响融雪过程的最大因素。为了减小温度指数法的不确定性,同时又不会引入过多的输入数据和参数使模型结构过于复杂,Kustas 等提出了混合方法来计算每日的融雪量 Δw:

$$\Delta w = \frac{R_n}{\rho_w \cdot \lambda_f} + M_r \cdot T_a \tag{4-25}$$

式中,M_r 为"限定"融化因子,通常取 2.0 mm $\cdot$ day^{-1} $\cdot$ ℃$^{-1}$。这个方法将融雪过程分为两个部分,第一部分是通过大气模式和能量辐射传输理论定量求解出净辐射值,或根据观测值直接得到净辐射值;第二部分是其他能量平衡分项对于融雪过程的影响,可以采用与空气温度相关的线性化假定。这样将非线性化的净辐射项单独求解,在一定程度上提高了模型的精度。

4.3 降雪、积雪与融雪观测

在介绍降雪与融雪的观测之前,需要介绍以下的基本概念和定义。

(1)降雪量(snowfall amount):在某一场降水过程中或者某一观测时段内降雪以及其他固体沉淀物的增加深度。

(2)积雪层(snowpack):在某观测时段内地表积累的雪层。积雪层内的雪水当量及面积在水文学中尤为重要,积雪层深度和密度是非常有用的参数。

(3)融雪量(snowmelt amount):在给定时段内液态水通过融化过程离开积雪层的总量,通常用深度来表示。

(4)消融量(ablation amount):在给定时段内积雪层内总的水量损失(融化量加上蒸发/升华量),通常用深度来表示。

(5)出水量(water output):在给定时段内离开积雪层的总的液态水减少量(降雨量加上融化量),可以用深度来表示。

在降雪过程中的飘雪会使积雪深度、雪层密度在小范围内产生不均匀性,进而影响到随后发生的雪的相变、融化及蒸发,局地风速、气温、辐射以及其他小气候条件将改变积雪层的特性。因此,雪的物理性质在空间上存在很大的变异性,而这也受到植被覆盖、坡度以及坡向的影响。在这种情况下,准确的描述雪的空间分布及物理特性是很重要的,但是通常也是很困难的。遥感方法能够提供研究区域内被雪层覆盖的范围和面积。表 4-1 简要总结了降雪和融雪的主要观测方法。

表 4-1 积雪与融雪过程中常用物理参数的定量测量方法

物理参数	深度	水当量	空间分布
降雪量	量尺,测板(G)	标准方法(G)	观测站网(G)
		根据给定雪体密度估算(G)	基地雷达(G)
		万能尺(G)	可见光/近红外(S)
		雪枕(G)	
积雪层	雪尺(G,A)	万能尺(G)	测雪(G)
	取雪管(G)	取雪管(G)	可见光/近红外(S)
	发声尺(G)	雪枕(G)	机载微波基地/雷达(A,S)
	放射性同位素(G,A)		雪枕网点(G)
		机载微波基地/雷达(A,S)	
融雪/雪水出流		雪枕(G)	
		测渗计(G)	
		万能尺(G)	

注:G—地面站点;A—机载;S—卫星遥感。

4.3.1 降雪观测

1. 标准方法(standard method)

降雪量的深度通常可以通过标尺法直接测量,其方法是将固定在水平板上的标尺垂直地竖立在地表面或者上次降雪的积雪层表面。当次降雪的雪水当量可以通过收集水平板上的降雪,在其融化后测量其体积,也可以通过称量水平板上降雪的质量,取雪水密度为 1000 kg/m³,进而求其体积。

2. 万能尺(universal gage)

在图 4-1 中所示的万能尺根据称量集雪器内降雪的重量来获得实时的降雪量深度,因为通过雪水融化出流需要一定的时间而无法获得实时的资料。

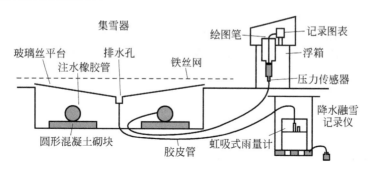

图 4-1　万能尺示意图(根据 Waring 和 Jones,1980)

3. 雷达(radar)

雪花对于雷达发射的电磁波的反射要强于雨滴,因此从雷达影像中可以区别出这两种不同形态的降水,从而获得区域内的降雪量分布图。然而,通过雷达获取降雪量的区域分布比降水量更加困难,因为雪花的形态和大小各异,导致雷达接收到的电磁波反射率的大小存在着很大的差别,需要仔细提取。

4.3.2　积雪观测

1. 雪尺(snow stake)

积雪层的厚度可以简单的通过在地面架设雪尺或者类似的设备进行观测,通常情况下,雪尺都是固定在地面上,将地面高度设置为 0 刻度。在一些偏远地区,这种固定在地面上的雪尺通常会将标尺刻度放大,以便通过飞机远距离读数。

2. 测雪(snow survey)

对于一场降雪过程,最重要的信息在于掌握积雪层的雪水当量。在布设好的观测站网中,通常在固定地点定期进行测雪,称作测雪路线(snow course)。测雪路线是在相距 150～250 m 的两个站点之间,沿路采样测量积雪深度和雪水当量,通常情况下采样 6 次。如果该地区的降雪有极大空间变异性的话,采样点还可以进一步加密,但是两个采样点的间距要保证在 30 m 左右,确保该采样点具有代表性。在每个采样点上,垂直插入一根边缘为锯齿状外侧有刻度的空心套管,叫做取雪管(snow tube)。取雪管要一直插入地下几厘米,确保管头的锯齿部分嵌入泥土并保证取雪管拔出时泥土塞在管口,取雪管外部标尺的读数就是积雪层深度。每个取雪管还配套有一个已经标定过的称重设备,该设备已经去除了取雪管的自重和夹带泥土的重量,因此能够直接得到雪体的重量。根据式(4-5)可以算出雪体的密度。对整个测雪路线上的采样点进行平均,就可以得到该范围内一个平均的雪水当量。

3. 雪枕(snow pillow)

雪枕是一种直径在 1～4 m 之间的圆形或方形的薄膜,薄膜内填充有凝固点低于水的液体。落在雪枕上的雪会将压力传给薄膜内的液体,通过压力传感器自动记录读数。雪枕的优点在于不需要人工观测,可以配合无线信号传输装置远距离接收降雪记录,因而适用于在偏远地区等不适于人工采样的区域使用。雪枕的测量精度会受到以下因素的影响:①雪枕内液体渗漏导致压力改变;②温度的改变导致雪枕内液体密度的变化;③积雪层在长时间未融化情况下会产生相变,引起积雪层质量发生改变;④传感器与接收装置的电量不稳定等。

4. 卫星(satellite)

尽管机载微波和基地雷达都能够获取积雪层的空间信息,但是由于其电磁波的发射和接收范围较小,无法全面掌握大范围乃至整个寒冷地区的情况。卫星遥感则可以监测大范围空间内的积雪层分布情况,通过卫星上搭载的传感器,接收由地表面发射及反射的可见光、近红外以及微波波段的电磁波,经过反演即可得到地表积雪层覆盖的参数及分布。虽然可见光和近红外波段无法穿透较厚的云层和森林冠层顶端,但是可见光和近红外波段却能提供更精确的遥感影像,其空间分辨率也更高,目前最高的分辨率已经达到 $500\sim1000$ m 的尺度。

4.3.3　融雪观测

1. 测渗计(lysimeter)

测量雪水出流最直接的方法就是采用测渗计,其原理是收集测渗计上的积雪,待其融化后将融水导流至测量容器中,并称重测量。这种仪器的底端通常会安放一个可以通过电流加热的金属圆环以加速测渗计内的积雪融化,从而避免了雪体相变而造成的质量变化。

2. 雪枕(snow pillow)

雪枕通过称重的方法测量因积雪消融而出流的雪水(假定融化后的雪水从雪枕上排出)。这种方法需要假定在测量时段内的蒸发和升华可以忽略不计。

3. 万能尺(universal gage)

如图 4-1 所示,万能尺包含降水和融雪记录仪,可以收集并测量雪水出流。通过集雪器内积雪的质量减小量和雨量计内的增加量,可以分别推断出由积雪融化造成的雪水出流和时段内的降雨量。

4. 蒸发皿(pan)

积雪层内的蒸发和升华可以通过架设蒸发皿并定期称重的方式定量观测。需要注意的是,蒸发皿的深度要大于 10 cm,从而避免太阳辐射对蒸发皿底部加热导致积雪融化。

参 考 文 献

[1]　ANDERSON E A. A point of energy and mass balance model of snow cover[J]. NOAA Tech Rep NWS,1976,19:1-150.

[2]　COLBECK S C. One dimensional water flow through snow[R]. Cold Regions Research and Engineering Lab Hanover, 1971.

[3]　DINGMAN S L, DINGMAN S L. Physical hydrology[M]. Englewood Cliffs,NJ:Prentice Hall,1994.

[4]　EAGLESON S P. Dynamic hydrology[M]. New York:McGraw-Hill Book Co. ,1970.

[5]　CHOW V T. Handbook of applied hydrology:a compendium of water-resources technology[M]. New York:McGraw-Hill Inc. ,1964.

[6]　GRAY D M, MALE D H. Handbook of snow:principles,processes[M]. Oxford:Management & Use,Pergamon Press,1981.

[7]　HAY J E. A revised method for determining the direct and diffuse components of the total short - wave radiation[J]. Atmosphere,1976,14(4):278-287.

[8]　KUSTAS W P, RANGO A,UIJLENHOET R. A simple energy budget algorithm for the snowmelt runoff model[J]. Water Resources Research,1994,30(5):1515-1527.

［9］　MAIDMENT D R. Handbook of hydrology［M］. New York：McGraw-Hill Inc. ,1992.

［10］　MELLOR M. Snow and ice on the earth's surface［M］. Hanover,New Hampshire：US Army Materiel Command,Cold Regions Research and Engineering Laboratory,1964.

［11］　SLAUGHTER C W. Evaporation from snow and evaporation retardation by monomolecular Films：a review of literature［R］. Cold Regions Research and Engineering Lab,Hanover,1970.

［12］　HATHAWAY G A. Snow hydrology,summary report of the snow investigations［R］. US Army Corps of Engineers, 1956.

［13］　WARING E A, JONES J A A. A snowmelt and water equivalent gauge for British conditions/Une jauge pour mesurer la fonte de neige et l'hauteur d'eau équivalente［J］. Hydrological Sciences Journal,1980,25(2)：129-134.

习　　题

4.1　试概述雪在相变过程中主要包含的四种形式。

4.2　简述融雪计算的三种主要方法及其异同类。

第5章 蒸 发

从全球水循环的角度来看,蒸发是水循环的一个关键环节,陆地年蒸发量约为年降水量的60%。蒸发是能量传输的一个关键途径,在全球能量平衡中,蒸发所消耗的能量占地球表面净辐射能量的约60%。地球上的水循环和能量循环,通过蒸发过程而密切联系在一起,温室气体增加影响地球表面的能量输送过程,进而通过改变蒸发过程来影响全球水循环过程。从区域水资源的视角而言,要准确估计一个流域的水资源量,关键在于准确估计流域的蒸发量;另一方面,中国是农业大国,农田蒸发是水资源的主要消耗途径,准确估计蒸发量是水资源管理的基础。

本章主要介绍蒸发的物理过程、蒸发能力的概念及计算、实际蒸发的概念及计算等,还简单介绍了全球气候变化对流域蒸发的影响。

5.1 蒸发的物理过程

蒸发是指水由液态水变为气态的物理过程。蒸发的发生需要两个条件:第一,能量供给,使水分子具备足够的动能从而离开液体表面;第二,将水汽输送至远离液体表面的动力,以防止被重新液化。由这个两个条件可以给出两种计算蒸发的方法:①地表能量平衡法;②紊流扩散法。

5.1.1 地表能量平衡

在第1章中已经介绍了地表能量平衡方程,即 $R_n = \lambda E + H$,其中 R_n 定义为地表吸收的有效辐射(能量)。根据能量与蒸发量之间的转换关系,将能量平衡公式改写为

$$E + H_e = R_n/\lambda \tag{5-1}$$

式中,$H_e = H/\lambda$;λ 为水的汽化热,是温度的函数,在15℃时为 2.47×10^6 J/kg。1 W/m² 的辐射能量相当于每个月 1.07 kg/m²(合1.07 mm深)的水蒸发所消耗的能量。因此,估算地表与大气之间的能量交换通量时,能量通量的单位(W/m²)与水文学中液态水蒸发量的单位(mm/月)是可以互相转换的。通常情况下,R_n 可以通过气象观测资料估算,但 E 和 H 都是未知数。这时,可以根据波文比(Bowen ratio,定义为显热通量与潜热通量的比值)来建立 E 和 H 之间的关系,从而将式(5-1)简化为

$$E = \frac{R_n/\lambda}{1 + B_o} \tag{5-2}$$

式中,波文比 $B_o = \gamma(T_1 - T_2)/(e_1 - e_2)$,其中 T_1、T_2 分别表示地表和大气的温度,e_1、e_2 分别表示地表和大气的水汽压,γ 为气压计常数。

5.1.2　紊流扩散与湍流通量

大气运动始终处于紊流状态,分子扩散可以忽略,水汽运动主要是对流扩散。水汽的质量通量可以表示为

$$\vec{F_v} = \rho_v \vec{V} = \rho q \vec{V} \quad \text{或} \quad \begin{cases} F_{vx} = \rho_v u = \rho q u \\ F_{vy} = \rho_v v = \rho q v \\ F_{vz} = \rho_v w = \rho q w \end{cases} \tag{5-3}$$

式中,F_{vx}、F_{vy} 和 F_{vz} 分别为 x、y、z 三个方向的水汽通量;ρ_v 为水汽密度;u、v、w 分别为 x、y、z 三个方向的风速。水汽通量和风速都可以表示为一个时均量与一个脉动量之和,式(5-3)可改写为

$$\begin{cases} F_{vx} = \rho(\bar{u}\,\bar{q} + \overline{u'q'}) \\ F_{vy} = \rho(\bar{v}\,\bar{q} + \overline{v'q'}) \\ F_{vz} = \rho(\bar{w}\,\bar{q} + \overline{w'q'}) \end{cases} \tag{5-4}$$

上面三个方程中等号右边的第一项为空气时均移动产生的水汽对流输送,第二项为空气紊流扩散产生的水汽输送。

假定近地大气在水平方向均质,风速、温度和湿度在水平方向的梯度为零$\left(\text{即} \dfrac{\partial}{\partial x} = 0, \dfrac{\partial}{\partial y} = 0\right)$,并且 $\bar{w} = 0$。这样,式(5-4)中 $F_{vx} = 0$,$F_{vy} = 0$,只有垂直方向的水汽通量,即

$$F_{vz} = \rho \overline{w'q'} \tag{5-5}$$

类似地,显热通量可表示为

$$F_{hz} = \rho c_p \overline{w'\theta'} \tag{5-6}$$

式中,$\theta = T(p_0/p)^{R_d/c_p}$ 为位温。

对于均匀地表,当其以上数米范围内的大气处于恒定状态时,由连续方程可知,垂向的水汽通量即为地表的蒸发量 $E = \rho \overline{w'q'}$,参见图 5-1;垂向的显热通量即为地表的显热 $H = \rho c_p \overline{w'\theta'}$。

目前,求解紊流方程的方法主要是基于量纲分析的紊动相似性假设。以水汽通量为例,简单介绍一种对紊流传输进行参数化的方法。为了求解紊流通量,即式(5-5),可以通过时均量在垂直方向的梯度来表示脉动量,以此建立新的方程。对水汽通量而言,普遍形式为

$$\overline{w'q'} = -C_e(\bar{u}_2 - \bar{u}_1)(\bar{q}_4 - \bar{q}_3) \tag{5-7}$$

式中,下标 1~4 表示距离地表的不同高度;C_e 是一个无量纲参数,称为水汽传输系数。由紊流理论可知,在无限均匀流场中水平方向的平均流速(这里为风速)在垂直方向上呈对数分布。相似理论认为,大气的平均比湿和平均显热在垂向同样呈对数分布,由此就可求解垂直方向上的紊流通量。

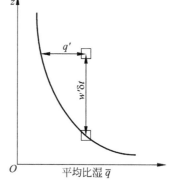

图 5-1　水汽的紊流扩散示意图

5.1.3　蒸发与土壤水分

裸土蒸发发生在土表,但是土壤蒸发过程与土壤水分多少和土壤中水分运动都有关系。湿润土壤表面的水分蒸发过程可概括为以下三个阶段(见图 5-2)。

(1) 大气蒸发能力控制阶段(蒸发率保持不变):开始时土壤表面的含水量接近饱和,蒸发率近似为一常数,其大小受气象因子,即大气蒸发能力控制;

(2) 土壤导水率控制阶段(蒸发率开始降低):当土壤含水率低于土壤田间持水量,某些毛细管中水分连续状态受到破坏而中断,则毛细管水供给表层蒸发的水分逐渐减少,故该阶段蒸发率随表层土壤含水量减少而

变小;

（3）当土壤中毛细管全部断裂,毛细管水不再上升,表层得不到水分供给,开始干化,水分只能以气态水或薄膜水的形式向地表移动,但速率非常小,可以忽略。

5.1.4　蒸腾与植被生长

植被根系从土壤中吸取的水分,经由根、茎、叶柄和叶脉送到叶面,其中约 0.01％用于光合作用,约不到 1％成为植物本身的组成部分,余下的近 99％的水分为叶肉细胞所吸收,并在太阳辐射的作用下,在气腔内汽化,然后通过气孔向大气中逸散。

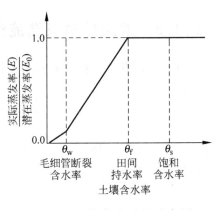

图 5-2　土壤蒸发过程示意图

植物蒸腾是指水分从活的植物体表面（主要是叶子）以水蒸气状态散失到大气中的过程。它的生理意义在于:①是植物吸收和运输水分的主要动力,可加快无机盐向地上部分运输的速率;②消耗掉大量热量,降低植物体的温度,使叶子在强光下进行光合作用而不致受害。

植物蒸腾是一个生物物理过程,发生在土壤—植物—大气系统（SPAC 系统,soil plant atmosphere continuum)中,水分从叶面气孔中扩散出去的量受气孔开闭程度所控制,同时也受根层土壤含水量影响,是气象因素、土壤含水量和植物生理特性综合作用的结果。

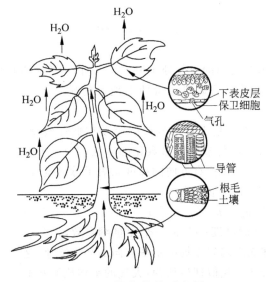

图 5-3　植物蒸腾示意图

5.2　蒸　发　能　力

5.2.1　蒸发能力概念

蒸发能力指在充分供水条件下,单位时段内蒸发的总水量。水文学中常用两个标准蒸发率来表示一个地区或流域的蒸发能力,一个是潜在蒸发率（potential evaporation）,用 E_0(mm/d)表示,另一个是参考作物腾发率

(reference crop evapotranspiration)，用 E_{rc}(mm/d)表示。

1. 潜在蒸发率

在当地的气候条件下，单位时间内从单位面积的理想广阔自由水面蒸发的水量，称为潜在蒸发率，也称为水面蒸发率(free-water evaporation)，通常采用 mm/d 为单位。

2. 参考作物腾发率

在当地的气候条件下，单位时间内从单位面积的理想广阔草地(均匀而且完全覆盖、高度为 0.12 m 旺盛生长、供水充分的草本作物)蒸腾蒸发的水量，称为参考作物腾发率，通常采用 mm/d 为单位。

5.2.2 蒸发能力测量

水面蒸发率是反映蒸发能力的一个常用指标。水面蒸发率的测定通常采用蒸发皿(器)(evaporation pan)来直接观测，蒸发皿测得的水面蒸发率通常用 E_{pan}(mm/d)表示。常用的蒸发皿(器)类型有：①ϕ20 型(口径为 20 cm 的蒸发皿)；②ϕ80 型(口径为 80 cm 的蒸发皿)；③E-601 型(蒸发皿口径为 618 mm)；④大型蒸发池($\phi=5$ m，$A=20$m² 和 $\phi=11.3$ m，$A=100$ m² 两种)。图 5-4 所示为我国水文部门广泛采用的 E-601 型蒸发皿。我国气象部门长期以来采用的是 ϕ20 型和 ϕ80 型蒸发皿。

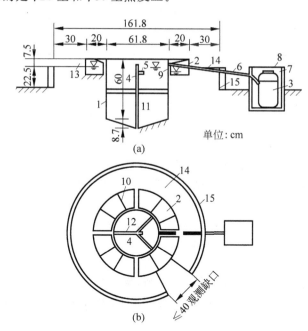

图 5-4 E-601 蒸发皿示意图(一般每日 8 时观测一次得到日蒸发率)

(a) 剖面图；(b) 平面图

1—蒸发皿；2—水圈；3—溢流桶；4—测针桩；5—器内水面指示针；6—溢流用胶管；7—放溢流桶的箱；8—箱盖；9—溢流嘴；10—水圈外缘的撑挡；11—直管；12—直管支撑；13—排水孔；14—土圈；15—土圈外围的防坍设施

蒸发皿的口径越小，所测得的蒸发率与广阔自由水面的蒸发率差别越大。换言之，就是蒸发皿面积越大，所测得的蒸发率越接近于广阔自由水面的蒸发率(即潜在蒸发率)。由此引出了蒸发皿的折算系数，定义如下：

$$K = \frac{\text{大面积蒸发池的读数}}{\text{蒸发皿的读数}} = \frac{E_{池}(\approx E_0)}{E_{pan}} \tag{5-8}$$

式中，蒸发池和蒸发皿的读数应为同期的观测数据。蒸发皿的折算系数(K 值)随蒸发皿的类型、地区环境、季节的不同而异,可从各地的水文手册查得。一般情况下,蒸发皿越大,折算系数 K 则越稳定而且越接近于 1。这样,通过蒸发皿的观测值可以估计水面蒸发率(即潜在蒸发率),即

$$E_0 = KE_{pan} \tag{5-9}$$

式中,E_0 为潜在蒸发率(即广阔自由水面的蒸发率),mm/d;E_{pan} 为蒸发皿实测的蒸发率,mm/d;K 为蒸发皿的折算系数,$0 < K \leqslant 1$。表 5-1 给出了我国部分地区不同类型蒸发皿的折算系数。

表 5-1   不同类型蒸发皿的折算系数

站　　名	蒸发皿型号	年折算系数	月折算系数	观测年份
重庆	E-601	0.90	0.71~0.94	1961—1968
	$\phi80$	0.73	0.53~0.89	1958—1968
	$\phi20$	0.60	0.46~0.78	1958—1968
东湖(湖北省)	E-601	0.98	0.87~1.06	1959—1977
	$\phi80$	0.83	0.66~1.12	1959—1977
	$\phi20$	0.65	0.47~0.87	1960—1962
广州	E-601	0.97	0.82~1.06	1963—1979
	$\phi80$	0.72	0.60~0.81	1963—1979
	$\phi20$	0.68	0.58~0.80	1963—1979
古田(福建省)	E-601	0.99	0.87~1.10	1964—1978
	$\phi80$	0.96	0.81~1.22	1964—1978
	$\phi20$	0.81	0.65~1.01	1964—1978

5.2.3   蒸发能力估算

根据紊流扩散理论,蒸发率可表示为

$$E = \rho \overline{w'q'} = -\rho C_e (\overline{u}_2 - \overline{u}_1)(\overline{q}_2 - \overline{q}_1) \tag{5-10}$$

由于水面附近水汽处于饱和状态而且风速为 0,水面以上一定高度 z 处的空气比湿为 q_z、风速为 u_z,上式可写为

$$E_0 = \rho C_e \overline{u}_z (\overline{q}_s - \overline{q}_z) \tag{5-11}$$

由于水汽压与比湿近似成正比,式(5-11)可改写为

$$E_0 = K_e(e_s - e_z) \tag{5-12}$$

上式即计算水面蒸发的道尔顿公式。式中,K_e 为扩散系数,反映风速、湍流等气象因子对蒸发的影响;e_s 为某一水面温度下的饱和水汽压;e_z 为水面以上高度 z 处的实际水汽压;$(e_s - e_z)$ 为水汽压饱和差,1 hPa = 100 Pa = 1 mbar;E_0 为水面蒸发率。

由于从理论上很难确定式(5-12)中的扩散系数 K_e,在工程水文学中,一般通过建立实测的水面蒸发量与地面观测得到的气象要素特征值之间的经验关系来估算水面蒸发。通常采用水面蒸发量与水汽压差和风速的经验公式,即

$$E_0 = (e_s - e_z) \cdot f(u) \tag{5-13}$$

式中,e_s 为水面的饱和水汽压,hPa,为水面温度的函数;e_z 为水面上方 z 高度的实际水汽压,hPa;$f(u)$ 为近地层中某高度的风速函数,大多数风速函数形式为 $f(u) = A + Bu$,A、B 为经验系数,或 $f(u) = u^n$,$n = 0.5 \sim 1.0$。应用该公式的难点在于水面温度通常没有观测数据。

蒸发过程不但与空气动力学条件密切相关,而且还与太阳辐射相关。综合空气动力学方法和能量平衡方法,英国气象学家彭曼(H. L. Penman)在 1948 年推导出水面蒸发率的计算公式,称为彭曼公式:

$$E_0 = \frac{\Delta}{\Delta + \gamma}(R_n - A_h) + \frac{\gamma}{\Delta + \gamma} \frac{6.43(1 + 0.536U_2)D}{\lambda} \tag{5-14}$$

式中,E_0 为水面蒸发率,mm/d;R_n 为水面净辐射通量,mm/d,可以根据日照时间估算;A_h 为水体热通量,mm/d,一般情况下 A_h 的数值较小,可以忽略;U_2 为 2 m 高处的风速,m/s;$D = e_s - e$,为饱和水汽压差,kPa,对应气温 T 的水汽压 $e(T)$ 是一般气象观测的要素之一,$e_s(T)$ 可以由理论公式计算;$\lambda = 2.501 - 0.002\ 361T$,为蒸发潜热,MJ/kg;$\gamma = 0.001\ 628\ 6\ \frac{p}{\lambda}$,为气压计常数,kPa/℃,其中 p 为大气压;$\Delta = \frac{4098e_s}{(237.3 + T)^2}$,为饱和水汽压梯度,kPa/℃。彭曼公式能够准确计算当地气象条件下的潜在蒸发率,其所需的输入变量均为常规气象观测量,因此被广泛采用。

5.3　流域实际蒸发

流域下垫面包括水体、裸土及植被等类型,流域实际蒸发是其中的水面蒸发、土壤表面蒸发及植物蒸腾的总和。在同样的气候条件下,植被覆盖率和植被类型是影响流域实际蒸发的主要因素之一。

5.3.1　实际蒸发的组成

1. 土壤蒸发

已知当地的蒸发能力,裸露土壤表面的实际蒸发率可以用下式估计:

$$E_s = f(\theta)E_0 \tag{5-15}$$

式中,θ 为土壤体积含水率,cm³/cm³;$f(\theta)$ 的取值范围是 0~1;E_0 为潜在蒸发率,mm/d,表征当地的蒸发能力大小。

2. 冠层截留及其蒸发

在降雨过程中,仔细观察树冠底下的降雨就会发现:天空刚开始下雨时,树下并没有雨滴落下,从天空降落的雨滴首先被树冠所截留,用于湿润枝、叶表面,随着降雨过程的继续,树枝和叶表面逐渐被湿润,雨水将聚集起来沿着树叶边缘滴落,树下的雨滴也逐渐增大,与此同时,有部分雨水顺着树干到达地面。由此可见,冠层调节着降雨在冠层和地面之间的分配,随着降雨过程的持续,冠层中的雨水达到饱和,空中降水的绝大部分将达到地表。

树冠截留一方面受植被高度、叶面积指数、树种组成等植被特征影响,另一方面也与风速、风向、空气湿度、地形等气象和地理条件有关。为了简化,通常认为树冠降雨截留的最大值等于树冠的持水能力。植物的叶、茎都具有一定持水能力,冠层的持水能力 $C_{\max}$ 可表示为

$$C_{\max} = \eta L_t h_0 \tag{5-16}$$

式中,L_t 为包括叶、茎、树干在内的广义叶面积指数(=叶、茎、树干的总面积除以树冠的水平投影面积);当冠层为阔叶时,$\eta = 1$,当冠层为针叶时,$\eta \geqslant 2$;一般取 $h_0 = 1$ mm。

当降雨停止后,冠层截留的雨水将通过蒸发进入大气,这一过程称为冠层截留蒸发。冠层截留蒸发过程持续的时间比较短,蒸发的水量等于冠层截持的水量。

3. 植被蒸腾

植被通过根系从土壤中吸收的水分,绝大部分从叶片的气孔蒸腾进入大气。植被的实际蒸腾量可以根据参考作物腾发率来估算。

$$E_{tr} = f(\theta)K_cE_{rc} \tag{5-17}$$

式中，θ 为植物根部土壤的体积含水率，$f(\theta)$ 的取值范围是 $0\sim1$；E_{rc} 是参考作物腾发率，mm/d；K_c 为作物系数。

5.3.2 实际蒸发的观测

目前尚没有在流域尺度上直接观测实际蒸发量的方法，在较小的空间尺度上通常采用蒸渗仪（lysimeter）直接测量实际蒸散发量，在田间尺度上通常采用涡动相关系统（eddy covariance system）直接测量实际蒸散发量。通过对不同典型下垫面条件下蒸散发量的观测，可以估计流域尺度的实际蒸散发量。

（1）蒸渗仪

以农田为例，蒸渗仪主要由土柱及其下方的天平组成（见图 5-5），土柱中的土壤及作物与周围农田保持一致，土柱的高度一般为 2m，土柱的直径不等，通常采用 2m。蒸渗仪的基本原理：通过测量土柱质量变化及从土柱中渗出的水量，分析土柱的水量平衡来估计土柱的实际蒸散发量，该蒸散发量包括了作物的蒸腾量和棵间土壤表面的蒸发量。

（2）涡动相关系统

涡动相关系统通过测量大气中垂向水分与风速的脉动，计算二者之间的协方差（covariance）来推求潜热通量（蒸发率）的方法，主要设备包括三维超声风速仪和水汽分析仪组成（见图 5-6）。这种方法在原理上很严密，对仪器的要求非常严格，要求仪器有足够高的频率响应能力，以保证能够捕获垂直风速和水汽浓度的脉动量，直到 20 世纪 90 年代，相关仪器才实现商业化生产。

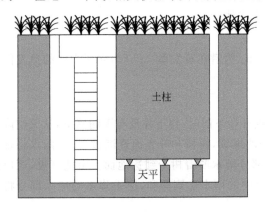

图 5-5　称重式蒸渗仪原理示意图

图 5-6　涡动相关系统中的三维超声风速仪和水汽分析仪

5.3.3 流域实际蒸发估算

一个闭合流域的多年平均流域年蒸发量，可由多年平均年降水量与多年平均年径流量之差来求得。这是因为在多年期间，流域的蓄变量近似为零。在年、月及更小的时间尺度上，由于流域蓄水量是一个不可忽略的未知量，所以不能直接由流域的降水量和径流量来推求蒸发量。

流域蒸发一方面受到主要来自太阳辐射的能量（即可供蒸发的能量大小）控制，另一方面还受到流域水分条件（即供蒸发的水分多少）的制约。流域的水分条件不仅与其下垫面（包括地形地貌、植被和土壤等）有关，而且还取决于气象条件（如降水量）。由于气象和下垫面条件的复杂性，准确估算一个流域的实际蒸发量并非是一件容易的事。通常将流域（如果流域范围很大）划分为气象条件相对一致的若干区域，然后针对每个区域再细分为下垫面条件相对一致的子区域,估计每个子区域的实际蒸发量,最后通过面积加权得到全流域的实际蒸发量。

　　流域实际蒸发量还可以由卫星遥感信息进行估算。基本思路是:利用星载传感器获取流域下垫面的空间分布信息,这些空间分布信息由许多象元组成,基于能量平衡原理采用一定的算法计算每一个象元上的蒸发量,然后把流域内所有象元的蒸发量加起来就得到了整个流域的蒸发量。基于遥感信息估算蒸发量的方法有很多种,采用不同的算法开发了许多遥感蒸发模型。由于卫星获取的地面信息一般是瞬时的,大多数遥感蒸发模型计算得到的蒸发量是卫星过境时刻的瞬时蒸散发量,当连续估算流域蒸发量时,还需要按照一定的方法进行时间尺度扩展,即根据若干瞬时的蒸散发量来估计一定时段内的蒸散发量。

　　此外,流域实际蒸发量还可采用基于蒸发互补原理的方法和基于水热耦合平衡原理的方法计算。蒸发互补原理的基本思想为,实际蒸发量的增加会产生降低近地面气温、增加空气湿度等影响,从而导致蒸发能力的降低,实际蒸发量与蒸发能力存在如图 5-7 所示的关系。水热耦合平衡原理的基本思想为,流域实际蒸发量受流域降水量和蒸发能力控制,在多年尺度上实际蒸发量与降水量和蒸发能力存在如图 5-8 所示的关系。

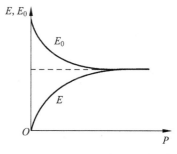

图 5-7　蒸发互补原理示意图

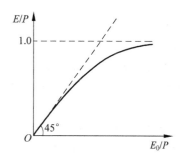

图 5-8　水热耦合平衡原理示意图

5.4　气候变化对蒸发的影响

　　近半个世纪以来,包括气温升高(全球变暖)、到达地表的太阳辐射减少(全球变暗)等现象的气候变化越来越显著,其中全球陆面近地表大气正以平均每十年增长约 0.15℃ 的趋势变暖,尤其是最近 30 年近地表气温显著升高。

　　气候变化从几个方面对蒸发产生影响:降雨的变化改变地表可用于蒸发的水量,辐射的变化改变地表的可用于蒸发消耗的能量,气温的变化改变大气对水汽的容纳能力,风速的变化改变水汽的扩散速度。可以利用实际蒸发的计算方法评估气候变化对流域蒸发的影响:①根据实际蒸发量与蒸发能力成比例,由蒸发能力的变化和比例系数得到蒸发量的变化;②根据蒸发能力与实际蒸发量成互补关系,由蒸发能力的变化得到蒸发量的变化;③根据水热耦合平衡原理的方法,即陆地的实际蒸发同时受到大气蒸发能力和地表供水能力的双重控制,在多年平均条件下,某一地区(或流域)的年实际蒸发量与年降水量和蒸发能力之间满足水热耦合平衡关系,由蒸发能力和降水量的变化得到蒸发的变化。

参 考 文 献

[1] BRUTSAERT W. Hydrology：an introduction[M]. Oxford：Cambridge University Press，2005.

[2] MAIDMENT D R. Handbook of hydrology[M]. New York：McGraw-Hill Inc.，1992.

[3] BOUCHET R J. Evapotranspiration réelle et potentielle，signification climatique[J]. IAHS Publ，1963，62：134-142.

[4] BUDYKO M I，MILLER D H. Climate and life[M]. New York：Academic Press，1974.

[5] 傅抱璞. 论陆面蒸发的计算[J]. 大气科学，1981，5(1)：23-31.

[6] 孙福宝. 基于 Budyko 水热耦合平衡假设的流域蒸散发研究[D]. 北京：清华大学，2007.

[7] 杨汉波. 流域水热耦合平衡方程推导及其应用[D]. 北京：清华大学，2008.

习   题

5.1   自然条件下,某一地点的水面蒸发量与哪些气象因子有关?

5.2   观测水面蒸发,我国水文和气象部门一般采用的水面蒸发皿类型有哪些?

5.3   水面蒸发与土壤蒸发相比,各有什么特点?

5.4   蒸发皿折算系数 K 值的大小随哪些因素而异? 由蒸发皿测得的蒸发资料推求水面蒸发时,为什么要使用折算系数?

5.5   流域总蒸发包括哪几部分? 如何估算流域总蒸发量?

5.6   一个地点的土壤蒸发过程可大致分为三个阶段,各阶段蒸发率的变化主要与什么因素有关?

5.7   已知某水库某日的水面温度为 20℃,试求水面上的饱和水汽压。

5.8   已知某流域附近的水面蒸发实验站资料,已分析得 E-601 型蒸发皿 1-12 月的折算系数 K 依次为 0.98、0.96、0.89、0.88、0.89、0.93、0.95、0.97、1.03、1.03、1.06、1.02。本流域应用 E-601 型蒸发皿测得 8 月 30—31 日和 9 月 1—3 日的水面蒸发量依次为 5.2、6.0、6.2、5.8、5.6 mm,试计算某水库这些天的逐日水面蒸发量。

5.9   根据华中地区某水库的气象场观测资料,知 6 月 8 日水面温度 $T=20℃$,地面上空 1.5 m 高出水汽压 $e=13.4$ hPa,风速为 $\omega_{1.5}=2.0$ m/s,试求该日水库的日水面蒸发量。

5.10   已知某个小流域某土柱田间持水量为 120 mm(近似为最大土壤含水量),毛细管断裂含水量为 23.0 mm,7 月 5 日的流域土壤蓄水量为 80 mm,土壤蒸发能力为 5.6 mm/d,试计算该日的流域土壤蒸发量。

第6章 降雨下渗及土壤中的水分运动

到达地表的降雨一部分通过下渗进入土壤,另一部分在地表汇集形成地表径流,降雨下渗量的大小在很大程度上决定了流域的降雨径流关系。下渗进入土壤中的水分补充到土壤水和地下水中,其中一部分将形成壤中流和地下径流,另外一部分将通过蒸发重新进入大气。土壤不仅具有分割径流的功能,还对流域水循环起到重要的调蓄作用。因此,土壤在流域水文循环中有着重要的地位,它不仅影响流域垂向通量(即蒸发),而且也影响流域水平通量(即河川径流)。

降水到达地表下渗进入土壤,在降水的间隙,大气发挥其干燥作用使土壤水分在毛细管力作用下移动到地表,并产生蒸发,这一过程称为大气-土壤界面的水分传输。土壤水分含量达到田间持水量时,在重力作用下水分将继续下渗补给地下水;反之,在蒸发作用下土壤水分含量减少时,在毛细管作用下地下水也会上升到上层土壤或地表,并通过植物蒸腾或土壤蒸发进入大气。

本章主要介绍流域的降雨下渗过程、土壤水与地下水的基本概念及土壤水与地下水的运动,并阐述这些过程在流域水循环中的作用。

6.1 降 雨 下 渗

观察降雨过程中裸土表面的变化会发现:刚下雨时,雨很快就渗入土中,土层表面变得湿润,随着降雨过程的进行,土层表面越加湿润,同时,部分降雨沿着地表向低洼处水平流动。可见,下渗过程除了受降雨量、历时等影响,也跟土壤状态有关。

降雨下渗过程是地表土层对降落在地面的降雨(净雨)的再分配过程,其主要受降雨强度、土壤下渗能力两方面因素的控制。地面降雨,一部分经过下渗补给土壤水和地下水,另一部分形成地表径流。在流域产汇流过程中,下渗直接影响河川径流的水源组成,即地表径流、壤中流和地下径流的比例。

6.1.1 下渗过程及其定量描述

1. 下渗过程

下渗也称为入渗,是指降水或融雪通过土壤表面进入土壤从而改变土壤内水分状况的过程。水分下渗过程受分子力、毛细管力和重力的综合作用,当初期土壤干燥,下渗过程按水分所受的主要作用力及运动特征的不同,大致可分为以下三个阶段。

(1)渗润阶段:由于初期土壤干燥,水分主要在分子力作用下,被土壤颗粒吸附而成为结合水(吸湿水和薄膜水)。对干燥土壤,渗润阶段土壤吸力非常大,故起始下渗率很大。

（2）渗漏阶段：下渗的水主要在毛细管力和重力共同作用下，在土壤孔隙中形成不稳定运动，并逐步填充孔隙，直到孔隙充满水之前，该阶段水呈非饱和运动，通常将渗润阶段和渗漏阶段合称为渗漏阶段。

（3）渗透阶段（即稳定下渗阶段）：当土壤孔隙被水充满达到饱和时，水在重力作用下向下运动，属饱和水流运动。这时下渗率维持稳定，称稳定下渗率。

2. 下渗过程的定量描述

（1）下渗总量 F（cumulative infiltration）

从入渗开始到某一时刻的时段 Δt 内，渗入到土壤中的累积水量，一般采用 mm 为单位。下渗量随时程的增长过程可用下渗量累积曲线来表示，如图 6-1 所示。

（2）下渗率或下渗强度 f_i（infiltration rate）

下渗率或下渗强度的定义为：单位时间、单位面积渗入土壤中的水量，一般采用 mm/h 或 mm/min 为单位，如图 6-2 所示。在某时刻 t 的下渗率应为下渗累计量 F 对时间的变化率，表示为

$$f(t) = \frac{\mathrm{d}F}{\mathrm{d}t} \tag{6-1}$$

式中，$f(t)$ 为下渗强度，mm/h；F 为累积下渗量，mm；t 为时间，h。

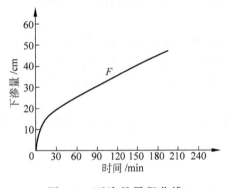

图 6-1　下渗量累积曲线

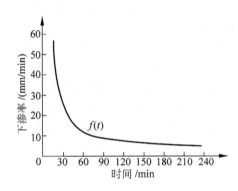

图 6-2　下渗强度曲线

6.1.2　土壤下渗能力

1. 下渗能力的概念及数学描述

土壤下渗能力的定义是：在充分供水条件下的土壤最大下渗率称为下渗能力，用 f_p 表示，一般采用 mm/h 为单位。土壤下渗能力取决于土壤物理性质和土壤含水率。当初期土壤含水率很低时，f_p 很大；再后期土壤含水率趋于饱和时，f_p 最后趋于稳定（$=K_s$）。通常用下渗能力曲线来表示入渗率随时间的变化过程（见图 6-3），简称入渗能力曲线（infiltration capacity curve）。

在水文学中通常采用的下渗能力公式有以下两种形式。

（1）菲利普下渗公式（Philip's equation）

$$f_p(t) = \frac{1}{2}st^{-1/2} + f_c \tag{6-2}$$

式中，$f_p(t)$ 为在时刻 t 的土壤入渗率；s 为土壤吸水系数（sorptivity）；f_c 为稳定下渗率；t 为从初始时刻算起的时间；s、f_c 可通过实验来确定。

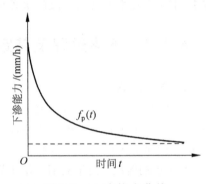

图 6-3　入渗能力曲线

（2）霍顿下渗公式（Horton's equation）

$$f_p(t) = f_c + (f_0 - f_c)e^{-\beta t} \tag{6-3}$$

式中，$f_p(t)$ 为 t 时刻的入渗率；f_c 为稳定下渗率；f_0 为 $t=0$ 时刻的初始入渗率；β 为递减指数，与土壤物理性质有关；e 为自然对数的底（e$=2.7183$）；f_c、f_0、β 可通过实验来确定。根据霍顿公式，当 $t=0$ 时，$f_p = f_0$；$t \to \infty$ 时，$f_p \to f_c$。

2. 土壤下渗能力测定

（1）直接测定法：即在流域中选择若干具有代表性的场地，进行测验，求出入渗能力曲线。按供水方式不同又可分为注水型和人工降雨型，前者采用单管下渗仪或同心环下渗仪（见图 6-4），后者采用人工降雨设备在小面积上进行。

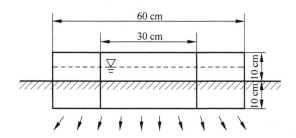

图 6-4　注水型同心环下渗仪（infiltrometer）

（2）水文分析法：利用实测的降雨、蒸发、径流等资料，根据水量平衡原理，间接推求平均入渗率。

6.1.3　实际降雨下渗过程

在实际的降雨下渗过程中，来自于降雨的供水量不一定是充分的。因此，根据降雨强度 i 与入渗能力 f_p 的相对大小关系，实际降雨下渗过程可概括成以下几种情况（见图 6-5）。

（1）当 $i > f_p$ 时：降雨强度 i 在研究时段内大于土壤入渗能力 f_p，实际入渗等于土壤入渗能力，即 $f(t) = f_p(t)$，并形成地表径流。

（2）当 $i \leqslant f_p$ 时：降雨强度 i 在研究时段内小于土壤入渗能力 f_p，则实际的入渗率等于降雨强度，即 $f(t) = i(t)$。在该情况下，全部降雨渗入土壤，不形成径流。

（3）一般情况下，在 $t_0 \leqslant t \leqslant t_1$ 时段内 $i \leqslant f_p$，则 $f(t) = i(t)$，无径流；当 $t > t_1$ 时，$i > f_p$，则 $f(t) = f_p(t)$ 产生径流。

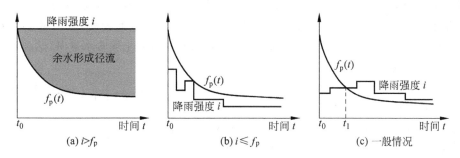

图 6-5　天然条件下的降雨入渗

在一场实际的降雨下渗过程中，由于降雨的时间变异性（temporal variability），下渗过程远比上面概括的三种情况更为复杂。

在实际流域的降雨下渗过程中,除了时间变异性外,还存在空间变异性。由于土壤、植被、坡度及土地利用情况的空间分布存在差异,加之人类活动,如水土保持、植树造林、平整土地、农田基本建设和都市化等的影响,流域中的土壤下渗能力存在空间变异性(spatial variability)。降雨量和降雨强度在流域空间上同样是不均匀的,加之土壤含水率分布的空间差异,因此,流域实际的降雨下渗过程存在高度的空间变异性。

6.2 土壤包气带的调蓄作用

水能够在其孔隙和裂缝中流动的土层及其他地质结构,统称为含水层。潜水的自由水面(即水压强等于大气压的各点组成的一个面)称为潜水面。潜水含水层中潜水面与地表面之间的非饱和区域称为包气带(vadose zone)。潜水面以下的水称为地下水,潜水面以上的水称为土壤水。上部有渗透性很小的岩层将其与表面阻隔的地质结构称为隔水层。

土壤包气带水分的动态变化与降水下渗、蒸散发、地下水和径流有密切关系,对流域水循环起着十分重要的调蓄作用。

6.2.1 包气带对降雨下渗的影响

包气带的上边界为地面,降雨到达地面时即进行第一次分配,包括两个部分:入渗量和地表径流量(见图 6-6)。两者之和等于到达地面的净雨量,该分配关系可以用水量平衡方程表示为

$$P = R_s + I \tag{6-4}$$

式中,P 为到达地表的降雨量,mm;R_s 为地表径流量,mm;I 为下渗进入土壤的水量,mm。

当降雨强度 $i <$ 土壤下渗能力 f_p 时,$R_s = 0$,$I = \int_0^T i \mathrm{d}t$;当降雨强度 $i \geqslant$ 土壤下渗能力 f_p 时,$R_s = \int_0^T (i - f_p)\mathrm{d}t$,$I = \int_0^T f_p \mathrm{d}t$。

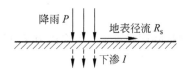

图 6-6 地表对降雨的分配作用

6.2.2 包气带对下渗水量的再分配

入渗水量进入包气带以后,由于包气带为非饱和土壤区域,具有吸收、储存和运移水分的能力,因此水分在包气带内部会进行第二次分配(见图 6-7)。经过包气带的再分配作用,入渗水主要分为三个部分:一部分通过非饱和带的储水作用转化为土壤含水量的增加,一部分入渗水通过蒸发返回大气,另一部分则继续下渗形成地下径流,最后这一部分仅在非饱和区蓄水达到饱和时产生(即降雨结束时土壤含水量 W_e' 达到田间持水量 W_m')。三者之和的总量等于入渗水量 I,该分配关系可表示为以下水量平衡方程:

$$I = E + R_g + (W_e' - W_0') \tag{6-5}$$

式中,I 为下渗进入土壤的水量,mm;E 为蒸发量,mm;R_g 为地下径流量,mm;W_e' 为降雨结束时的土壤含水量,mm;W_0' 为降雨开始时的土壤含水量,mm。如果包气带达到饱和($W_e' = W_m'$),$R_g > 0$;如果包气带未达饱和($W_e' < W_m'$),$R_g = 0$。

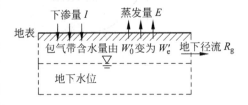

图 6-7 包气带对下渗水量的再分配

6.3 土壤水分运动过程

6.3.1 土壤水形态

存在于土壤孔隙中及被土壤颗粒所吸附的水分统称为土壤水,有液态、固态和气态三种形态。土壤固体颗粒与水分子经常处于相互作用之中,主要作用力有分子力、毛细管力和重力,它们决定了土壤水的存在形式和运动特征。由此,土壤水通常分为以下几种形式。

1. 吸湿水(absorbed water)

土壤颗粒表面的分子对水分子具有很强的吸引力(分子力),故土壤颗粒表面能吸附大气中的水分子,这部分水被称为吸湿水。土壤颗粒表面的吸力很大,紧贴土粒的第一层水分子受的吸力约 1 万个标准大气压(1 个标准大气压 $=1.01×10^5$ N/m^2 $=1.03$ kgf/cm^2)。吸湿水具有固态水的性质,因此吸湿水不能自由移动。只有在高温(105~110℃)条件下可转变成气态散失,故吸湿水不能被植物所利用,也称为强结合水或吸着水。

2. 薄膜水(pellicular water)

土壤颗粒表面吸湿水达到最大后,土壤颗粒表面剩余的分子力还能吸附水分,在吸湿水外表形成膜状液态水,这部分水被称为薄膜水(见图 6-8)。薄膜水主要受土壤颗粒表面剩余分子吸力的作用(为 6.25~31 个标准大气压),与液态水的性质基本相似,在吸力作用下能以湿润的方式从水膜厚处向水膜薄处缓慢移动,或从土壤湿润的地方向干燥的地方运移,属于非饱和土壤水运动研究的范畴。部分薄膜水可以被植物吸收。

3. 毛细管水/毛细水(capillary water)

毛细管水是指依靠土壤中毛细管(一般指 $d<1$ mm 的空隙为毛细管)的吸引力而被保持在土壤孔隙中的水分(见图 6-9)。当土壤空隙直径为 $d=0.0006~0.03$ mm 时毛细管力最为明显,毛细管水所受的吸力为 0.08~6.25 个标准大气压。毛细管水受毛细管力作用保持在孔隙中,可被植物吸收利用。

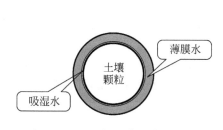

图 6-8 吸湿水和薄膜水示意图

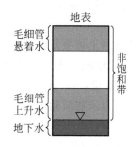

图 6-9 毛细管水示意图

4. 重力水(gravity water)

重力水是土壤中在重力作用下运动的那一部分水分,具有一般液态水的性质,能传递压力。因此,重力水不易保持在土壤上层,是下渗补充地下水的重要来源。

6.3.2 土壤水分常数

1. 土壤含水量(soil moisture content)

一般土壤具有固态、液态和气态三种形态。土壤三态的组成可以分别按质量和体积来表示,如图 6-10 所示。土壤水分含量同样也可以按重量和体积来表示,分别为重量含水率和体积含水率。

（1）土壤质量含水率 W（weight ratio）

$$W = \frac{M_w}{M_s} \times 100\% = \frac{M - M_s}{M_s} \times 100\% \tag{6-6}$$

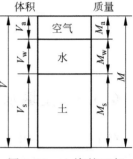

图 6-10　土壤的三相

式中,M_w 是土壤中水的质量,g;M_s 是土壤中干土质量,g;M 是土壤的湿重,$M = M_s + M_w$。

（2）土壤体积含水率 θ（volumetric ratio）

$$\theta = \frac{V_w}{V} \times 100\% \tag{6-7}$$

式中,V_w 为土壤中水的容积,cm³;V 是土样总体积,cm³。

（3）饱和度 $\bar{\omega}$（saturation ratio）

饱和度定义为土壤水分体积与土壤孔隙体积之比,即

$$\bar{\omega} = \frac{V_w}{V - V_s} \tag{6-8}$$

式中,$V - V_s$ 为土壤孔隙的容积,cm³。饱和度反映土壤孔隙被水充满的程度。

（4）体积含水率与质量含水率的转换

由 $\theta = \dfrac{V_w}{V} = \dfrac{M_w/\rho_w}{V} = \dfrac{M_w}{V \cdot \rho_w} \cdot \dfrac{M_s}{M_s} = \dfrac{M_s}{V \cdot 1} \cdot \dfrac{M_w}{M_s} = \rho_0 \cdot W$,可以得到

$$\theta = \rho_0 \cdot W \tag{6-9}$$

式中,ρ_w 为水的密度,t/m³;ρ_0 为土壤的体积密度,t/m³,表示单位体积土壤中的干土质量,注意区别于土壤颗粒密度。

2. 土壤水分常数（soil moisture parameter）

土壤水分常数用来表征土壤水分的不同物理形态和运动特性。不同形态的水分反映土壤不同的持水量级,这种关系通常用一些土壤含水量的特征数值来表示。

（1）最大吸湿量（maximum hygroscopic moisture）

最大吸湿量是指当土壤吸湿水达到最大值时的土壤含水量,也是在饱和空气条件下土壤颗粒所能吸附的大气中最大水汽量,它反映了土壤吸附气态水的能力。

（2）最大分子持水量（maximum molecular moisture capacity）

土壤颗粒的分子力所能吸附或结合的水分的最大值称作最大分子持水量,即薄膜水厚度达到最大值时的土壤含水量。

（3）凋萎含水量 θ_w（凋萎系数）（wilting coefficient）

当土壤水分减少到一定量后,致使植物根系无法从土壤中吸收水分并开始枯死时,相应土壤含水量称作凋萎含水量。植物根系的吸力约为 15 个标准大气压,当土壤对水分的吸力大于 15 个标准大气压时,植物就不能从土壤中吸收水分并开始凋萎。

（4）田间持水量 θ_{fc}（field capacity）

田间持水量是指土壤中所能保持的毛细管悬着水的最大量。当土壤含水量超过毛细管悬着水的最大量时,超过的部分不能为毛细管力所维持,表现为自由重力水。田间持水量是土壤水分运动性发生明显变化的重要标志,是划分土壤持水与下渗的重要参数,对水文学具重要意义。水文学中田间持水量常以 θ_{fc} 表示（相应的土壤吸力约为 1/3 个标准大气压 $= 0.34$ kgf/cm²,1 kgf $= 9.806\,65$ N）。

（5）饱和含水量 θ_s (saturation capacity)

土壤中全部孔隙都被水所充满时的含水量称为饱和含水量。

6.3.3 土壤水分运动

1. 土壤水势(hydraulic conductivity)

通常河流中的水往低处流,但是土壤中的水分可以往高处流,其主要原因是土壤水不仅受到重力和压力作用,还受到毛细管力和土壤颗粒吸附力等作用。由于毛细管力和土壤颗粒吸附力是一种"负压",当表层土壤较干而深层土壤较湿时,表层土壤的毛细管力和土壤颗粒吸附力远大于重力,使得土壤水分从下向上运动。土壤水分运动与土壤含水量密切相关。

在土壤水动力学中,通常把影响土壤水分运动的"力"统称为土壤水势,简称土水势。土水势定义为单位数量土壤水分所具有的势能,包括重力势、压力势、基质势(由毛细管力和土壤颗粒吸附力组成)、温度势和溶质势等。通常溶质势和温度势可以忽略不计,对于饱和土壤而言,基质势为零,总水势由重力势和压力势组成;对于非饱和土壤水,压力势为零,总水势由重力势和基质势组成。

2. 土壤导水率(hydraulic conductivity)

土壤导水率是衡量土壤传输水分能力的指标,主要取决于土壤的性质,如土壤孔隙率、孔隙大小及分布、孔隙的连续性等,同时与土壤含水率有关。当土壤含水量达到饱和时,这时的导水率称为饱和导水率。目前有许多经验公式可以描述土壤导水率与土壤含水率之间的关系,如

$$K(\theta) = K_s \left(\frac{\theta}{\theta_s}\right)^n \tag{6-10}$$

式中,K_s 为饱和导水率,cm/h;θ 为土壤含水率,cm^3/cm^3;θ_s 为饱和土壤含水率,cm^3/cm^3;n 为无量纲参数,$n \geq 1$。可见,$K(\theta)$ 随土壤含水率的增加而增加,饱和导水率 K_s 为最大值。

3. 达西定律(Darcy's law)

早在 1855—1857 年间,法国工程师达西通过饱和砂层的渗透试验,得出了水流通量和水力梯度成正比的结论,后发展成为达西定律,用以描述土壤水分运动。因为达西做试验的条件为饱和土壤水,所以一般习惯于用水头表征土壤水状态,但也可以用土水势表示。

均质饱和土壤恒定流下的达西定律表示为

$$q = K_s \frac{\Delta H}{L} \quad \text{或} \quad v = K_s \frac{\Delta H}{L} \tag{6-11}$$

式中,q 为单位面积土壤水通量;K_s 为土壤饱和导水率;ΔH 为水头差;L 为土壤水渗流路径的总长度;v 为土壤水流速。

若水流为非恒定流或土壤为非均质土壤,则水头或水势沿流程呈非线性变化,则达西定律需以微分形式表示,即

$$q = -K_s \frac{dH}{dL} \tag{6-12}$$

式中,$\frac{dH}{dL}$ 为水头沿流程微分;负号表示水流方向与水势梯度方向相反;其他符号含义同式(6-11)。

Richards(1931)最早将达西定律引入非饱和土壤水流动,所以也称非饱和土壤水的达西定律为 Richards 方程。其形式与饱和土壤水达西定律一致,但水势和导水率的含义与特点有所不同。

非饱和土壤水达西定律为

$$q = -K(\varphi) \frac{d\varphi}{dL} \tag{6-13}$$

式中，$\dfrac{\mathrm{d}\varphi}{\mathrm{d}L}$ 为水势沿流程微分；φ 为非饱和土壤水势；$K(\varphi)$ 为在土壤水势为 φ 时的土壤导水率。

饱和与非饱和土壤水达西定律的区别在于：①饱和土壤水与非饱和土壤水的水势组成不同，忽略溶质势和温度势，饱和土壤水水势由重力势和压力势组成，非饱和土壤水水势由重力势和基质势组成；②饱和土壤水与非饱和土壤水的土壤导水率不同，各向同性均质饱和土壤的导水率是常数，而非饱和土壤的导水率与基质势和土壤含水率有关。

6.4 地下水补给与排泄

地下潜水面以下，饱和带中的水统称为地下水。地下水按含水层地质构造，又可以分为潜水和承压水。潜水是指埋存于地表以下，第一个连续稳定的隔水层以上具有自由水面的重力水，主要受降雨和地表水下渗补给。承压水是充满于上下两个隔水层之间含水层中的地下水，它承受一定的压力，当钻孔打穿上覆隔水层时，水能从钻孔内上升到一定的高度。

降水下渗进入土壤、最终到达地下水，在降水停止后其中大部分又流出地下进入河流等地表水体。对一个流域而言，地下水出流形成的径流通常称为基流(base flow)。基流对维持人类和自然生态系统在干旱季节的用水具有十分重要的意义。

6.4.1 潜水补给与排泄

1. 潜水补给

潜水具有自由水面(潜水面)，并通过包气带与大气相通，因此潜水可以直接接受降水和地表水的补给，此外农业灌溉、渠道渗漏以及水库也可以对潜水产生补给作用。

潜水最主要的补给源是大气降水，降水对潜水的补给量可通过下渗量估算。降雨下渗补给系数定义为降雨下渗对地下水的补给量与同期降雨量之比值。要确定降雨下渗补给系数，一般可以采用水量平衡法估算，但比较困难。通常可以在下渗场进行下渗试验，测定不同潜水位埋深和潜水层类型的补给系数。表 6-1 为典型下渗场试验结果，显示补给系数随地下水埋深的增加而减小，并与含水层土质密切相关。

表 6-1 典型下渗场试验得到的潜水补给系数

地下水埋深/m	潜水补给系数			
	沙（sand）	泥质沙（clayey sand）	沙粘土（sandy clay）	粘土（clay）
0～3	1.00	0.90	0.20	0.02
3～10	1.00	0.80	0.10	0.01
>10	1.00	0.60	0.03	0.00

2. 潜水排泄

潜水具有与大气相通的自由表面，可以通过蒸发、植物蒸腾方式从包气带向大气排泄；同时潜水可以在水力梯度作用下大致沿潜水位较高处向水位较低处流动，由于地形或岩性变化，潜水流可集中排泄于地表成泉，称作下降泉；潜水还可泄流进入河、湖或海中；除此之外人工抽取潜水也是潜水排泄的途径。

(1) 潜水向大气排泄

潜水在土水势作用下向上运动转化为土壤水，通过包气带由土面蒸发和植物蒸腾转化为水汽返回大气，在研究潜水向大气排泄的问题上,蒸发和蒸腾的本质是一样的,均是水分从土壤内经过一定传输途径向大气排泄,不同之处在于两者的通道不同,因此这里不需对蒸发和蒸腾进行区分。

影响潜水蒸发的因素有三类:第一类是影响大气蒸发能力的气象条件,如辐射、气温、风速和湿度等;第二类是土壤水分蒸发后,下层水分向表层补给输送土壤水的能力,它取决于土壤水含水率、包气带土水势以及土壤质地;第三类是植被覆盖情况,植被主要通过蒸腾从土壤中吸取水分,通过气孔的开闭调节蒸腾量,需要注意的是植被覆盖情况通常会影响近地面气象条件,因此与气象条件交互作用十分明显。如植被覆盖度高会削弱到达地面的太阳辐射并影响近地面风速,从而降低大气蒸发能力,但高的植被覆盖度增加了区域的气孔密度,减小了潜水蒸发的阻力。植被对潜水蒸发的影响随植被的种类、生育期和覆盖度不同而异,具有明显的地域性和季节性。

(2)潜水自然出流

潜水在水力梯度作用下,从水头高的地方向水头低的地方自然流动。因为潜水具有与大气连通的自由表面,因此潜水水面即可代表潜水的水头,所以潜水的流动一般是从水面较高处向水面较低处流动。潜水出流遇到断层等地质构造会形成泉水,称为下降泉,潜水出流的终点也可以是河道、湖泊甚至是海洋。

(3)人工抽取潜水

随着人类对水资源需求的增长,尤其为发展农业需要,世界范围内很多地方都出现了大规模人工开采潜水的情况,这种情况在发展中国家表现尤为突出。人工开采的潜水中的部分可以回流补给潜水,但同时加快了潜水向大气水转化的速率,加快了潜水的排泄。

6.4.2　承压水补给与排泄

承压水一般赋存于隔水层中,承压水按功能可划分为补给区、承压区和排泄区。由于受隔水层的限制,承压水大部分没有自由表面,因而与上部隔水层接触的表面具有压力水头,承压水因此而得名。这些赋存于隔水层中、水体充满的含水层即被称为承压区,其主要特征是:水面承受的静水压力具有压力水头。通常承压水埋深比潜水深,而且与上层的土壤水联系不紧密,使得承压水相对于潜水来说循环速度较慢。

1. 承压水补给

承压水的补给主要发生在补给区。因为承压水补给区上部没有隔水层,该区地下水具有自由水面,实际上是潜水,因此可以直接接受降水及地表水的补给,此外补给区的潜水也可补给承压水。

2. 承压水排泄

承压水的排泄主要发生在排泄区,排泄区是指承压水流出地表或流向潜水的地段。承压水常以地表水、潜水的形式通过排泄区排出,此外当隔水层遇到断层等地质构造,承压水也会以泉水的形式排出地表。承压水除以上自然排泄方式外,人工开采承压水也是承压水排泄的途径,但因为承压水循环较慢,一般开采后很难恢复,这也是世界上很多地区地下水超采所共同面对的问题,其后果比开采潜水更为严重。

参 考 文 献

[1]　MAIDMENT D R. Handbook of hydrology[M]. New York:McGraw-Hill Inc. ,1992.

[2]　CHOW V T,MAIDMENT D R,MAYS L W. Applied hydrology[M]. Noida,India:Tata McGraw-Hill Education,1988.

[3]　LLORENS P,GALLART F. A simplified method for forest water storage capacity measurement[J]. Journal of Hydrology,2000,240(1):131-144.

[4]　詹道江,叶守泽. 工程水文学[M]. 3 版. 北京:中国水利水电出版社,2000.

[5] 张志强. 森林水文：过程与机制[M]. 北京：中国环境科学出版社，2002.
[6] 余新晓，张志强，陈丽华，等. 森林生态水文[M]. 北京：中国林业出版社，2004.
[7] 张济世，陈仁升，吕世华，等. 物理水文学：水循环物理过程[M]. 郑州：黄河水利出版社，2007.
[8] 雷志栋，杨诗秀，谢森传. 土壤水动力学[M]. 北京：清华大学出版社，1988.
[9] 李竞生，陈崇希. 多孔介质流体动力学[M]. 北京：中国建筑工业出版社，1983.
[10] 张元禧，施鑫源. 地下水水文学[M]. 北京：中国水利水电出版社，1998.
[11] BRUTSAERT W. Hydrology: an introduction[M]. Oxford: Cambridge University Press, 2005.

习　　题

6.1　土壤中的水分按主要作用力的不同，可分为哪几种类型？

6.2　降雨初期的损失包括哪些主要成分？

6.3　形成地面径流的必要条件是什么？

6.4　影响土壤下渗的主要因素有哪些？

6.5　土壤地质条件类似的地区，为何有植被的地方下渗能力一般大于裸地地区的下渗能力？

6.6　承压水和潜水分别具有哪些特征？

6.7　试讨论远期及短期轮流灌溉(用同样的水量)对于土壤含水量的增减以及植物有效吸水量的多少的影响，并比较其得失。

6.8　简述土壤下渗各阶段的特点。

6.9　由人工降雨下渗实验获得的累积下渗过程 $F(t)$，如下表所示，推求该次实验的下渗过程 $f(t)$ 及绘制下渗曲线 f-t。

实测某点实验的累积下渗过程 $F(t)$

时间 t/h	(1)	0	1	2	3	4	5	6	7	8
$F(t)$/mm	(2)	0	37.3	60.5	77.0	88.4	96.8	103.3	108.7	113.4
时间 t/h	(1)	9	10	11	12	13	14	15	16	17
$F(t)$/mm	(2)	117.7	121.7	125.5	129.4	133.1	136.7	143.9	147.5	147.5

6.10　某地区的降雨初期下渗率为 4.5 cm/h，呈指数形式下降，稳定至 0.5 cm/h，10 h 内的累积下渗量为 30 cm。试计算在此情况下，Horton 公式中 β 的值。

第7章 河川径流

河川径流是陆地水资源的重要赋存形式,对维持人类的生活和生产及自然生态系统的健康起着十分重要的作用。河川径流的时间和空间变化是水文学研究中关注的主要内容之一,也是生产实践中水文测验和水文预报的主要对象。

本章主要介绍流域、水系的基本概念及流域地貌特征,河川径流的形成过程,河川径流的度量及其动态变化特征,以及河川径流的观测等。

7.1 流域的基本概念

1. 分水线与集水线

在许多地区的地形中,有高原、山地、丘陵或者微有起伏的平原等,分水线是指地形中的某些高地,如山峰、山脊等,能够使雨水分别汇集于相邻的不同河流,这些分割地表雨水汇流方向的高地称为分水岭。分水岭最高点的连线称为分水线,根据地形图,可以十分容易地确定地表分水线(见图 7-1)。类似地,在地下的基岩面上也存在一个分割地下径流的分水线,称为地下分水线。地下分水线可通过区域地质构造图确定,由于地质构造的复杂性,地下分水线的确定通常比较困难。

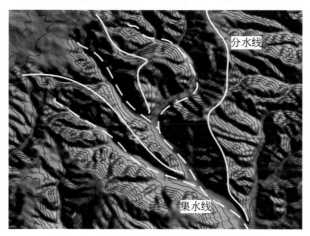

图 7-1 地形分水线和集水线示意图

与分水线相对应,地形中还有一条汇集降雨的地表集水线。山谷汇集降雨,沿山谷地形低处的连线就是集水线(见图 7-1)。集水线的高程总是比其两边要低,两边的降雨总是能够汇集到沿集水线的凹槽中,雨水沿集水线地表不断汇入,并向地形低处流动,最终形成河流。

2. 流域与水系

在河流的某断面以上,汇集地表水和地下水的区域统称为河流在该断面以上的流域。一个完整的流域包括入海口以上的所有汇流面积,内陆河流域的范围则是位于湖泊以上的所有汇流面积。流域面积是指地表分水线包围区域在水平面上的投影面积。

流域是分水线包围的区域,地面分水线与地下分水线重合的流域称为闭合流域,地面分水线和地下分水线不重合的流域称为非闭合流域。闭合流域与周围不存在水力联系,较大的流域和水量丰富的流域,由于河床切割深度大,多为闭合流域。非闭合流域与周围存在水力联系,小流域或者干旱、半干旱地区的流域,多为非闭合流域。在岩溶地区,由于水文地质条件十分复杂,地下河流发达,这里的流域多为非闭合流域。

流域中的所有规模不等的干流和支流彼此连接形成一个庞大的系统,称为水系,又称河系或河网。一个水系中的河流可分为干流和支流,干流(main river)通常指河网中长度最长或水量最大的河流,其他为支流(tributary)。在所有支流中,汇入干流的河流称为一级支流,而汇入一级支流的河流则称为二级支流,以此类推。

对一个完整的流域而言,依据水流的流动方向从上至下,可将干流分为五段:河源、上游、中游、下游和河口。河源是河流的发源区,多为冰川、湖泊、沼泽等;上游多位于深山峡谷,河槽呈 V 形,河床比降大,水流湍急,冲刷作用强,常发育急滩和瀑布;中游河床比降变缓,流速减慢,河槽多成 U 形,河床比较稳定,冲淤作用不明显;下游一般位于平原区,河床比降很小,流速缓慢,水量大,泥沙淤积作用明显,多浅滩和河湾;河口是河流与海洋或者湖泊交接的地方,流速瞬间降低,泥沙沉积,多发育河口三角洲。一个流域的河流长度通常指干流在水平面上的投影长度。

7.2　河网结构及其描述

一个水系中的河流之间不仅具有一定的拓扑结构,同时还具有独特的水力联系,水系(或河网)结构隐含着该流域的水文特征。

自然界中,水系具有各种形状,几何特征十分复杂。自然水系的结构通常呈树枝状,另一种水系结构呈网状,多出现在平原地区,通常受到人为活动的影响(见图 7-2)。

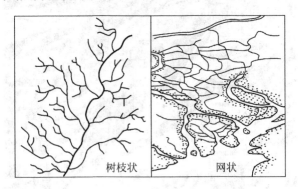

图 7-2　水系结构示意图(树枝状结构、网状结构)

在自然水系中,根据其形状特征可以分为以下几种类型:

(1) 扇形水系:支流的排列呈扇形分布,干支流交汇点比较集中。这类水系的汇流时间短,洪水表现为陡涨陡落。

（2）羽形水系：干流较长，支流呈羽状交替汇入干流。相对于扇形水系，这类水系的汇流时间长，洪水过程较平缓。

（3）平行水系：支流分布近乎于平行，在流域出口附近汇入干流。

（4）混合水系：由上述几种类型组合形成，在大流域的水系中比较多见。

描述流域中河流及水系的几何特征主要有以下参数。

（1）河流的落差和比降

针对一个流域而言，河流的落差是指河源与河口的垂直高度差，单位河道长度的落差称为比降，通常是指河床的比降。河流沿程的比降不同，一般上游河段的比降大于下游河段的比降。当河段纵断面近似为直线时，该河段的比降可表示为

$$J = \frac{h_1 - h_0}{L} \tag{7-1}$$

式中，J 为河道比降；h_0 和 h_1 分别为河段上、下游河底高程，m；L 为河段长度，m。当河床高程沿程有较大起伏变化时，可采用平均比降来代表。

（2）河流的弯曲系数（meander ratio）

$$\varphi = \frac{L}{l} \tag{7-2}$$

式中，L 为河流的实际长度，km；l 为河流两端间的直线距离，km；$\varphi > 1$。

（3）河网密度

单位流域面积内的河流长度，反映了流域对径流的调节能力，可表示为

$$R_f = \frac{\sum l_i}{A} \tag{7-3}$$

式中，l_i 为第 i 条河流的长度，m；$\sum l_i$ 为流域中河流总长，m；A 为流域面积，km²。

霍顿（Horton）于 1945 年首先提出了河网分级的方法，1964 年经过 Strahler 修改和完善后，一直沿用至今（见图 7-3），该方法描述如下。

（1）直接发源于河源的小河流为一级河流；

（2）两条同级别的河流汇合而成的河流的级别比原来高一级；

（3）两条不同级别的河流汇合而成的河流的级别为两条河流中级别较高者；

（4）河网级别为流到出口的河流的级别，也是河网中最高级的河流级别。

在河网分级的基础上，Horton 提出了三个参数来描述河网的基本特征，分别是分叉比、长度比和面积比。

（1）分叉比（bifurcation ratio）：$R_B = \dfrac{N_{i-1}}{N_i}$，$i = 2, 3, 4, \cdots, \Omega$；

（2）长度比（length ratio）：$R_L = \dfrac{\overline{L_i}}{\overline{L_{i-1}}}$，$i = 2, 3, 4, \cdots, \Omega$；

（3）面积比（area ratio）：$R_A = \dfrac{\overline{A_i}}{\overline{A_{i-1}}}$，$i = 2, 3, 4, \cdots, \Omega$。

式中，N_i 为第 i 级河流的数量；$\overline{L_i}$ 为第 i 级河流的平均长度；

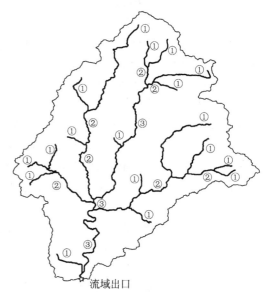

流域出口

图 7-3　以武烈河流域为例的 Strahler 河网分级

$\overline{A_i}$ 为第 i 级河流的平均流域面积；Ω 为河网的最高级。

Horton 认为，对于某特定的流域而言，上述三个参数分别为常数，反映了该流域的水文特征，称为霍顿定律（Horton's law），分别包括：

(1) 河数律（law of stream number）

$$R_{\mathrm{B}} = \frac{N_{i-1}}{N_i} = \mathrm{const}, \quad i = 2,3,4,\cdots,\Omega \tag{7-4}$$

(2) 河长律（law of stream length）

$$R_{\mathrm{L}} = \frac{\overline{L_i}}{L_{i-1}} = \mathrm{const}, \quad i = 2,3,4,\cdots,\Omega \tag{7-5}$$

(3) 面积律（law of stream area）

$$R_{\mathrm{A}} = \frac{\overline{A_i}}{A_{i-1}} = \mathrm{const}, \quad i = 2,3,4,\cdots,\Omega \tag{7-6}$$

7.3　流域地貌与水文特性

流域的主要特征包括三个方面：几何形状特征、自然地理特征和地貌特征。

1. 几何形状特征（geometric features）

流域的几何形状特征可以用以下 4 个具体指标来描述。

(1) 流域面积 A（catchment area）：指分水线所划定的范围在水平面上的投影面积，单位一般采用 km^2；

(2) 流域长度 L（catchment length）：指沿流域干流的轴线，从河源到河口的距离，单位一般采用 km；

(3) 流域平均宽度 B（width of watershed），$B = A/L$；

(4) 流域的形状系数 K（shape factor），$K = B/L = A/L^2$。

2. 自然地理特征（geographic features）

流域的自然地理特征主要包括以下几方面。

(1) 地理位置（geographic location）：一般以地理的经度和纬度来表示；

(2) 气候条件（climatic condition）：以各种气候因子来描述，如降水量、气温等；

(3) 流域的土壤岩石性质和地质构造（soil, bedrock and geologic structures）：其反映流域下垫面的特征，影响降水下渗的多少，土壤的蓄水性及地下水运动等；

(4) 流域地形特征（topographic features）：如流域平均高程、平均坡度等；

(5) 流域的植被率和湖沼率（vegetation rate & limnetic ratio）：植被率定义为 $K_{\mathrm{P}} = A_{\mathrm{P}}/A$；湖泊率定义为 $K_{\mathrm{L}} = A_{\mathrm{L}}/A$；沼泽率定义为 $K_{\mathrm{M}} = A_{\mathrm{M}}/A$。其中，$A_{\mathrm{P}}$、$A_{\mathrm{L}}$、$A_{\mathrm{M}}$ 分别为流域内的植被、湖泊和沼泽面积；A 为流域总面积。

3. 地貌特征（geomorphological features）

地表被水流（包括表面流和壤中流）侵蚀，水流从高处向凹处汇集从而形成河流。与山坡上的流动相比，水流在河网中流速加快、水深变深，河道的几何尺寸取决于流量和泥沙颗粒的大小，不同河流汇集形成具有高度规则性和空间组织性的河网。可见，水文过程作用于流域表层，形成并改变流域地貌，流域地貌也决定了流域水文的基本特征。因此，了解流域地貌将有利于抓住流域的水文特性。例如，河流的平均长度可作为汇流时间的预报因子，流域多年平均的洪水流量与流域面积或河网密度相关。

Kirkby 于 1976 年提出了一个定量描述流域地貌的曲线——流域宽度方程（width function）$W(x)$，用于描述河网密度沿汇流距离的分布。1985 年，Troutman 和 Karlinger 提出了面积方程（area function）$A(x)$，用于描述流域汇流面积随流动距离的分布。利用数字高程模型（digital elevation model, DEM）可以方便地得出 $W(x)$

和 $A(x)$。如图 7-4 所示,一个流域的宽度方程 $W(x)$ 可定义为

$$W(x) = \sum_{i=1}^{N} n_i(x, d_{imin}, d_{imax}) \qquad (7\text{-}7)$$

式中,x 为河网中任意一点流至流域出口的距离,$x=0$ 位于流域出口;$W(x)$ 是位于同一流动距离的河网连接(link or segment)的数目;N 是全流域河网的连接数;d_{imin} 和 d_{imax} 分别为河网中任意一段连接 i(link i or segment i)的下游接点和上游接点的流动距离;n_i 表示为

$$n_i(x, d_{imin}, d_{imax}) = \begin{cases} 1, & d_{imin} < x < d_{imax} \\ 0, & \text{其他} \end{cases} \qquad (7\text{-}8)$$

定义 $a_c(x)$ 为汇入同一距离的所有点的总汇流面积,面积方程可表示为

$$A(x) = \mathrm{d}a_c(x)/\mathrm{d}x \qquad (7\text{-}9)$$

利用流域的宽度方程 $W(x)$,面积方程 $A(x)$ 可用下式来计算:

$$A(x) = \frac{\sum_{i=1}^{W(x)} a_c(x) - \sum_{i=1}^{W(x+\Delta x)} a_c(x+\Delta x)}{\Delta x} \qquad (7\text{-}10)$$

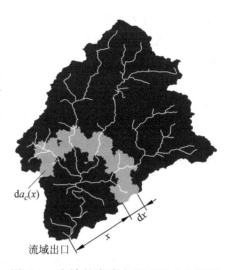

图 7-4　流域的宽度方程 $W(x)$ 和面积方程 $A(x)$ 的概念图

在常用的网格 DEM(grid-based DEM)中,河网的密度取决于所采用的河网生成阈值(threshold area for initiating the river)的大小。如图 7-5 所示,武烈河流域的宽度方程 $W(x)$ 随不同的阈值而变化。虽然流域的宽

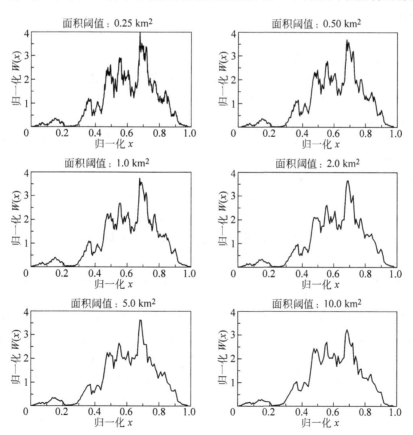

图 7-5　武烈河流域的宽度方程

度方程随河网生成阈值而变化,但是其保持了基本的形状。由此可见,当河网结构简化后,某些地貌信息丢失,采用过于简化的河网结构将会影响到水文模拟的精度。

流域的面积方程 $A(x)$ 可以唯一确定(见图 7-6),其形状与采用较小面积阈值时得到的宽度函数高度相似。

流域的宽度方程和面积方程反映了流域地表汇流的基本特性,当流域内的地形、土壤、植被及降雨等在空间上分布均匀时,流域出口的洪水过程线形状与宽度方程/面积方程的曲线形状是相似的。

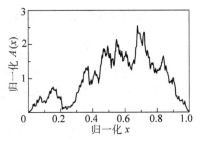

图 7-6　武烈河流域的面积方程

7.4　河川径流过程

从径流的形成过程来看,径流过程通常是指降水或融雪经流域地表和地下两个途径流入河系,再流出流域出口断面这一物理过程。从一个流域的水量来看,流域径流量通常是指在一定时段内通过河流某一流断面的水量。根据径流补给来源的不同,河川径流可以分为降雨径流和融雪径流。

从降水落到流域地面(或者冰雪融化)至水流汇集到流域出口断面的整个物理过程称为径流的形成过程。径流的形成过程是一个相当复杂的过程,为了便于分析,一般把径流的形成过程概括为产流过程和汇流过程。

7.4.1　产流过程

为了叙述方便,先熟悉以下产流过程涉及的有关概念。

(1) 植物冠层截留量 I_s(canopy interception/storage):降雨降落至植物冠层时被叶和茎拦截的水量。

(2) 土壤蓄水量 S_i(soil moisture storage/infiltration amount):指降雨下渗过程中存储于土壤孔隙中的水量,就是下渗到土壤中的水量。

(3) 填洼量 S_s(surface storage):到达地面的降雨被停蓄在地面洼陷处的部分称为填洼量。填洼量取决于地表的微地形、土地利用等。

(4) 雨间蒸散发量 E(evaporation during rainfall)。

(5) 净雨量(net rainfall):也就是产流量,净雨量=降雨量-损失量,

$$P_n = P - I_s - S_i - S_s - E \tag{7-11}$$

式中,P 为降雨量,mm; I_s 为冠层截留量,mm; S_i 为土壤蓄水量或下渗量,mm; S_s 为填洼量,mm; E 为雨间蒸发量,mm。

降雨开始之初,除少量直接降落在河面上的雨水形成径流外,大部分雨水都被植物枝叶拦截,滞留在植物枝叶上。当降雨满足植被的截留能力后才能降落到地面上,截留雨量在雨后最终消耗于蒸发。降落到地面的雨水发生下渗,当降水强度小于土壤下渗能力的时候,雨水全部下渗,当降雨强度大于下渗能力的时候,雨水按下渗能力下渗,超出下渗的雨水,形成地面水流开始填充地面大大小小的洼地。随着降雨的持续,满足了填洼量的地方开始产生坡面流,坡面流汇流到沟壑中,最终汇集到河网中,形成河川径流。下渗的水量,首先被干燥土壤吸收,土壤含水量不断增加,满足了土壤吸收量之后,继续下渗的雨水将沿着土壤孔隙流动,下渗水量超出土壤持水能力的时候,下渗水到达地下水面,沿地下水坡度缓慢向河槽汇聚,以地下水的形式补给河流,即地下径流。大多数的坡地,表土层疏松透水,下渗能力大,下部土层相对密实,下渗能力小。因此,在土层交界面,会产生相对不透水层,渗入的水量可在土层交界面形成部分饱和层,并沿着相对不透水层侧向流动,汇入河道(也有可能中途在地表出露,以坡面流的形式汇入河道,叫做回归流),叫做壤中流。

通常把降雨经过雨间蒸发、植物截留、填洼和下渗损失后成为净雨的过程称为产流过程。降落的雨水中不能形成径流的水量称为损失量,包括雨间蒸散发、植物截留、填洼和下渗损失,降水量扣除损失量后的部分称为净雨量。净雨最终以地表径流、壤中流、地下径流的形式汇入到河道中,形成河川径流。显然,净雨量和它形成的径流量在数量上是相等的,但两者的意义和内涵却完全不同。净雨是径流的来源,而径流是净雨汇集的结果;净雨在降雨结束的时刻就停止了,而径流却要延续很长的时间。径流的组成主要包含以下三个部分(见图 7-7)。

(1) 坡面流(overland flow):降雨后在流域形成的沿坡向流动的水流。

(2) 壤中流(interflow/unsaturated flow):降雨下渗后滞蓄在土壤中的水分超过土壤田间持水量后,在重力作用下一部分水分沿山坡方向流入河道形成的径流。

(3) 地下径流(groundwater flow):当下渗水流到达地下水面后补充给地下水,由地下水流出形成径流。地下径流包括浅层地下径流(非承压地下水中形成的径流)和深层地下径流(承压地下水中形成的径流)。

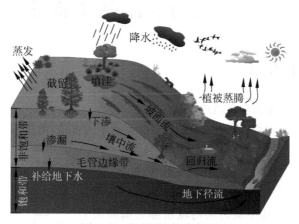

图 7-7　径流组成示意图

7.4.2　汇流过程

流域的汇流过程包括山坡汇流和河网汇流两部分。山坡汇流是指水流沿山坡的坡面和地下向河网流动和汇集的过程,它包括坡面汇流、表层汇流和地下汇流。河网汇流是指水流沿河网中各级河槽向出口断面汇集的过程。

1. 山坡汇流

(1) 坡面汇流

净雨沿坡面流向河网的过程,叫做坡面汇流,也叫做坡面漫流。坡面汇流是由无数股彼此时合时离的细小水流组成,通常没有固定的流动沟槽,雨很大时可形成片流。坡面汇流经坡面汇入河网,形成地表径流。坡面汇流流程较短,汇流时间也较短,大雨时,由坡面汇流汇集的地表径流是洪峰的主要水源。

(2) 表层汇流

表层汇流是指壤中流沿坡地侧向经表层土壤孔隙汇入河网的过程。壤中流比坡面漫流的流动速度慢,汇流时间比较长,到达河槽较迟。对于历时较长的暴雨,其数量较大,往往成为河流水量的主要组成部分。坡面流和壤中流经常相互转化,坡面流可以下渗成为壤中流汇集于河道,同样,壤中流也可以在坡脚处出露成为坡面流汇集于河道,因此,在实际工作中,经常将壤中流和坡面流统称为地表径流。

(3) 地下汇流

地下汇流是指水流沿着地下水水力坡度流向河网的过程。地下水的流动缓慢,汇流时间最长,较大河流可以终年不断。地下水在枯水季节补给河流的水量称为河流的基流。

经过山坡汇流调蓄之后,进入河网的水流过程比净雨过程更加地平缓,持续时间也更长,也就是说山坡汇流过程实现了对净雨的再一次分配。

2. 河网汇流

坡地汇流过程汇集的水量进入河网之后,河槽水量增加,水位升高,形成河流洪水的涨水阶段,随着降雨和坡地汇流的减少,河槽中水量减少,水位降低,河槽中储存的水量逐渐排出,形成河流洪水的退水阶段。河道中水量涨水蓄存,退水消退的现象称为河槽的调蓄作用。通过河道的调蓄作用,流域出口的流量过程,比山坡汇流汇集入河网的过程更加缓慢,也就是实现了对净雨的第二次再分配。河网汇流过程,对于实际的流域防洪,修建水利设施的意义重大。在8.4节中将介绍两种常用的河道洪水演算方法。

7.5 河川径流基本特征

7.5.1 河川径流的度量

水文学中通常采用以下水文量来度量河川径流。

(1) 流量 Q(discharge):单位时间内通过河流某一过水断面的水量,单位为 m^3/s,表示为

$$Q = A \times V \tag{7-12}$$

式中,A 为过水断面的面积,m^2;V 为过水断面的平均流速,m/s。

(2) 流量过程线(hydrograph):描述河流某一过水断面流量随时间变化的过程,如图 7-8 所示,其中某时刻的流量称为瞬时流量 Q_t,最大流量值称为洪峰流量 Q_m。

(3) 平均流量(average flow):指一定时段内的平均流量,如日平均流量、月平均流量、年平均流量、多年平均流量等。

(4) 径流量 W(runoff volume):指一定的时段 $T(T=t_2-t_1)$ 内通过某一河流断面的总水量,单位为 m^3:

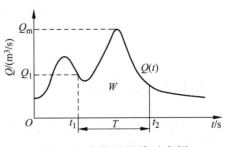

图 7-8 流量过程线示意图

$$W = \int_{t_1}^{t_2} Q(t)\mathrm{d}t = \bar{Q}T \tag{7-13}$$

式中,$Q(t)$ 为流量过程线 t 时刻的瞬时流量;$T=t_2-t_1$,为计算时段;$\bar{Q}$ 为计算时段内的平均流量。

(5) 径流深(runoff depth):在时段 T 内通过某一河流断面的总水量 W 除以该断面以上的流域面积,折算为水深后的径流量称为径流深,单位一般采用 mm。

$$R = \frac{\bar{Q}T}{1000A} = \frac{W}{1000A} \tag{7-14}$$

式中,A 为流域的面积,km^2;T 为时段,s;$\bar{Q}$ 为时段 T 内的平均流量,m^3/s。

(6) 径流模数:流域出口断面流量与流域面积的比值,即流域单位面积上所产生的流量,称为径流模数。

$$M = \frac{Q}{A} \tag{7-15}$$

依据 Q 的不同含义,M 则有不同的称谓:若 Q 是(多)年平均流量,则 M 称为(多)年平均流量模数;若 Q 是洪峰流量,则 M 称为洪峰流量模数。

（7）径流系数（runoff coefficient）：指某一时段的径流深 R 与相应的流域平均降雨深 P 的比值,反映了降雨量转换成径流量的比例。

$$\alpha = R/P, \quad \alpha = 0 \sim 1 \tag{7-16}$$

以上描述河川径流的特征量,反映了一个流域的基本水文特征。

7.5.2　河川径流特征

1. 河川径流的季节变化特征

由于受到季风的影响,中国大多数河流的径流量具有显著的季节变化,夏季降水量多,径流量也大;冬季降水量少,径流量也小。因此,在流域水文学中,通常将一年划分为洪水期(或汛期)和枯水期。除了气候因素外,流域植被、土地利用、土壤性质等流域下垫面条件也会影响到径流的季节变化。以长江、黄河下游干流流量过程为例(见图 7-9 和图 7-10),长江径流量大,且一年内主汛期出现在 7—10 月,冬季无结冰期;黄河径流量相对较小,季节变化较大,且存在春汛(4 月至 5 月)和夏汛(8 月至 9 月)两个汛期,冬季有结冰期(一般为 12 月)。

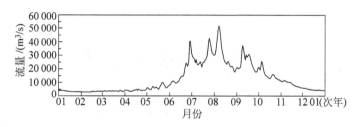

图 7-9　长江干流宜昌水文站 1960 年的逐日流量过程

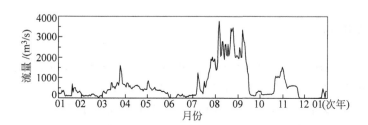

图 7-10　黄河干流花园口水文站 1960 年的逐日流量过程

2. 河川径流的年际及年代际间变化特征

河川径流在年际及年代际间也有多寡的变化。年径流量大于多年平均径流量的年份称为丰水年(多水年);小于多年平均径流量的年份称为枯水年(少水年);约等于多年平均径流量的年份称为平水年(中水年)。我国河流径流量的年际变化特点受气候变化和人类活动的影响,存在很大不同。以长江宜昌站和黄河花园口的实测流量数据为例(见图 7-11 和图 7-12),长江径流量年际变化较小,而黄河较大。受气候变化和人类活动的影响,长江和黄河的年平均流量均呈显著减少的趋势。其中,长江年平均流量在过去 120 年的减少率为 -12.2 m³/(s·a),黄河在过去 60 年的减少率为 -16.4 m³/(s·a)。

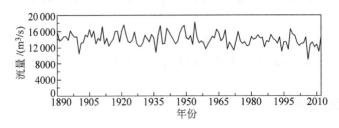

图 7-11   长江干流宜昌水文站年均流量过程(1890—2012 年)

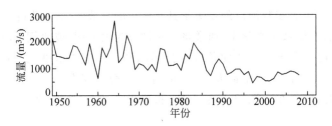

图 7-12   黄河干流花园口水文站年均流量过程(1949—2008 年)

7.6   河川径流测量

水文资料是进行水文分析、计算和预报的基础。大部分水文资料是通过在水文站进行的水文测验取得的,水文测验(hydrological measurement)是指对水文要素的观测。水文测验的方法多种多样。现代科学技术的不断发展,新技术、新仪器的不断出现,更是促进了获取水文信息手段的不断更新。

7.6.1   水文站布设

水文测站(hydrological station)是水文测验的基本单位,其主要任务是对指定地点的水文要素按统一标准进行系统观测和整编。水文站按设站的目的和性质可分两类。

(1) 基本站:这是国家水文部门在全国大中河流上统一布设和分级管理的永久性水文站,它按照《水文测验技术规范》的要求,长期地、系统地进行水位、流量、泥沙、降水和蒸发等项目观测、资料整编和存储,以满足国民经济各方面的综合需要。基本站按照观测项目不同,又分为流量站(也称水文站)、水位站、雨量站和泥沙站等。

(2) 专用站:为专门目的或特定工程的需要而各部门自行设立的站,如港航勘测中临时布设的水文站;水库与水电站施工期临时水文站;水库洪水预报专门设置的降雨自动测报站等。

水文站网(hydrologic network)指在整个流域(或地区)内水文测站的总体。因为单个测站观测到的水文要素,其信息只是代表了该站址处的水文情况,而流域的水文情况则需在流域内的一些适当地点布站观测,从而形成了水文站网。布站的原则是通过所设站网采集到的水文信息经过整理分析后,达到可以内插流域内任何地点水文要素的特征值,这也就是水文站网的作用。因此在水文站网的规划上需要综合考虑合理性、科学性和最优性等方面。

如图 7-13 所示,水文站的测验断面布设按所测定的项目可分为以下四种测验断面。

（1）基本水尺断面(stuff gauging section)：测定河流水位及横断面面积；

（2）流速仪测流断面(current meters gauging section)：测定水流的流速,一般采用与基本水尺断面相同的断面；

（3）浮标测流断面(float gauging section)：分布有上、中、下三个断面,用以测定水流的流速；

（4）比降断面(gradient section)：分布有上、下二个断面,用以测定河段的水面比降,根据曼宁公式(manning's equation)估算河床的糙率。

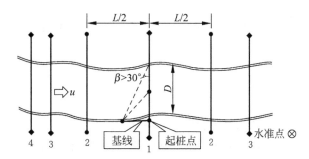

图 7-13　水文站测验河段基本断面布设示意图

1—基本水尺断面/流速仪测流断面/浮标测流中断面；2—浮标上下测流断面

（$L > 50 \sim 80u$）；3—比降上下断面；4—投放浮标断面

水文测站的设立包括选择测验河段和布设基本水文站两方面的内容。

1. 测验河段的选择

站点位置要服从总体布局的要求。建立水文测站之前,要先选择测验河段,它选择得恰当与否对测验工作影响很大,其选择原则在《水文测验试行规范》中有明确规定。测站河段应符合两个条件：①必须满足设站的目的和要求；②在保证工作安全和测验精度的前提下,有利于简化水文要素的观测和信息资料的整理分析工作。具体说,就是要尽可能使所选测验河段较顺直,河床稳定,其水力条件应使河段的水位和流量的关系保持较稳定的状态,具有单一的函数关系,从而可根据观测的水位较容易地推求流量,减轻测验工作量。根据水力学的原理可知,过水断面面积、糙率、水力半径及水面比降是影响河段流量的主要因素。因此,在平原河流上,所选测验河段尽可能顺直、稳定、水流集中,河段长不小于河宽的 3～5 倍,这样才能保证比降的一致；河岸及河床应尽量稳定、不易滋长水草；应不受下游干支流汇入或湖泊等引起回水因素的变动影响。在山区河流上,所选测验河段应尽量避开石梁、急滩、卡口和乱石阻塞的影响,在河道顺直匀整,流态稳定的上游附近的规整河段上选站。

2. 基本水文站的布设

在基本水文测站上,主要是测水位、流量、泥沙、降水与蒸发等项资料。为此,通常在测站上设置基线、水准点和各种断面,建立各种测量标志,配备必要的仪器、工具,测量河段地形,填写测站考证簿等。水文站布设的基本程序如下。

（1）布设基线和基本测流断面：通常在测站所选河段中部某位置处布设基本测流断面,使其垂直于断面平均流向,如图 7-14 所示。然后在河岸上布设与基本测流断面相垂直的基线,基线的长度应使基本测流断面上最远点的仪器视线与断面的夹角 $\beta > 30°$。

（2）布设浮标测流断面和比降断面：浮标断面包括上、中、下浮标断面,中断面与基本测流断面重合,上、下浮标断面间距一般不应小于断面最大平均流速(m/s)的 50～80 倍。

比降观测的目的是便于用流量资料来计算河道的糙率和观测水面比降。比降断面设在基本测流断面的上、下游,要求两断面间的河段要顺直,断面形状基本一致,河底坡度和水面比降不应有明显的转折,两断面的

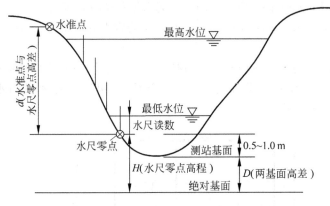

图 7-14 水位观测示意图

间距应使测得的比降误差小于 15%，具体计算方法可参照规范。

（3）设立水准基点及水尺：水准基点是测定水文站建筑和水尺高程的主要依据。应设在测站附近，基础稳固，在最高洪水位以上，以免受淹。

为了观测河段的水位变化，需在基本测流断面上设立基本水尺，为观测水面比降，还需在上、下比降断面设立比降水尺。

（4）仪器及工具设置：主要是测船或自动观测缆车、流速仪、自动计算单板机和控制设备，另外还有测降水和蒸发的设备。

（5）其他：应进行河段地形（包括水下地形）、河道纵、横断面测量，绘制河段的水面流速和流向图等。

7.6.2 水位观测

水位（water stage）是指水体的自由水面离开固定基准面的距离，我国目前一般统一采用黄海海平面作为基准面。目前，观测水位的设备主要有水尺、水位计和非接触式水位计三类。

（1）水尺：水尺是最简便、最可靠的水位观测装置。按水尺的构造形式不同，常用的水尺可分为直立式、倾斜式、矮桩式与悬锤式等数种。

（2）水位计：水位计是利用浮子、压力和声波等能提供水面涨落变化信息的原理制成的仪器。自记水位计能将水位变化的连续过程自动记录下来。水位计记录的水位过程线要利用同时观测的其他项目的记录，以便加以检核。

（3）非接触式水位计

常用的非接触式测量技术主要有三类：超声波（声学）、电波（一般用雷达光学式）和激光。非接触式水位测量技术日趋成熟，精度普遍较高，便于数据处理，逐渐成为现代水位测量的重要手段。

水位资料与人类生活和生产建设关系密切。水利工程的规划、设计、施工和管理运用，都需要水位资料，其他工程建设如航道、桥梁、船坞、港口、给水、排水等也要应用水位资料。在防汛抗旱中，水位是水文情报和水文预报的依据。水位资料是建立水位流量关系，推算流量变化过程、水面比降等必需的依据。在泥沙测验和水温、水情、水质等观测中，水位是掌握水流变化的重要标志。

水位观测的时间和次数安排要满足测得的资料能反映出日内水位的变化过程，同时还要满足水文情报预报的需要。平水时每日观测 1~2 次。有洪水、结冰、流凌（流冰）、冰凌堆积、冰坝和冰雪融水补给河流等现象时，可增加观测次数，以取得水位变化过程的完整资料。根据实测资料，计算日、月、年平均水位，以及水位过程线。日平均水位的计算方法有算术平均和时间加权平均两种。

（1）算术平均法

算术平均法适合于水位变化缓慢或变化大但等时距观测的情况。

$$\bar{Z} = \frac{1}{n} \sum_{i=1}^{n} Z_i \tag{7-17}$$

式中，Z_i 为第 i 次水位观测值；n 为日内水位观测的次数。

（2）时间加权法

时间加权法适合于水位变化大且不等时距观测的情况。

$$\bar{Z} = \frac{1}{48} \left[Z_0 \Delta t_1 + Z_1 (\Delta t_1 + \Delta t_2) + \cdots + Z_{n-1}(\Delta t_{n-1} + \Delta t_n) + Z_n \Delta t_n \right] \tag{7-18}$$

式中，Z_i 为一日内各次观测的水位值，m；Δt_i 为相邻二次水位观测间的时距，h。

根据逐日平均水位可算出月平均水位和年平均水位等，这些经过整理分析处理后的水位资料可供各生产单位应用。

7.6.3 流量观测

流量是单位时间内通过河流某断面的水量，单位为 m³/s。它是反映水资源和江河湖泊、水库等水体水量变化的基本数据，是河流最重要的水文特征值。通过河流断面的流量为

$$Q = \bar{V} \cdot A \tag{7-19}$$

式中，$\bar{V}$ 为断面平均流速，m/s；A 为过水断面面积，m²。

流量测量（flow measurement/discharge measurement）是指对江河、渠道流量的实地测量。流量测量有流速面积法、水力学法、化学法、物理法和直接法等多类方法。这里主要介绍流速面积法。

按照流量的表达式，根据流量计算的流量—面积法原理，流量测量实质上可以分为断面面积测量和流速测量两个步骤，即过流断面面积的测量和流速的测量。

1. 测流断面的测量

过流断面面积测量步骤有：布置测深垂线，测量各测深点的水深，测量各测深点的横向位置（即起点距），计算各测深点的水位，最后绘出过流断面图。利用各测点水深和位置可计算断面每一部分的面积，该部分面积（见图 7-15）的计算公式为

$$A_i = \frac{1}{2} b_i (h_{i-1} + h_i) \tag{7-20}$$

2. 流速的测量

这里主要介绍两种传统的流速测量方法，即流速仪法和浮标法，流速仪法相对较精确，浮标法则相对简单粗略。

（1）流速仪法测速和流量计算

流速仪法测速是流速测量最基本的方法。常规的作法是在部分或全部测深垂线上用流速仪测定流速，用部分平均流速与部分面积之乘积作为部分流量，各部分流量的总和即为断面流量。

常用的流速仪为转子式流速仪，它由以下几部分组成：感应流速的旋转器、记录器、尾翼和铅鱼。

流速仪测速原理可由下式表达，它的转速和水流速度呈线性关系：

$$V = KN/T + C = Kn + C \tag{7-21}$$

式中，V 为河流流速；T 为测速历时；N 为转子转动的转数；n 为转速（转数）；K、C 为常数。

断面上测速垂线和测速点的布设中，当水面宽度大于 5 m 时，测速垂线的数目大于等于 5。图 7-16 为垂线和测速点布设示意图。在不同水深处，测速点的布设常分为一点式、二点式、三点式和五点式，表 7-1 为适合不

同水深的测速点布设方式，以及相应的垂线平均流速的计算公式。

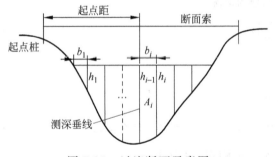

图 7-15　过流断面示意图

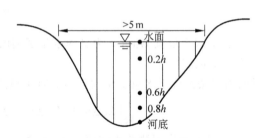

图 7-16　垂线和测速点布设示意图

表 7-1　测速点的布设方式

测速点数	测点位置	适合的水深	垂线平均流速计算公式
一点	$0.6h$ 或 $0.5h$	<1.5 m	$V_m = V_{0.6}$
二点	$0.2h$, $0.8h$	$1.5 \sim 2.0$ m	$V_m = (V_{0.2} + V_{0.8})/2$
三点	$0.2h$, $0.6h$, $0.8h$	$2.0 \sim 3.0$ m	$V_m = (V_{0.2} + V_{0.6} + V_{0.8})/3$
五点	水面, $0.2h$, $0.6h$, $0.8h$, 河底	>3.0 m	$V_m = (V_{0.0} + 3V_{0.2} + 3V_{0.6} + 2V_{0.8} + V_{1.0})/10$

注：（1）h 代表河流测点处的水深。

（2）$V_{0.2}$、$V_{0.6}$、$V_{0.8}$、$V_{1.0}$ 分别表示相应水深为 $0.2h$、$0.6h$、$0.8h$ 和河底处测点流速。

在完成了断面面积的测量和流速测量两个步骤后，便可进行流量计算（calculation of discharge）。通过测得的各点流速可求出各垂线平均流速（计算方法见表 7-1），相邻两垂线间面积和垂线平均流速的乘积就是本部分面积上的流量，各部分面积上的流量之和，即为过水断面面积的总流量。各部分面积上流量和总流量的计算方式如下：

$$Q_i = \frac{1}{2} A_i (V_{i-1} + V_i) \tag{7-22}$$

$$Q = \sum Q_i \tag{7-23}$$

（2）浮标法测速和流量计算

当使用流速仪测速有困难时，如洪水或水位过低时，使用浮标测流就成为切实可行的办法。浮标随水漂流，其速度与水流速度之间有较密切的关系，可利用浮标漂移速度（也称浮标虚流速）与水道断面来推算断面流量。用水面浮标法测流时，应先测绘出测流断面上水面浮标速度分布图。将其与水道断面相配合，便可计算出断面虚流量。断面虚流量乘以浮标系数，便可计算出断面流量。

水面虚流速的计算公式为

$$V_{fi} = \frac{L_i}{T_i} \tag{7-24}$$

式中，V_{fi} 为第 i 个浮标的虚流速，m/s；L_i 为上下浮标断面间的距离，m（见图 7-13）；T_i 为第 i 个浮标流经上、下浮标断面的时间，s。

类似于流速仪测流速法中计算流量的方法，根据虚流速分布图可求出部分面积的虚流量：

$$Q_{fi} = \frac{1}{2} A_i \cdot (V_{f,i-1} + V_{f,i}) \tag{7-25}$$

各部分面积虚流量之和便是断面总面积的虚流量：

$$Q_f = \sum_{i=1}^{n+1} Q_{fi} \tag{7-26}$$

断面虚流量乘以浮标系数,换算得到断面流量:

$$Q = K_f \cdot Q_f \tag{7-27}$$

式中,$Q_f = \sum_{i=1}^{n+1} Q_{fi}$ 为各部分虚流量之和;K_f 为浮标系数($K_f = 0.7 \sim 0.95$)。浮标系数与浮标类型、风力风向及河流状况等因素有关,可通过流速仪与浮标测流的比测实验来确定,即利用同期两种方法测流速的资料进行对比,从而求出 K_f。

除了上述转子式流速仪和浮标法测流外,还有超声波流速仪、电波流速仪、激光流速仪等。目前,在河道测流中应用比较广泛有声学多普勒流速剖面仪(ADCP),其基本原理是利用多普勒效应原理进行流速测量。激光流速仪的测量精度高,但是由于其价格昂贵,仅限于实验室使用。

7.6.4 水位-流量关系

一个水文站的水位和流量的关系是指测站基本水尺断面处的水位与通过该断面的流量之间的关系,水位和流量的关系有稳定和不稳定关系之分。

1. 稳定的水位-流量关系

稳定的水位流量关系是指在一定条件下水位和流量之间呈单值函数关系。如图 7-17 所示,纵坐标是水位 Z,横坐标是流量 Q。点图时,在同一张图纸上依次绘制水位-流量(Z-Q)、水位-面积(Z-A)和水位-流速(Z-V)关系曲线。使用同一水位下的面积与流速的乘积,来校核水位-流量关系中的流量,要求在误差范围内。实际上对于所谓的单一水位流量关系,需要满足大量的数理统计方面的检验后,才能用于水文计算,在此鉴于知识所限,不再赘述。一旦整理的关系满足单一性,就可以应用于实际计算中,从而建立从水位推知流量的途径。

2. 不稳定的水位-流量关系

不稳定的水位-流量关系是指测验河段受断面冲淤、洪水涨落、变动回水或其他因素的个别或综合影响,使水位与流量之间呈现出非单值函数关系。受到洪水涨落影响时的水位-流量关系可能出现如图 7-18 所示的绳套形(逆时针)的曲线。

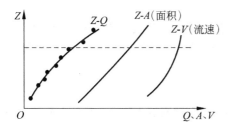

图 7-17 稳定的水位-流量关系曲线

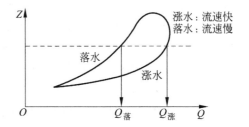

图 7-18 洪水涨退时的水位-流量曲线

这种非单值函数的关系,可采取一些方法进行处理,归纳起来主要有水力因素型和时序型两种。

(1) 水力因素型

引入一个水力因素的影响,记作 x,则 $Q = f(Z, x)$,这种分析方法主要以水力学的理论推导为主。其中一种为"临时曲线法",临时曲线法适用于河道冲淤、滋生水草以及结冰所引起的单值关系的变化,如图 7-19 所示。

(2) 时序型

时序型方法表示为 $Q = f(Z, t)$,其中 Z 为水位,t 为时间。对于水位-流量受到多种因素影响时,可以采取其中一种"连时序法"来解决,这种方法是按照实测点的时间顺序来连接水位-流量关系曲线,上述洪水过程中

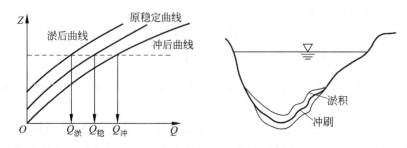

图 7-19 受冲淤影响的水位-流量关系

的涨退对于水位-流量关系的影响即可以用连时序法确定为逆时针或是顺时针的绳套形曲线,如图 7-20 所示。

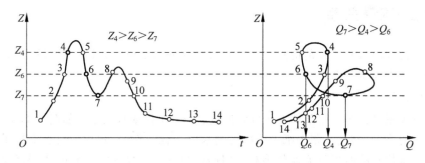

图 7-20 连时序法示意图

3. 高水位 Z-Q 曲线的延长

当河床比较稳定,河床形状变化不是很大时,在高水位时,可以认为水位-面积线是按照线性关系变化的,同时水位-流速线近似一垂直于横轴的直线,则根据这两个曲线可以在同一个图中定出水位-流量关系曲线(见图 7-21),具体步骤如下。

(1) 由实测资料绘制水位-面积关系曲线,并按照线形趋势延伸;

(2) 根据水位-流速关系曲线,按近似垂直横轴方向延伸该曲线;

(3) 按延长部分各级水位和相应的过水断面面积相乘,即得到水位-流量关系曲线的延伸部分。

除此之外,还可以应用一些水力学的公式进行延伸,如曼宁公式外延、斯蒂文森法等,这样可以避免上述方法中的随意性和不确定性,但是操作上比较麻烦。

4. 低水位 Z-Q 曲线的延长

低水位 Z-Q 曲线的延长是以断流水位作为控制水位点,从实测部分向断流水位方向延伸。断流水位是指流量为 0 的相应水位。求得断流水位 Z_0 之后,以其为控制点,将关系曲线向下延伸至当年最低水位即可(见图 7-22)。

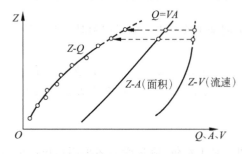

图 7-21 高水位延长法图示

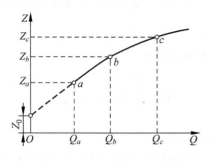

图 7-22 低水位延长法示意图

在设计工作中也经常会遇到设计断面处缺乏实测资料的情况,这时就需要涉及水位-流量关系的移用。

当设计断面与具有水文资料的水文测站相距不远且两断面间的流域面积不大、河段内无明显的出流和入流时,可以在设计断面测量水位,同时在水文站测定流量,据此绘制设计断面的水位-流量曲线。如果设计断面距离水文站较远,且区间出流、入流几乎为零时,则必须采用水位变化中的位相相同的水位来移用。如果来不及测定水位或是数据不足,则可以采用水力学中水面线推算的方法,对于不同的流量,进行推算得到设计断面处的水位。

参 考 文 献

[1]　詹道江,叶守泽. 工程水文学[M]. 3 版.北京:中国水利水电出版社,2000.

[2]　BRUTSAERT W. Hydrology:an introduction[M]. Oxford:Cambridge University Press,2005.

[3]　MAIDMENT D R. Handbook of hydrology[M]. New York:McGraw-Hill Inc.,1992.

[4]　CHOW V T,MAIDMENT D R,MAYS L W. Applied hydrology[M]. Noida,India:Tata McGraw-Hill Education,1988.

[5]　WOLTEMADE C J,POTTER K W. A watershed modeling analysis of fluvial geomorphologic influences on flood peak attenuation[J]. Water Resources Research,1994,30(6):1933-1942.

[6]　HORTON R E. Erosional development of streams and their drainage basins:hydrophysical approach to quantitative morphology[J]. Geological Society of America Bulletin,1945,56(3):275-370.

[7]　SHREVE R L. Statistical law of stream numbers[J]. The Journal of Geology,1966,74(1):17-37.

[8]　KIRKBY M J. Tests of the random network model,and its application to basin hydrology[J]. Earth Surface Processes,1976,1(3):197-212.

[9]　TROUTMAN B M,KARLINGER M R. Unit hydrograph approximations assuming linear flow through topologically random channel networks[J]. Water Resources Research,1985,21(5):743-754.

习　　题

7.1　形成非闭合流域的主要原因有哪些?

7.2　比较大的河流,自上而下可分为哪几段? 各段有什么特点?

7.3　试述斯特拉勒(Strahler)法是如何对河流进行分级的?

7.4　对于闭合流域来说,为什么径流系数必然小于 1?

7.5　某平原流域,流域面积 $F=360$ km²,其中水面面积占 21.0%,从有关水文手册中查得该流域的多年流域平均降水量 $P=1115.0$ mm,多年平均陆面的蒸发量 $E_{陆地}=750.0$ mm,多年平均水面蒸发量 $E_{水面}=1040.0$ mm,试求流域的多年平均径流深。

7.6　已知某流域的流域面积 $F=2000$ km²,该流域多年平均降水量 $P=700$ mm,该流域多年平均径流量 $W=4.5×10^8$ m³,试推求该流域多年平均年径流系数。

7.7　某流域面积 $F=120$ km²,从该地区的水文手册中查得多年平均径流模数 $M=26.5$ L/(S·km²),试求该流域的多年平均流量 Q 和多年平均径流深 R。

7.8　什么是水文站网? 水文站网布设测站的原则是什么?

7.9　什么是水位? 观测水位有何意义? 日平均水位的计算方法有哪些?

第8章 流域产汇流分析及水文模型

已知一个流域的降雨量,要准确计算该流域中不同河道断面处的径流量并不是一件十分容易的事,原因是降雨与径流之间的关系具有非线性、动态性及空间变异性。降雨-径流分析与计算方法是流域水文学的主要内容,是流域水文预报的基础。

本章主要介绍传统水文学中的流域产流、汇流分析与计算方法,并适当介绍了流域水文模型的基本思想及主要的三类水文模型。

8.1 概　　述

在一个封闭流域中,降雨通过下渗、蒸发、土壤水运动、地下水运动以及河道汇流等水文过程最终形成流域出口的径流,这一过程称为流域水文循环(见图 8-1),且通常被简化为产流过程和汇流过程。在产流过程中,雨水降落到地面,会通过植物截流、下渗补充包气带、填洼、雨间蒸发等形式发生一系列的损耗,最终形成净雨。在汇流过程中,净雨主要以地表径流、壤中径流和地下径流等形式沿地面和地下向河网汇集,并沿河网汇集到流域出口断面。

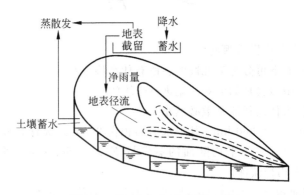

图 8-1　流域水文过程概念图

流域产汇流分析的目的是获得流域的降雨-径流关系,用于根据观测的降雨量来计算流域出口的径流量。水文模型以流域水文系统为研究对象,采用数学物理方程描述降雨、下渗、蒸发和汇流等水文过程,计算流域水量平衡的各个分量,为定量分析流域水资源,模拟和预报流域洪水和干旱过程等提供科学手段。

由于流域水文过程的复杂性,水文模型需要对流域水文过程进行必要的概化(简化),流域的降雨-径流关系就是水文模型中的一类。本章将从流域产汇流分析入手,介绍流域产汇流计算的基本方法和流域水文模型的基本概念。

8.2　流域产流机制

由于气候和下垫面条件不同,不同流域的产流规律有异。如图 8-2 所示,产流模式主要取决于气候条件,在干旱、半干旱及半湿润气候条件下植被稀疏或受人类活动的影响强烈这一地区河道径流主要源于超渗产流,壤中流的比例很小;在湿润气候条件下,植被稠密,河道径流以蓄满产流为主。在湿润气候的蓄满产流模式中,地表和壤中流的比例与流域地形和土壤条件密切相关:在地势缓和的凹坡坡脚或宽阔河谷的底部,土层较薄而且下渗能力变异性大,以地表径流为主,壤中流较少;在陡直的山坡或狭窄河谷的底部,土层很厚而且下渗能力很强,径流大多来源于壤中流,但是对洪峰的主要贡献来源于蓄满后的降雨直接产流。

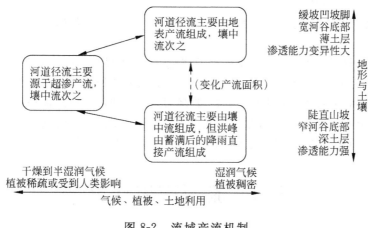

图 8-2　流域产流机制

根据 Dunne(1978)修改

8.2.1　蓄满产流

蓄满产流(saturation excess runoff/dunne's runoff)是指包气带土壤含水量达到田间持水量(蓄水容量)的产流情况。当土壤蓄满后,降雨下渗到土壤中的部分将形成地下径流,降雨超过下渗的部分形成地表径流。

在湿润地区,地下水位较高,包气带较薄,因此整个包气带含水量要达到饱和的田间持水量并不是很困难。包气带蓄满之后,下渗趋于稳定,稳定下渗的水量补充地下径流,而因包气带饱和未下渗进入土壤的水量则形成地表径流。因此蓄满产流产生的径流量既包括地表径流也包括地下径流。在干旱地区的多雨季节,也可能发生蓄满产流。

发生蓄满产流流域的水量平衡方程如下:

$$P = E + (W'_m - W'_0) + R_s + R_g \tag{8-1}$$

式中,P 为降水量;E 为蒸发量;W'_m 为流域蓄水量;W'_0 为流域初始蓄水量;R_s 为地表径流;R_g 为地下径流。

蓄满产流要求降雨量大于包气带的总蓄水量,而总蓄水量又等于最大蓄水量 W'_m 减去初始蓄水量 W'_0。就一个流域而言,最大蓄水量一般是基本不变的,因此蓄满产流主要取决于 P 和 W'_0,换言之,即蓄满产流能否发生与降雨总量相关,与降雨强度无关。

8.2.2　超渗产流

超渗产流(infiltration excess runoff/horton's runoff)是指降雨强度过大,导致降雨强度超过下渗率,未渗入土壤的水量便形成地表径流的产流过程。

在干旱地区,地下水位较低,包气带较厚,因此整个包气带达到饱和所需要的水量较大,一次降雨很难使包气带水分达到饱和。但是如果降雨强度过大,大于下渗率,则未能下渗部分的水量即形成地表径流。在此期间,当然有水量下渗,但是整个降雨期内包气带都不会达到饱和。因此超渗产流产生的径流量仅为地表径流量。另外在湿润地区的少雨季节也可能发生超渗产流。

发生超渗产流流域的水量平衡方程如下:

$$P = E + (W'_e - W'_0) + R_s \tag{8-2}$$

式中,W'_e为降雨结束时流域包气带蓄水量。

如前所述,超渗产流不要求包气带蓄满达到田间持水量,因此超渗产流的产生与否与雨量无关,只与降雨强度有关。

蓄满产流和超渗产流仅仅是两种高度概括的抽象概念,并不能很好地反映复杂的自然产流过程。一般来说,干旱地区以超渗产流为主,湿润地区以蓄满产流为主,但是实际流域中经常存在两者兼有的过渡形式,甚至存在与常理相反的情况。对于两种不同的产流机制,其降雨之后形成的径流过程相差很大。实测资料表明,由于存在地下径流和包气带的调蓄作用,一般蓄满产流形成的主要洪水过程历时较长,洪水总量大但洪峰流量较小;而超渗产流则呈现洪水总量较小,洪水过程历时短和洪峰流量大的特点。

8.3　流域产流计算

流域产流计算的主要内容在于计算产生的径流量的大小。对超渗产流,即计算地表径流量;而对蓄满产流而言,除了计算径流总量外,还需要在此基础上区分地表径流和地下径流,即对总径流量进行分割。

8.3.1　蓄满产流计算

根据上面的水量平衡式(8-2),得到蓄满产流径流量计算的基本公式为

$$R = R_g + R_s = P - E - (W'_m - W'_0) = P - E - \Delta W \tag{8-3}$$

根据上式可以看出,计算蓄满产流的径流量,其基本思路就是分别求出 P、E 和 ΔW,水文学中有很多种方法分别计算三者的大小。下面简单介绍两种常用的方法:流域蓄水容量曲线法和降雨径流经验相关法。

1) 流域蓄水容量曲线法

流域下垫面是非均匀的,即达到饱和的最大蓄水量 W'_m 在流域空间各点不尽相同。因此在实际降雨过程中,W'_m 较小的区域先蓄满并开始产流,这种流域的产流面积随着降雨过程而变化的现象,称为变化产流面积(variable source area)。在计算产流量时需要考虑这种流域的空间变异性,传统水文学通过流域蓄水容量曲线来反映这一特点。

利用流域蓄水容量变化曲线,可以求出蓄水量的变化量 ΔW。流域蓄水容量曲线表示任一蓄水容量与小于或等于该蓄水容量的流域面积占全流域面积的比值的对应关系。具体形式如图 8-3 所示,图中 f 为蓄水容量小于等于 W'_m 的流域累积面积,F 为全流域面积。

利用流域的蓄水容量曲线求解 ΔW,根据初始下垫面的含水情况分类讨论如下。

如果降雨前期干旱,即流域下垫面初始蓄水量 $W_0=0$,已知蓄水容量曲线方程为 $\alpha=\varphi(W'_m)$,则根据图 8-4,由积分方法得到蓄水量增量 ΔW 和径流量 R,可以分别表示为

$$\Delta W = \int_0^{P-W}[1-\varphi(W'_m)]\mathrm{d}W'_m \tag{8-4}$$

$$R = (P-E) - \int_0^{P-E}[1-\varphi(W'_m)]\mathrm{d}W'_m \tag{8-5}$$

如图 8-5 所示,当 $P-E<W'_{mm}$ 时,流域为局部产流;当 $P-E\geqslant W'_{mm}$ 时,流域为全面产流。

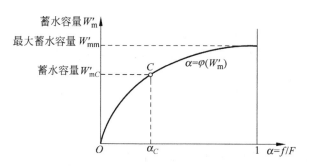

图 8-3　流域蓄水容量曲线示意图

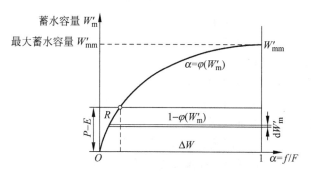

图 8-4　前期干旱的蓄水量求解

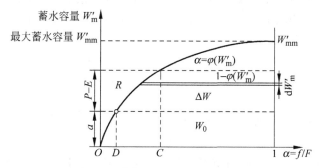

图 8-5　前期湿润的蓄水量求解

如果降雨前期流域湿润,即初始含水量 $W_0\neq 0$ 时,同样,根据如图 8-4 所示蓄水容量曲线求解蓄水量增量 ΔW 和径流量 R,即

$$\Delta W = \int_a^{P-E+a}[1-\varphi(W'_m)]\mathrm{d}W'_m \tag{8-6}$$

$$R = (P-E) - \int_a^{P-E+a}[1-\varphi(W'_m)]\mathrm{d}W'_m \tag{8-7}$$

已知初始流域下垫面含水量为 $W_0=\int_0^a[1-\varphi(W'_m)]\mathrm{d}W'_m$。

同样地,当 $(P-E)+a<W'_{mm}$ 时,为局部流域产流;当 $(P-E)+a\geqslant W'_{mm}$ 时,为全面产流。

对于流域蓄水容量曲线的数学形式,通常可以采用一些经验公式来表示,如抛物线形 $\varphi(W'_m)=1-\left(1-\dfrac{W'_m}{W'_{mm}}\right)^b$,其中 b 是经验常数;或者指数型 $\varphi(W'_m)=1-\mathrm{e}^{-KW'_m}$,其中 K 是经验常数。参数 K、b 均反映流域蓄水容量在流域空间分布的不均匀性。按照曲线的数学形式代入上述积分表达式,即可定量求出 ΔW。

对蒸散发量 E 的求解,也可以通过概化模型来加以讨论。采用一层蒸散发模型,即假设流域蒸散发量与蒸发能力 E_0 以及流域蓄水量 W 有关,实际蒸散发量表示为

$$E = KE_0W \tag{8-8}$$

考虑到蓄水量达到饱和 $W = W_m$ 时,供水充足,蒸散发量即等于蒸发能力,根据式(8-8)可以求解出 $K = 1/W_m$,于是式(8-8)可以改写成

$$E = \frac{W}{W_m'}E_0 \tag{8-9}$$

上述一层蒸散发模型是对下垫面条件的高度简化,实际应用中还可以采用更复杂的蒸散发模型来计算蒸散发量 E。例如考虑下垫面空间垂直差异的两层、三层蒸散发模型,这两种模型分别考虑土壤表层蒸散发和下层蒸散发,基本原理与一层模型相同,在此不再赘述。

2) 降雨径流经验相关法

蓄满产流的计算内容主要是蒸散发量 E、降雨量 P 和流域蓄水量变化量 ΔW。从前面的蒸散发模型看,蒸散发量实质上与流域土壤蓄水量也有关系,而降雨量又会引起土壤蓄水量的变化,因此可以通过土壤的湿润状况建立起三者之间的关系,进一步得出降雨径流相关的模型。

流域土壤降雨前期的湿润状况是关系产流过程的重要指标,在水文学中可以采取多种方式表征流域土壤降雨前期湿润状况。

(1) 雨前流域的蓄水量 W_0,但是这个指标在实际中较难估算和测量;

(2) 流域出口径流过程线的起涨点对应的流量(称为起涨流量 Q')较大,则前期土壤应该较湿润;

(3) 前期影响雨量 P_a,表示本次降雨之前的降雨对土壤含水量的影响,也可以间接反映土壤的初期含水量。

在降雨径流经验相关法中,采用前期影响雨量 P_a 来反映初期含水情况。简单来看,前期影响雨量 P_a 的影响因素主要有两个,一是前期降雨量的大小,另一个则是前次降雨与本次降雨的时间间隔。考虑到在前期影响雨量的这一特点可以利用数学形式表示如下:

$$P_{a,t} = KP_{t-1} + K^2 P_{t-2} + \cdots + K^n P_{t-n} \tag{8-10}$$

式中,K 为反映前期降雨影响的折减系数;$P_{t-1}, P_{t-2}, \cdots, P_{t-n}$ 表示第 t 天前 $1, 2, \cdots, n$ 天的降雨量;$P_{a,t}$ 表示第 t 天的前期影响雨量。

采用递归推导的方法不难得出前期影响雨量 $P_{a,t}$ 的递归关系:

$$P_{a,t+1} = K(P_t + P_{a,t}) \tag{8-11}$$

实际应用时,数学的递归关系须结合实际的物理意义,考虑到存在上限限制,即当 P_a 的计算值大于流域的最大蓄水量 W_m 时,取 $P_a = W_m$。

按照上述方法可以推求流域前期影响雨量随时间的变化过程,关键控制参数是最大蓄水量 W_m 和折减系数 K。流域最大蓄水量 W_m 的确定可以选择久旱不雨后($W_0 = 0$)的一场降雨,该场降雨大且达到全流域产流(即最终流域蓄水量达到最大蓄水量 W_m),利用实测降雨径流资料和水量平衡方程即可推导出最大蓄水量 W_m,即

$$W_m = P - E - R \tag{8-12}$$

递减系数 K 反映的是流域蓄水消退快慢的一个参数,当流域内不存在降雨影响时,则引起蓄水消退的原因相对简单,即蒸散发导致蓄水减少。该时段的蓄水减少(蒸散发量)应该等于相邻两个时段的前期影响雨量之差,结合递归关系推导得到

$$E_t = P_{a,t} - P_{a,t+1} = P_{a,t} - K(0 + P_{a,t}) \tag{8-13}$$

经过整理变形得到 K 的计算公式为

$$K = 1 - \frac{E_t}{P_{a,t}} \tag{8-14}$$

进一步可以结合一层蒸散发模型,蒸散发量可以表示为

$$E_t = \frac{P_{a,t}}{W_m}E_0 \tag{8-15}$$

代入式(8-14)得出化简公式为

$$K = 1 - \frac{E_0}{W_m} \tag{8-16}$$

这样,蓄满产流的两个重要参数 W_m 和 K 的确定方法都给出了,但是实际计算时,若应用这两种方法还需要一些基本观测资料,以通过计算确定 W_m 和 K。

流域蒸散发能力 E_0 可以通过 E601 的蒸发皿的水面蒸发观测推求。而要根据递归公式推求前期影响雨量,则还需要确定前期影响雨量的初始值 $P_{a,0}$。对于前期影响雨量初始值的确定可以有两种思路:若采用久旱无雨期的某日作为起算日,则 $P_{a,0}=0$;若采用连续大雨之后的某日前期影响雨量,则 $P_{a,0}=W_m$。经过上述相关参数的确定之后,就可以递归求算某一时段的前期影响雨量。

求出前期影响雨量后,将其作为重要的影响参数,然后根据实测的多次雨洪资料(流域面平均雨量和径流量),建立降雨、前期影响雨量(土壤湿润程度)和径流三者之间的关系,即降雨径流经验相关关系。常见的经验降雨径流关系有 P-P_a-R 相关图、$(P+P_a)$-R 相关图等,如图 8-6 所示。

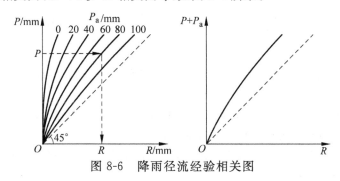

图 8-6　降雨径流经验相关图

降雨径流经验关系分析的方法一般适用于湿润半湿润地区,是成因分析和统计相关相结合生成的分析方法。从成因分析上看,它符合以下一些基本关系:P 相同的前提下,P_a 越大,损失越小,R 越大;P_a 相同,P 越大则损失越小,则产生的径流越大。从统计相关上看,要建立经验的相关图,必须要有足够的实测资料,才能反映出不同降雨特性和流域特征的综合经验关系。

3) 流域径流成分划分

蓄满产流的径流量可以通过上述的方法求出,这里的径流量 R 是总径流量,包括地表径流和地下径流两个部分。地表径流和地下径流在汇流特性上差异较大,在进行深入研究时常常需要进一步明确地表径流和地下径流的相对分配关系,因此需要探求如何划分两者在总径流量中的比例。

在蓄满产流模式中,只有当土壤的蓄水量达到田间持水量的时候才会产生径流。由于此时土壤含水量达到了最大蓄水量,降雨以稳定下渗率下渗形成地下径流。根据已计算出的总径流量,再推算出地下径流或地表径流中的任一个,即可得到具体分配的关系。

从理论上分析,地下径流量的大小与以下两个因素相关:一是产流面积;二是降雨强度和稳定下渗率的相对关系。考虑降雨期间的蒸发损失,则有效降雨为 $P-E$,考虑产流面积 f 与全流域面积 F 之比为 α,则全流域降雨折合到有效产流面积上的总径流量 $R=\alpha(P-E)$。

当有效降雨强度大于稳定下渗率时,则在 Δt 时段内地下径流量为

$$R_g = \frac{R}{P-E} f_c \Delta t \tag{8-17}$$

如果有效降雨强度小于稳定下渗率时,则有效雨全部下渗成为地下径流,即

$$R_g = \alpha(P-E) \tag{8-18}$$

根据上述基本原理,基本上可以从理论的角度确定计算地下总径流量为

$$\sum R_g = \sum_{P-E > f_c \Delta t} f_c \frac{R}{P-E} \Delta t + \sum_{P-E > f_c \Delta t} R \tag{8-19}$$

从理论上的分析虽然严密,但是因为涉及水文因素太多而无法应用于工程实际,仅仅具有理论价值。在实际工程应用中通常采用其他一些方法来进行流量的划分。

传统工程水文学中,采用流量过程线分割法来划分流量。通过河道水文观测,能够得到流域出口断面的实测流量过程线,这个过程线可以理解为由本次降雨形成的地面径流、本次降雨形成的地下径流和前期降雨产生的部分未退完的径流量三部分组成,具体如图 8-7 所示。

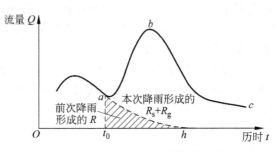

图 8-7　实测径流曲线的分割

实际应用时,经常采用所谓的斜线分割法对单峰流量过程线进行分割,斜线分割法需要根据流域实际下垫面条件对产流机理进行分析。

当流域包气带较厚、地下水埋深大时,本次降雨形成的地下径流不会与本次地面径流同时到达出口断面,则地下径流是前一场降雨形成的。此时可以根据起涨点、转折点和标准退水曲线等对流量过程线进行分割,关键是确定转折点。转折点可以根据经验公式进行确定,转折点距洪峰流量的时距 N(日数)与流域面积的经验关系为 $N = 0.84A^{0.2}$,分割示意如图 8-8 所示。

当流域位于湿润地区,包气带较浅,地下水埋深小,本次降雨形成的地面和地下径流退水可能同期到达出口断面,但地下水要滞后地面水一段时间。因此实测的径流流量可以分割为前期降雨形成的地下径流、本次降雨形成的地表径流和本次降雨形成的地下径流 3 个部分。因此,实际的斜线分割法如图 8-9 所示。

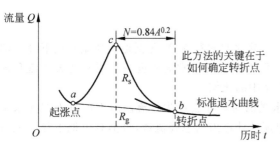

图 8-8　斜线分割法示意图 1

N—洪峰点至地面径流终止点的时距,d;A—流域面积,km^2;c—洪峰出现时刻

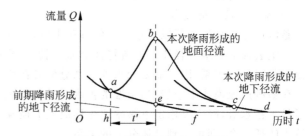

图 8-9　斜线分割法示意图 2

t'—地下水到达出口的滞后时间;a、e、c—地面径流与地下径流的分界线

自 20 世纪 70 年代起,示踪法被应用于径流机理分析中,通过测定径流中化学物质的组成或者水的同位素成分(称为示踪剂,tracer)来分析流域径流的来源。示踪法假设一场降雨的径流由两部分组成,即前期降雨形成的基流(以地下径流为主),称为旧水(old water);本次降雨形成的快速地表径流(quick flow),称为新水(new water)。通过测定基流和快速地表径流中的化学物质浓度,可以推测径流中各成分的组成比例。设一场降雨的总径流量为 Q_t,其中基流的流量为 Q_0,快速地表径流的流量为 Q_n。根据水量守恒有

$$Q_t = Q_0 + Q_n \tag{8-20}$$

为使方程封闭,需要补充另一个方程。采用示踪法测得其总径流中氯化物的浓度为 C_t,基流中氯化物的浓度为

C_0，快速地表径流中氯化物的浓度为 C_n，根据物质守恒有

$$Q_t C_t = Q_0 C_0 + Q_n C_n \tag{8-21}$$

联立两个方程可以解得

$$Q_n = \left(\frac{C_t - C_0}{C_n - C_0} \right) Q_t \tag{8-22}$$

8.3.2 超渗产流计算

超渗产流形成的河道径流中仅包含地表径流成分。由于包气带土壤含水量达不到田间持水量，所以不能形成壤中流。是否产流及产流量的多寡，取决于降雨强度与土壤下渗能力的相对大小，当降雨强度小于土壤下渗能力时，没有产流发生。

1）下渗曲线法

从第 6 章中的降雨下渗相关知识可知，土壤的下渗能力是土壤含水量的函数，而且下渗能力随着土壤含水量的变化而变化。因此，超渗产流计算的关键步骤是：首先，确定土壤下渗能力与土壤含水率（或前期影响雨量）之间的关系；然后根据实测降雨序列，逐步计算超渗产流量，并根据实际下渗量逐步更新土壤含水率及相应的下渗能力；如此循环计算，便可确定超渗产流的径流过程。

下渗曲线法计算超渗产流的流程图如图 8-10 所示。

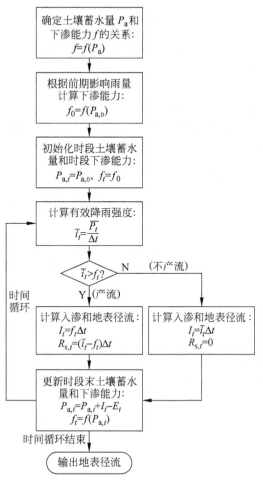

图 8-10 下渗曲线法计算超渗产流的流程图

由于土壤的高度空间变异性,难以根据有限的土壤采样来直接测定流域平均的下渗能力曲线。通常根据流域的水文观测资料,分析和推求流域平均的下渗能力曲线,建立下渗能力与流域土壤含水量之间的关系。

根据实测的降雨强度过程线,设产流历时为 t_c,取产流历时的中点时刻 $t=t_c/2$ 对应的下渗能力代表该场降雨过程中流域的平均下渗能力 $\overline{f}$;降雨过程线中超过下渗能力 $\overline{f}$ 的部分即为本场降雨的超渗产流过程线,如图 8-11 所示。

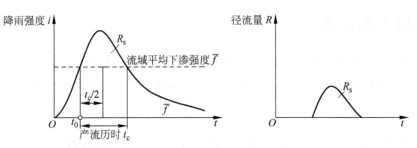

图 8-11　下渗曲线法示意图

设产流开始时刻 t_0 的流域蓄水量 $P_{a,0}$ 为已知,由水量平衡得到

$$P_{a,t} = P_{a,0} + I' \tag{8-23}$$

式中

$$I' = \overline{f}\,\frac{t_c}{2}$$

由此就得到了 $P_{a,t}$-f 的一一对应关系。根据多场降雨和流量的资料分析,可计算求得多条 $P_{a,t}$-f 曲线,然后再综合分析并得出该流域的下渗能力与土壤蓄水量之间的关系。

2)初损后损法

相对下渗曲线法的另一种简化方法是初损后损法,这种方法在实际应用中使用更为广泛。初损后损法把实际的产流开始前和结束之后的下渗过程简化为初损和后损两个阶段。初损量 I_0 包括了产流前的总损失水量:植被冠层的截留量、地表的填洼量及产流前的下渗水量;后损量指在产流开始之后的下渗水量。

如图 8-12 所示,设初损量为 I_0,后损历时为 t_r,在后损时段内的平均下渗率为 $\overline{f}$,则后损量可表示为 $\overline{f}t_r$;后期降雨强度低于下渗能力 $\overline{f}$ 的降雨量为不产流雨量 P',根据水量平衡方程可得到地表径流量为

$$R_s = P - I_0 - \overline{f}t_r - P' \tag{8-24}$$

初损量是该方法的关键参数,确定初损量 I_0 的方法主要有以下两种。

(1)以流量过程线的起涨点作为产流开始时刻,则从降雨开始到流量起涨时刻的累积降雨量即为初损量 I_0,如图 8-13 所示。

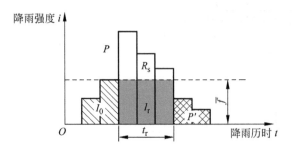

图 8-12　初损后损法原理示意图

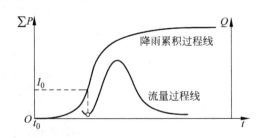

图 8-13　从流量过程线推求初损量 I_0

（2）根据实测资料建立平均雨强 i 为参数的 P_a-I_0 相关曲线,如图 8-14(a)所示。考虑到影响初损量的植被和土地利用等因素具有季节性变化特征,因此可建立以月份为参数的 P_a-I_0 相关图,如图 8-14(b)所示。

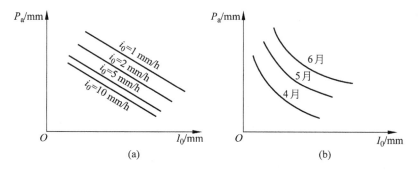

图 8-14　初损量确定相关曲线

（a）以雨强为参变量的 P_a-I_0 相关图；（b）以月份为参变量的 P_a-I_0 相关图

【例 8-1】　某一场雨的降雨量和时段的关系如表 8-1 所示(假设各时段内均匀降雨)。已知流域平均下渗强度 $f=1.3$ mm/h,初损量为 $I_0=58.3$ mm。求:

表 8-1　降雨量和时段的关系

时段/h	0~2	2~4	4~6	6~8	8~10	10~12	12~14	14~16
P/mm	6.2	30.8	42.6	10.2	8.6	6.4	5.2	1.2

（1）各时段内的径流量 R；

（2）产流期间总入渗量；

（3）后期不产流的降雨量 P'；

（4）按产流中平均下渗强度计算公式进行校核。

【解】　关键是判断何时开始产流,即在哪个时段内、Δt 为多少时,初损结束,示意图如图 8-15 所示。

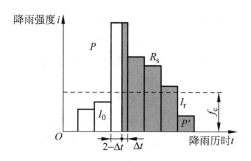

图 8-15　初损后损法计算示意图

0~4 h,降雨量 6.2＋30.8＝37.0 mm＜初损量 58.3 mm,此部分降雨全部损失(可能成为植被截留量或填洼量),净雨量为 0。

4~6 h,降雨量 42.6 mm＞剩余的初损量 $I_0=58.3-37.0=21.3$(mm),此时段净雨量为 42.6－21.3＝21.3(mm)。又假设在时段内降雨均匀,因此 $\Delta t=1$ h。则:4~5 h,全部降雨为初损量,无净雨;5~6 h,初损过程结束,开始产流。

此后的降雨产流计算见表 8-2。

表 8-2 初损后损法降雨产流计算

时段/h	降雨/mm	初损/mm	净雨强/(mm/h)	入渗量/mm	地表径流/mm	备注
A	B	C	$D=(B-C)/A$	$E=\min(2.6,B-C)$	$F=B-C-E$	
0~2	6.2	6.2			0	
2~4	30.8	30.8			0	
4~5	21.3	21.3			0	
5~6	21.3		21.3>1.3	1.3	20.0	
6~8	10.2		5.1>1.3	2.6	7.6	
8~10	8.6		4.3>1.3	2.6	6.0	
10~12	6.4		3.2>1.3	2.6	3.8	
12~14	5.2		2.6>1.3	2.6	2.6	
14~16	1.2		0.6<1.3	1.2	0	不产流时段
总量	**111.2**	**58.3**		**12.9**	**40.0**	**1.2**

(1) 各段时期的地表、地下径流量见表 8-2，总径流量为地表径流 40.0 mm。

(2) 产流期间(5~14 h)总入渗量为 12.9－1.2＝11.7(mm)，也可以用稳定入渗率×产流时间得到 1.3×9＝11.7(mm)。

(3) 后期不产流降雨量为 1.2 mm。

(4) 校核如下：

$$f=\frac{P-R-I_0-P'}{t-t_0-t'}=\frac{111.2-40.0-58.3-1.2}{16-5-2}=\frac{11.7}{9}=1.3(\text{mm/h})$$

因此校核通过。

8.4 流域汇流计算

降雨扣除各种损失后剩余的水量称为净雨(net rainfall)。净雨从流域内各处向流域出口汇集的过程称为流域汇流。它可划分为坡面汇流和河网汇流两个阶段。流域汇流过程是一个十分复杂的水流运动过程，但在水文学中不对水流的动力学过程进行详细研究，只关注流域汇流的整体宏观规律。

净雨从流域上某点流至出口断面所经历的时间，称为该点至流域出口断面的汇流时间(travel time)。流域距出口断面最远点的汇流时间称为流域最大汇流时间。净雨在汇流过程中，单位时间所通过的路程，称为汇流速度。流域上净雨通过坡面和河槽流动达出口断面所需汇流时间相等的那些点的连线，称为等流时线(见图 8-16)。相邻两条等流时线之间的面积称为等流时面积。净雨流经相邻两条等流时线的时间称为等流时线时距(equal travel interval)。

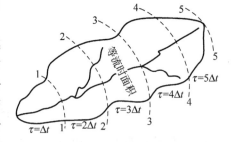

图 8-16 等流时线示意图

8.4.1 等流时线法

等流时线法是利用流域等流时线来计算在不同净雨情况下流域出口断面的流量过程的方法。按净雨历时 t_c 和流域(最大)汇流时间 τ_m 的相对关系，可分为两种情况：$t_c<\tau_m$(净雨历时＜ 流域汇流时间)和 $t_c\geq\tau_m$(净雨

历时≥流域汇流时间),下面分别进行计算。

1. $t_c < \tau_m$(净雨历时<流域汇流时间)

【例 8-2】　已知流域汇流时间 $\tau_m = 3\Delta t$(Δt 为等流时线时距),流域均匀净雨历时 $t_c = 2\Delta t$,各时段内的净雨深分别为 h_1、h_2。求流域出口断面的流量过程 $Q(t)$。

【解】　等流时线法计算如表 8-3 所示。等流时线如图 8-17 所示。流量过程线如图 8-18 所示。

表 8-3　等流时线法计算表($t_c = 2\Delta t < \tau_m = 3\Delta t$)

历时 $\Delta t/h$	净雨产生的时段末流量 $Q/(m^3/s)$		流域出口断面流量 $Q/(m^3/s)$
	第一时段 h_1	第二时段 h_2	
1	$K \dfrac{h_1}{\Delta t} A_1$		$Q_1 = K \dfrac{h_1}{\Delta t} A_1$
2	$K \dfrac{h_1}{\Delta t} A_2$	$K \dfrac{h_2}{\Delta t} A_1$	$Q_2 = K \dfrac{h_1}{\Delta t} A_2 + K \dfrac{h_2}{\Delta t} A_1$
3	$K \dfrac{h_1}{\Delta t} A_3$	$K \dfrac{h_2}{\Delta t} A_2$	$Q_3 = K \dfrac{h_1}{\Delta t} A_3 + K \dfrac{h_2}{\Delta t} A_2$
4		$K \dfrac{h_2}{\Delta t} A_3$	$Q_4 = K \dfrac{h_2}{\Delta t} A_3$
5			$Q_5 = 0$

注:h_i—第 i 时段内的净雨深,mm;A_i—第 i 块等流时面积,km^2;K—单位转换系数,$K = 0.278$。

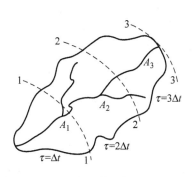

图 8-17　等流时线

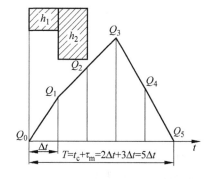

图 8-18　流量过程线

综上,在 $t_c < \tau_m$ 的条件下:

(1) 流域出口断面流量过程的总历时为 $T = t_c + \tau_m$;

(2) 流域出口流量过程线中最大的流量(洪峰流量)为 Q_2 或 Q_3,其为部分产流面积 $A_2 + A_1$ 或 $A_3 + A_2$ 上的净雨形成的(取决于流域面积沿汇流距离的分布),故称为流域部分面积汇流形成的洪峰流量。

2. $t_c \geqslant \tau_m$(净雨历时≥流域汇流时间)

【例 8-3】　已知流域汇流时间 $\tau_m = 3\Delta t$,流域均匀净雨历时 $t_c = 4\Delta t$,各时段的净雨深分别为 h_1、h_2、h_3、h_4。求流域出口断面 $Q(t)$。

【解】　等流时线计算如表 8-4 所示。等流时线如图 8-19 所示。流量过程线如图 8-20 所示。

表 8-4   等流时线法计算表($t_c = 4\Delta t \geqslant \tau_m = 3\Delta t$)

历时	净雨 h 产生的时段末流量 $Q/(m^3/s)$				流域出口断面总流量 Q_t
	第 1 时段 h_1	第 2 时段 h_2	第 3 时段 h_3	第 4 时段 h_4	
1	$K\dfrac{h_1}{\Delta t}A_1$				$Q_1 = K\dfrac{h_1}{\Delta t}A_1$
2	$K\dfrac{h_1}{\Delta t}A_2$	$K\dfrac{h_2}{\Delta t}A_1$			$Q_2 = K\dfrac{h_1}{\Delta t}A_2 + K\dfrac{h_2}{\Delta t}A_1$
3	$K\dfrac{h_1}{\Delta t}A_3$	$K\dfrac{h_2}{\Delta t}A_2$	$K\dfrac{h_3}{\Delta t}A_1$		$Q_3 = K\dfrac{h_1}{\Delta t}A_3 + K\dfrac{h_2}{\Delta t}A_2 + K\dfrac{h_3}{\Delta t}A_1$
4		$K\dfrac{h_2}{\Delta t}A_3$	$K\dfrac{h_3}{\Delta t}A_2$	$K\dfrac{h_4}{\Delta t}A_1$	$Q_4 = K\dfrac{h_2}{\Delta t}A_3 + K\dfrac{h_3}{\Delta t}A_2 + K\dfrac{h_4}{\Delta t}A_1$
5			$K\dfrac{h_3}{\Delta t}A_3$	$K\dfrac{h_4}{\Delta t}A_2$	$Q_5 = K\dfrac{h_3}{\Delta t}A_3 + K\dfrac{h_4}{\Delta t}A_2$
6				$K\dfrac{h_4}{\Delta t}A_3$	$Q_6 = K\dfrac{h_4}{\Delta t}A_3$
7					$Q_7 = 0$

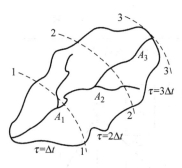

图 8-19   等流时线

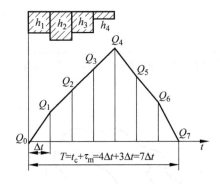

图 8-20   流量过程线

综上,在 $t_c \geqslant \tau_m$ 条件下:

(1) 流域出口断面流量过程线的总历时为 $T = t_c + \tau_m$;

(2) 产流过程中,最大流量为 Q_3 或 Q_4,为流域全部面积上($A_1 + A_2 + A_3$)的净雨生成的流量(取决于净雨过程),故称为流域全面汇流形成洪峰流量。

采用通用公式为

$$Q_t = K\frac{h_t A_1}{\Delta t} + K\frac{h_{t-1} A_2}{\Delta t} + K\frac{h_{t-2} A_3}{\Delta t} + \cdots \tag{8-25}$$

流域出口断面时刻 t 的流量 Q_t 是由第一块等流时面积 A_1 上本时段净雨 h_t,第二块等流时面积 A_2 上前一时段净雨 h_{t-1},第三块等流时面积 A_3 上前两个时段净雨 h_{t-2}⋯共同形成。流域出口断面的径流历时 $T = t_c + \tau_m$。

流域汇流过程主要包括在山坡坡面的汇流过程和在河网中的汇流过程,汇流路径十分复杂,汇流速度变化无常。所以通常情况下,流域等流时线的确定比较困难。对于大中流域,坡面汇流比河网中的汇流时间短,可忽略不计,这时可主要根据河网分布及河流流速推求等流时线。

8.4.2 经验单位线法

在单位时段内分布均匀的单位净雨深(常取 $h=10$ mm)汇流到流域出口断面所形成的流量过程线称为经验单位线(见图 8-21)。单位时段可根据需要取 1 h、2 h、3 h、6 h 等,一般取流域出口径流过程涨洪历时的 $1/4\sim1/2$。

根据单位线的定义,有

$$\int_0^T q(t)\mathrm{d}t \approx \sum_1^n q_i \Delta t \tag{8-26}$$

$$R = \int_0^T q(t)\mathrm{d}t/A = 10 \text{ mm} \tag{8-27}$$

式中,A 为流域面积。

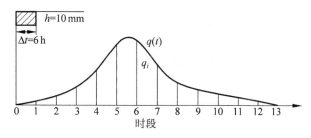

图 8-21 经验单位线示意图

利用单位线来计算一场降雨的流量过程线时,有以下两个假定前提。

(1) 倍比假定:若单位时段内的净雨不是一个单位,而是 n 倍个单位,则它所形成的流量过程线总历时与单位线底长相等,而流量是单位线的 n 倍,如图 8-22 所示。

(2) 叠加假定:若净雨不是一个时段,而是 m 个时段,则它们各自所形成的流量过程线之间互不干扰,而总流量过程线等于各流量过程线之和,如图 8-23 所示。

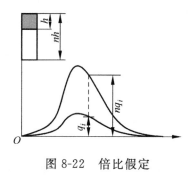

图 8-22 倍比假定

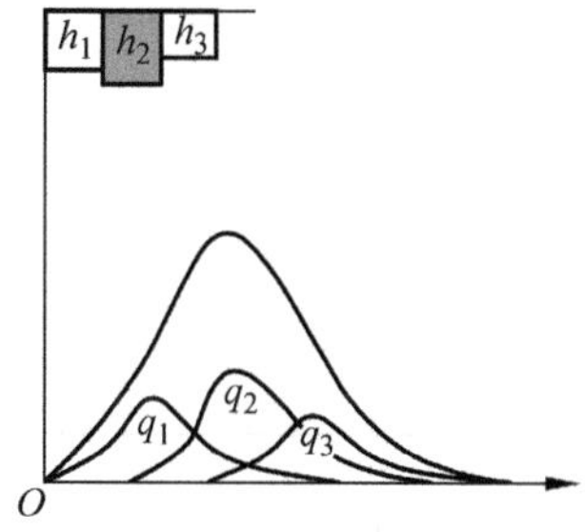

图 8-23 叠加假定

1. 利用单位线求流量过程线

当降雨时段与单位线时段一致时,可直接根据各时段的净雨量,利用单位线来计算流域出口的流量过程线,下面举例说明计算步骤。

【例 8-4】 已知:历时 3 个时段的净雨分别为 h_1、h_2、h_3。净雨深 $h=10$ mm 的单位线的各时段末的纵坐标为 $q_1,q_2,q_3,\cdots,q_i$,如图 8-24 所示。求流域出口断面流量过程线 $Q(t)$。

【解】 通用计算公式为

$$Q_t = \sum_{i=1}^m \frac{h_i}{10} q_{t-i+1} \tag{8-28}$$

式中，Q_t 为 t 时段末的径流流量，m^3/s；q_i 为第 i 时段末的单位线的纵坐标，m^3/s；h_i 为第 i 时段的净雨深，mm；$i=1,2,3,\cdots,m$，为净雨的时段数。

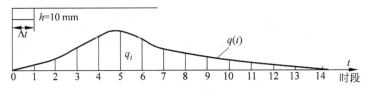

图 8-24　净雨深 $h=10$ mm 的单位线

利用单位线求流量过程采用列表计算，见表 8-5。

表 8-5　利用单位线求流量过程线

时段 Δt /h	净雨深 h /mm	单位线 $q(t)$ /(m^3/s)	各时段净雨形成的时段末径流量 $Q'(t)=h_i\times q(t)/10$			流域出口断面的流量 $Q(t)=\sum Q'(t)$
			第 1 时段 h_1	第 2 时段 h_2	第 3 时段 h_3	
1	h_1	q_1	$\dfrac{h_1 q_1}{10}$			$Q_1=\dfrac{h_1 q_1}{10}$
2	h_2	q_2	$\dfrac{h_1 q_2}{10}$	$\dfrac{h_2 q_1}{10}$		$Q_2=\dfrac{h_1 q_2}{10}+\dfrac{h_2 q_1}{10}$
3	h_3	q_3	$\dfrac{h_1 q_3}{10}$	$\dfrac{h_2 q_2}{10}$	$\dfrac{h_3 q_1}{10}$	$Q_3=\dfrac{h_1 q_3}{10}+\dfrac{h_2 q_2}{10}+\dfrac{h_3 q_1}{10}$
4		q_4	$\dfrac{h_1 q_4}{10}$	$\dfrac{h_2 q_3}{10}$	$\dfrac{h_3 q_2}{10}$	$Q_4=\dfrac{h_1 q_4}{10}+\dfrac{h_2 q_3}{10}+\dfrac{h_3 q_2}{10}$
5		q_5	$\dfrac{h_1 q_5}{10}$	$\dfrac{h_2 q_4}{10}$	$\dfrac{h_3 q_3}{10}$	$Q_5=\dfrac{h_1 q_5}{10}+\dfrac{h_2 q_4}{10}+\dfrac{h_3 q_3}{10}$
6		q_6	$\dfrac{h_1 q_6}{10}$	$\dfrac{h_2 q_5}{10}$	$\dfrac{h_3 q_4}{10}$	$Q_6=\dfrac{h_1 q_6}{10}+\dfrac{h_2 q_5}{10}+\dfrac{h_3 q_4}{10}$
7		q_7	$\dfrac{h_1 q_7}{10}$	$\dfrac{h_2 q_6}{10}$	$\dfrac{h_3 q_5}{10}$	…
8		…	…	$\dfrac{h_2 q_7}{10}$	$\dfrac{h_3 q_6}{10}$	…
9		…	…	…	$\dfrac{h_3 q_7}{10}$	…

2. 不同时段单位线的转换

应用单位线求流量过程线的必要条件是：净雨时段与单位线的时段要求统一。根据不同时段的净雨推求流量过程线，则要求不同时段的单位线，故须对单位线进行不同时段的转换。有以下两种方法：

1）采用叠加和倍比假设直接计算

【例 8-5】　已知某流域 $\Delta t=1$ h 的单位线如表 8-6 所示。

表 8-6　某流域 1 h 10 mm 单位线

时间/h	0	1	2	3	4	5
$Q/(m^3/s)$	0	113.4	81.3	50.7	23.7	0

试使用叠加和倍比假设,求该流域 $\Delta t = 3$ h 的单位线。

【解】　根据单位线的定义,1 h 10 mm 单位线和 3 h 10 mm 单位线对应的净雨区别如图 8-25 所示。其中,左边对应 1 h 10 mm 单位线,右边对应 3 h 10 mm 单位线,虚线为辅助图形。

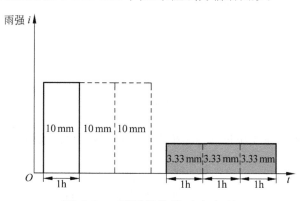

图 8-25　不同单位线对应净雨

由图 8-25 可知,对应净雨区别在于:前者雨强为后者 3 倍,但降雨历时为后者 1/3;总净雨量相同,为 10 mm。将前者转换为后者,需要改变雨强,并且后移净雨(单位线)进行叠加。由于先后关系随意,因此这里使用两种方法计算。

(1) 先利用倍比假定得到 1 h 3.33 mm 单位线,再利用叠加假定,将三个顺次发生的 1 h 3.33 mm 单位线进行叠加,如表 8-7 所示。

表 8-7　先倍比再叠加

时间/h	0	1	2	3	4	5	6	7	8	9	①
1 h 10 mm	0	113.4	81.3	50.7	23.7	0					②
1 h 3.33 mm	0	37.8	27.1	16.9	7.9	0					③
1 h 3.33 mm		0	37.8	27.1	16.9	7.9	0				④=③右移 1 h
1 h 3.33 mm			0	37.8	27.1	16.9	7.9	0			⑤=③右移 2 h
3 h 10 mm	0			81.8			7.9			0	⑥=③+④+⑤

(2) 先利用叠加假定得到 3 h 30 mm 单位线,再利用倍比假定求出 3 h 10 mm 单位线,如表 8-8 所示。

表 8-8　先叠加再倍比

时间/h	0	1	2	3	4	5	6	7	8	9	①
1 h 10 mm	0	113.4	81.3	50.7	23.7	0					②
1 h 10 mm		0	113.4	81.3	50.7	23.7	0				③=②右移 1 h
1 h 10 mm			0	113.4	81.3	50.7	23.7	0			④=②右移 1 h
3 h 30 mm	0	113.4	194.7	245.4	155.7	74.4	23.7	0			⑤=②+③+④
3 h 10 mm	0			81.8			7.9			0	⑥=⑤/3

2) 采用 S 曲线进行转换

S 曲线的概念:设流域上均匀降雨连续不断(即降雨历时趋于无限),且每个时段都有一个单位净雨,该条件下的相应的流域出口断面的流量过程线即为 S 曲线。S 曲线示意图如图 8-26 所示。

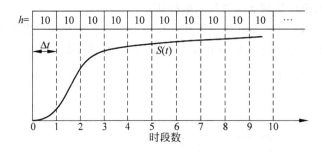

图 8-26 S 曲线示意图

根据 S 曲线的概念,S 曲线可依据单位线连续推求,故 S 曲线是单位线的累积曲线,即

$$Q_n = \sum_{j=1}^{n} q_j \tag{8-29}$$

式中,Q_n 为第 n 时段末 S 曲线的纵坐标,m^3/s;q_j 为第 j 时段末单位线的纵坐标,m^3/s。

【例 8-6】 已知某流域 $\Delta t = 6$ h 的单位线如表 8-9 所示。

表 8-9 某流域 6 h 10 mm 单位线

时间/h	0	6	12	18
$Q/(m^3/s)$	0	120.6	80.2	0

试使用 S 曲线方法,求该流域 $\Delta t = 3$ h 的单位线。

【分析】 由 $\Delta h = 6$ h 的单位线,累加求到 $\Delta t = 6$ h 的 S 曲线。将 S 曲线平移某个时段(该时段即为所要求的转换时段 $T = 3$ h),得另一 S 曲线,记为 $S(t-T)$ 曲线(见图 8-27)。

(1) S 曲线与 $S(t-T)$ 曲线各时段末的流量差,组成一流量过程线。

(2) 应用倍比假定,则得到 $T = 3$ h,$h = 10$ mm 单位线。

$$q(t) = 2q'(t) = \frac{6}{3}[S(t) - S(t-T)] = \frac{T_0}{T}[S(t) - S(t-T)] \tag{8-30}$$

式中,$S(t)$ 为时段长为 6 小时的 S 曲线的纵坐标;$S(t-T)$ 为错开 $T = 3$ 小时、时段为 6 小时的 S 曲线的纵坐标。

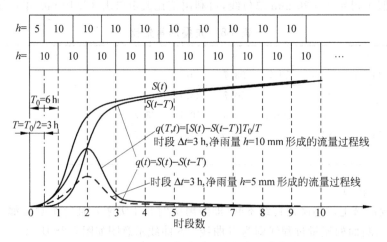

图 8-27 利用 S 曲线求不同时段单位线

已知时段为 T_0 的单位线,求任意时段 T 的单位线 $q(T,t)$ 的通用公式为

$$q(T,t) = \frac{T_0}{T}\left[S(t) - S(t-T)\right] \tag{8-31}$$

式中,T_0 为原单位线的时段长;$S(t)$ 为时段长 T_0 的 S 曲线的纵坐标;$S(t-T)$ 为时段错开 T 小时的 S 曲线的纵坐标;$q(T,t)$ 为时段为 T 小时的单位线的纵坐标。

【解】　根据以上分析,首先根据 6 h 单位线,累加得到 6 h S 曲线 $S(t)$;将 S 曲线平移 3 h,得到曲线 $S(t-T)$;将两者之差乘以系数 T_0/T,得到最终结果。计算过程如表 8-10 所示。

表 8-10　例 8-6 计算表格

时间/h	0	3	6	9	12	15	18	
$q(6\text{ h},t)$	0		120.6		80.2		0	①
$S(6\text{ h},t)$	0		120.6		200.8		200.8	②=①累加
$S(3\text{ h},t)$	0	60.3	120.6	160.7	200.8	200.8	200.8	③=②线性插值也可使用其他方法插值
$S(3\text{ h},t-3\text{ h})$		0	60.3	120.6	160.7	200.8	200.8	④=③右移 3 h
ΔS	0	60.3	60.3	40.1	40.1	0	0	⑤=③-④
$q(3\text{ h},t)$	0	120.6	120.6	80.2	80.2	0		⑥=2×⑤

3. 经验单位线的推求

推求经验单位线的方法主要有分析法和试算法两种,一般推求步骤如下。

(1) 选择历时短、孤立且在流域上分布均匀的降雨和相应有明显孤立洪峰的径流过程作为分析对象;

(2) 确定单位时段,一般选涨洪历时的 $1/4\sim1/2$;

(3) 采用分割法求地面径流过程线;

(4) 求本次降雨各时段的净雨深;

(5) 由地面径流过程和净雨过程推求单位线;

(6) 当净雨时段数较少(2~3),采用分析法;当净雨时段大于 3 时,则采用试算法。

【例 8-7】　已知两个时段的净雨量分别为 h_1、h_2,流量过程线的坐标为 $Q_1,Q_2,Q_3,\cdots$ 求单位线的相应坐标 $q_1,q_2,q_3,\cdots$

计算过程如下:

$$Q_1 = \frac{h_1}{10}q_1 \rightarrow q_1 = \frac{10Q_1}{h_1}$$

$$Q_2 = \frac{h_1}{10}q_2 + \frac{h_2}{10}q_1 \rightarrow q_2 = \frac{10Q_2 - h_2q_1}{h_1} \tag{8-32}$$

$$Q_3 = \frac{h_1}{10}q_3 + \frac{h_2}{10}q_2 \rightarrow q_3 = \frac{10Q_3 - h_2q_2}{h_1}$$

$$\vdots$$

分析法求单位线是单位线法求流量过程线的逆解。直接分析法求单位线中由于采用逐时段递推计算,故会产生误差传递,即 Q_2 值偏大,则 $q_2 = \dfrac{10Q_2 - h_2q_1}{h_1}$ 值偏大,$q_3 = \dfrac{10Q_3 - h_2q_2}{h_1}$ 值偏小,$q_4 = \dfrac{10Q_4 - h_2q_3}{h_1}$ 值偏大,以此类推。

由于出现误差传递,当误差大时,会使单位线出现锯齿状,甚至出现负值的不合理情况,故需要对单位线进行修正。其修正的原理是水量平衡,即总径流深 R 应等于净雨 $h = (10\pm0.5)$ mm。校核计算公式为

$$R = \frac{\sum\limits_{i=1}^{n} q_i \Delta t}{A} = 10 \pm 0.5 \text{ (mm)} \tag{8-33}$$

式中，q_i 为单位线各时段的相应坐标；Δt 为各时段的长度；A 为流域的总面积。

单位线是均匀净雨在流域出口形成的流量过程线，事实上，流域出口的流量过程线，特别是洪水过程线与暴雨的空间分布密切相关。因此，影响单位线的主要因素有降雨中心位置及降雨强度。

（1）降雨中心位置在流域中上游形成的洪水，由于汇流路径长，受流域调蓄作用大，故洪水过程较平缓。根据此类洪水资料推求到的单位线过程较平缓，峰低且峰现时间偏后，如图 8-28 中的曲线 2 所示。

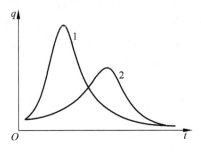

（2）当降雨强度较大时，形成的洪水峰高、量大，这时流速也大。由于汇流速度快，则单位线峰高且峰现时间早，如图 8-28 中曲线 1 所示。

因此，在实际工作中应用单位线时，一方面需要知道推求该单位线的暴雨洪水特征，另一方面要根据当前的暴雨分布和强度等信息来修正单位线。这些工作需要长期的经验积累，这既是经验单位线法的特点，也是一个局限。

图 8-28　单位线的影响因素

8.4.3　纳西单位线法

纳西单位线（也称为瞬时单位线）的定义：在无穷小的时段内，流域上均匀的单位净雨所形成的地面径流过程线，以 $u(0,t)$ 表示。如果将流域视为一个系统，瞬时单位线就是流域系统对一个脉冲输入的响应，$u(0,t)$ 也称为响应函数。

若经验单位线时段长为 T，其纵坐标以 $u(T,t)$ 表示，而瞬时单位线的纵坐标以 $u(0,t)$ 表示，则两者的关系为

$$u(0,t) = \lim_{T \to 0} u(T,t) \tag{8-34}$$

因此，瞬时单位线是流域在均匀单位脉冲净雨作用下，流域出口的流量过程线。

均匀单位脉冲净雨是指，在无穷小的时间间隔内，全流域范围均匀分布的单位净雨。瞬时单位线成立的前提是：流域是一个线性系统，响应函数具有时间不变性，即与输入的净雨强度无关，系统输出的持续时间是一致的。

1. 瞬时单位线的推导

降雨生成的径流过程可视为流域的净雨过程受流域调节的产物，而流域对净雨的调节作用可概化为如下的物理模型。流域是由 n 个相同的线性水库串联而成的系统，出口流量过程则是净雨 h（h 视为流域的入流，即第一个水库的入流）经过 n 个水库调节的结果（见图 8-29）。

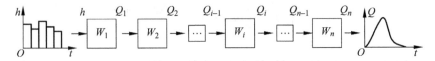

图 8-29　流域对净雨调节作用的概化图

线性水库是指水库蓄水量 W_i 与出流量 Q_i 的关系为一线性函数，即

$$W_i = K_i Q_i \tag{8-35}$$

式中，W_i 为第 i 个线性水库的蓄水量；Q_i 为第 i 个线性水库的出流量；K_i 为第 i 个线性水库的调蓄系数。

按水量平衡原理，水库入流与出流之差等于蓄水量的变化率。对于第一个线性水库，则有

$$h - Q_1 = \frac{dW_1}{dt} = \frac{d(K_1 Q_1)}{dt} = K_1 \frac{dQ_1}{dt} \tag{8-36}$$

$$h = Q_1 + K_1 \frac{\mathrm{d}Q_1}{\mathrm{d}t} = Q_1(1 + K_1 D) \tag{8-37}$$

所以,第一个水库出流为

$$Q_1 = \frac{1}{1 + K_1 D} h \tag{8-38}$$

式中,D 为一微分算子 $\dfrac{\mathrm{d}}{\mathrm{d}t}$。

同理,对于第二个线性水库,有

$$Q_2 = \frac{1}{1 + K_2 D} Q_1 = \frac{1}{1 + K_2 D} \cdot \frac{1}{1 + K_1 D} h \tag{8-39}$$

若经过 n 个线性水库的调蓄,则出口断面流量可表示为

$$Q(t) = \frac{1}{1 + K_1 D} \cdot \frac{1}{1 + K_2 D} \cdots \frac{1}{1 + K_n D} h \tag{8-40}$$

根据假设条件,串联的 n 个线性水库是相同的,所以有

$$K_1 = K_2 = \cdots = K_n = K \tag{8-41}$$

由此得

$$Q(t) = \frac{1}{(1 + KD)^n} h(t) \tag{8-42}$$

按瞬时单位线的定义,在上式中只有当 $h(t)$ 为极短时段内的单位净雨量时,$Q(t)$ 即为瞬时单位线。

在数学上,这样的净雨可用脉冲函数 $\delta(t)$ 来表示。脉冲函数的定义为

$$\delta(t) = \begin{cases} 0, & t < 0 \\ 1, & t = 0, \\ 0, & t > 0 \end{cases} \quad \int_{-\infty}^{\infty} \delta(t)\mathrm{d}t = 1 \tag{8-43}$$

可见,当 $h(t)$ 为一瞬时单位脉冲净雨,记为 $h(t) = \delta(t)$,符合瞬时单位线的定义,则其出流过程 $Q(t)$ 为瞬时单位线,表示为

$$u(t) = \frac{1}{(1 + KD)^n} \delta(t) \tag{8-44}$$

应用拉普拉斯变换和逆变换,经过数学求解得到

$$u(t) = \frac{1}{K\Gamma(n)} \left(\frac{t}{K}\right)^{n-1} \mathrm{e}^{-\frac{t}{k}} \tag{8-45}$$

上式即瞬时单位线的计算公式。式中,$u(t)$ 为瞬时单位线纵坐标,其量纲为 $[T]^{-1}$;n 为线性水库的数目或调蓄次数,反映流域调蓄能力的一个参数;K 为每个线性水库的调蓄系数,其量纲为 $[T]$,相当于流域汇流时间的一个参数;$\Gamma(n)$ 表示变量为 n 的伽马函数,表达式为

$$\Gamma(n) = \int_0^{\infty} x^{n-1} \mathrm{e}^{-x} \mathrm{d}x, \quad n > 0 \tag{8-46}$$

由上式可见,决定瞬时单位线的参数只有 n 和 K,确定了 n 和 K,则瞬时单位线可确定。n、K 值可应用统计数学中的矩法公式来确定,即

$$K = \frac{M_Q^{(2)} - M_h^{(2)}}{M_Q^{(1)} - M_h^{(1)}} - (M_Q^{(1)} - M_h^{(1)}) \tag{8-47}$$

$$n = \frac{M_Q^{(1)} - M_h^{(1)}}{K} \tag{8-48}$$

式中,$M_Q^{(1)}$、$M_h^{(1)}$ 分别为出流和净雨的一阶原点矩;$M_Q^{(2)}$、$M_h^{(2)}$ 分别为出流和净雨的二阶原点矩。

以上各阶原点矩可以通过实测的地面径流过程和地面净雨过程资料求得。随机变量 X 对原点离差的 K

次幂的数学期望 $M(x^K)$，称做随机变量 X 的 K 阶原点矩。对于离散型的随机变量 K 阶原点矩，表达式为

$$V_K = \sum_{i=1}^{n} x_i^K P_i \tag{8-49}$$

式中，x_i 为随机变量；P_i 为出现 x_i 的概率。当 $K=1,2$ 时，分别称做随机变量的 1 阶和 2 阶原点矩。

可利用实测雨洪资料采用差分式计算净雨和出流的各阶原点距。

采用差分式计算各阶原点距如图 8-30 所示。

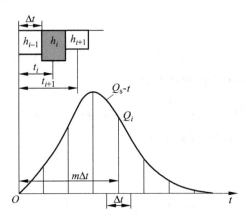

图 8-30　采用差分式计算各阶原点距

净雨的一阶和二阶原点矩为

$$\begin{cases} M_h^{(1)} = \dfrac{\sum \Delta t h_i t_i}{\sum \Delta t h_i} = \dfrac{\sum h_i t_i}{\sum h_i} \\[4mm] M_h^{(2)} = \dfrac{\sum \Delta t h_i t_i^2}{\sum \Delta t h_i} = \dfrac{\sum h_i t_i^2}{\sum h_i} \end{cases} \tag{8-50}$$

出流的一阶和二阶原点矩为

$$\begin{cases} M_Q^{(1)} = \dfrac{\sum \Delta t Q_i m \Delta t}{\sum \Delta t Q_i} = \dfrac{\sum Q_i m \Delta t}{\sum Q_i} \\[4mm] M_Q^{(2)} = \dfrac{\sum \Delta t Q_i (m \Delta t)^2}{\sum \Delta t Q_i} = \dfrac{\sum Q_i (m \Delta t)^2}{\sum Q_i} \\[4mm] m = 1,2,\cdots,n-1 \end{cases} \tag{8-51}$$

2. 由瞬时单位线推求时段单位线

借助于 S 曲线进行转换，方法及步骤如下。

(1) 瞬时单位线方程积分得 S 曲线在时刻 t 的纵坐标值

$$\begin{aligned} S(t) &= \int_0^t u(0,t)\mathrm{d}t \\ &= \int_0^t \frac{1}{K\Gamma(n)} \cdot \left(\frac{t}{K}\right)^{n-1} \mathrm{e}^{\frac{-t}{K}} \mathrm{d}t \\ &= \frac{1}{\Gamma(n)} \int_0^{t/K} \left(\frac{t}{K}\right)^{n-1} \mathrm{e}^{\frac{-t}{K}} \mathrm{d}\left(\frac{t}{K}\right) \end{aligned} \tag{8-52}$$

可见，$S(t)$ 是 n、t/K 的复杂函数。实际应用中，制成 $S(t)$-n、t/K 计算表，则可由 n、t/K 推求出 $S(t)$。

根据瞬时单位线定义可知，由于 $u(t)$ 表示流域瞬时降了单位净雨 $h(t)=1$ 所形成的地面径流过程线，因

此,该地面径流过程线的积分(=径流量 W)应为:单位净雨量=1。

$$S(t) = \int_0^t u(0,t)\,\mathrm{d}t = \int_0^\infty u(0,t)\,\mathrm{d}t = 1 \tag{8-53}$$

即 $S(t)$ 以 1 作为趋近线,如图 8-31 所示。

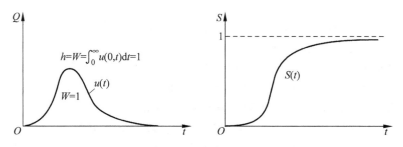

图 8-31　瞬时单位线方程积分得 S 曲线

(2) 将 S 曲线后移 Δt 时段,求时段为 t 无因次的单位线

将 S 曲线向后移一个时段 Δt,可得到另一条 $S(t-\Delta t)$ 曲线,如图 8-32 所示。则这两条曲线之间的纵坐标的差值为 $u(\Delta t,t) = S(t) - S(t-\Delta t)$,构成一新的曲线,称为时段 Δt 内单位净雨的无因次单位线。而且有

$$\sum_{i=1}^n u_i(\Delta t,t) = 1 \tag{8-54}$$

它代表 Δt 时段内流域上净雨强度为 1 产生的水量 $\Delta t \times 1$ 所形成的流量过程线。

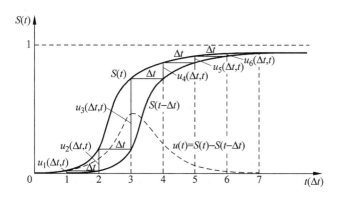

图 8-32　求时段为 Δt 的无因次的单位线

(3) 由无因次单位线转换成净雨 $h=10$ mm 时段为 Δt 的单位线

设净雨 $h=10$ mm,时段为 Δt 的单位线每隔 Δt 的各纵坐标高度为 q_i,则由单位线与 t 轴围成的面积为径流量,转换为径流深应等于净雨深,则以下关系式成立:

$$\sum_1^n q_i \Delta t \times 3600 = h \times 10^{-3} \times F \times 10^6 = 10^4 F \tag{8-55}$$

式中,q_i 为 $h=10$ mm、时段为 Δt 的单位线每隔 Δt 的纵坐标值,所以有

$$\sum q_i\,(\mathrm{m^3/s}) = \frac{10(\mathrm{mm})F(\mathrm{km^2})}{3.6\Delta t(\mathrm{h})} \tag{8-56}$$

式中, $\sum q_i$ 为净雨为 10 mm 的单位线纵坐标的总和,$\mathrm{m^3/s}$; Δt 为净雨时段,h; F 为流域面积,$\mathrm{km^2}$。

假设各时刻相应 q_i 和 u_i 的存在同样的比例关系,则有

$$q_i = \frac{10F}{3.6\Delta t}u_i(\Delta t,t) = 2.78\frac{F}{\Delta t}[S(t) - S(t - \Delta t)] \tag{8-57}$$

上式为净雨 10 mm 时段 Δt 单位线的各纵坐标高 q_i 的计算公式。$S(t)$ 可根据瞬时单位线曲线查用表,由 n、t/K 求出。

【例 8-8】 已知:某流域面积 $F = 1877$ km²,瞬时单位线的参数分别为:$n = 2.54$,$K = 5.63$。试通过纳西 S 曲线方法推求 6 h、10 mm 净雨的时段单位线。

【解】 (1) 求 $S(t)$ 曲线:选 $\Delta t = 6$ h,则各时段末的时间列于表 8-11 中的第①列;计算 t/K 列于表 8-11 的第②列;根据 $(t/K, n)$,查 $S(t)$ 曲线表,得 $S(t)$ 曲线纵坐标值列于表 8-11 中的第③列;将第③列中各数顺移后一个时段 $\Delta t = 6$ h,得 $S(t - \Delta t)$,其纵坐标值列于表 8-11 中的第④列。

(2) 计算无因次时段单位线:将③-④=⑤,即得无因次时段单位线 $u(\Delta t, t)$,列于表 8-11 中的第⑤列。

(3) 按照下式计算 6 h、10 mm 净雨的时段单位线纵坐标,列于表 8-11 中的第⑥列:

$$q(\Delta t, t) = 2.78\frac{F}{\Delta t}u(\Delta t, t) = 869u(\Delta t, t) \tag{8-58}$$

列表计算($n = 2.54$,$K = 5.63$)。

表 8-11   例 8-8 的计算列表

$t(h)$①	t/K②	$S(t)$③	$S(t-\Delta t)$④	$u(\Delta t,t)$⑤=③-④	$q(\Delta t,t)/(\mathrm{m^3/s})$⑥
0	0	0		0	0
6	1.07	0.156	0	0.156	135.6
12	2.14	0.479	0.156	0.323	280.7
18	3.2	0.721	0.479	0.242	210.3
24	4.27	0.865	0.721	0.144	125.1
30	5.34	0.937	0.865	0.072	62.6
36	6.4	0.97	0.937	0.033	28.7
42	7.3	0.986	0.97	0.016	13.9
48	8.54	0.994	0.986	0.008	7
54	9.60	0.997	0.994	0.004	3.5
60	10.70	0.999	0.997	0.002	1.7
				0	$\sum = 869.1$

(4) 校核:$h = \dfrac{3.6\Delta t\sum q}{F} = \dfrac{3.6 \times 6 \times 869.1}{1877} \approx 10(\mathrm{mm})$。

(4) 单位线的局限性

推导瞬时单位线时采用的线性系统和时间不变性假设具有局限性。线性化假设认为,径流的持续时间和流量大小无关。实际上,随着流量范围的扩大,非线性特征便显现出来。例如,在自由表面流情况下,由谢才公式和曼宁公式可知,流速是由水深决定的,水量越大洪峰出现的时间就越短。另一种情形是大洪水的极端情况,当洪水溢出河岸流到泛滥平原时,水流就会被泛滥平原上的障碍物所阻,洪峰会比单位线所预测的小,而且出现时间晚。这是因为单位线针对的是一般洪水情况,水流主要在河槽中流域。此外,流域空间上降雨的非均匀性也给单位线的应用带来问题,通常需要根据降雨中心的位置来修订所采用的单位线。

8.4.4　地下径流的汇流计算

将下渗到地下的净雨经地下水库调蓄形成的地下径流过程,概化为一线性地下水库的调蓄过程,即地下水库的蓄水量与排泄量呈线性关系,表示为

$$W_{\mathrm{g}} = K_{\mathrm{g}} \cdot Q_{\mathrm{g}} \tag{8-59}$$

式中,W_{g} 为地下水库蓄水量,m^3;Q_{g} 为地下径流的排泄量,m^3/s;K_{g} 为地下水库调蓄系数,s。

地下水库水量平衡方程可表示为

$$I_{\mathrm{g}} - Q_{\mathrm{g}} - E_{\mathrm{g}} = \frac{\mathrm{d}W_{\mathrm{g}}}{\mathrm{d}t} \tag{8-60}$$

式中,I_{g} 为地下净雨率,即降雨对地下水的补给强度;E_{g} 为地下水的蒸发率;W_{g} 为地下水库蓄水量,m^3;Q_{g} 为地下径流的排泄量,m^3/s。将式(8-60)写成差分格式:

$$(\overline{I_{\mathrm{g}}} - \overline{E_{\mathrm{g}}}) \cdot \Delta t - \frac{1}{2}(Q_{\mathrm{g}1} + Q_{q2}) \cdot \Delta t = W_{\mathrm{g}2} - W_{\mathrm{g}1} \tag{8-61}$$

式中,$\overline{I_{\mathrm{g}}}$、$\overline{E_{\mathrm{g}}}$ 为 Δt 时段内平均地下净雨率和平均地下水的蒸发率,m^3/s;$Q_{\mathrm{g}1}$、$Q_{\mathrm{g}2}$ 为 Δt 时段内,时段初和时段末地下水出流量,m^3/s;$W_{\mathrm{g}1}$、$W_{\mathrm{g}2}$ 为 Δt 时段内,时段初和时末地下水库蓄水量,m^3。

将式(8-59)代入式(8-61)得

$$Q_{\mathrm{g}2} = \frac{K_{\mathrm{g}} - \dfrac{1}{2}\Delta t}{K_{\mathrm{g}} + \dfrac{1}{2}\Delta t} Q_{\mathrm{g}1} + \frac{\Delta t}{K_{\mathrm{g}} + \dfrac{1}{2}\Delta t}(\overline{I_{\mathrm{g}}} - \overline{E_{\mathrm{g}}}) \tag{8-62}$$

根据上式,只要知道时段初的地下水径流量 $Q_{\mathrm{g}1}$,就可以计算时段末的地下径流量。地下汇流计算前,需要确定的几个参数包括 $Q_{\mathrm{g}1}$、I_{g}、E_{g} 和 K_{g}。

(1) 初始地下水径流量 $Q_{\mathrm{g}1}$:涨洪前的流量可视为初始地下径流量。

(2) 地下水库调蓄系数 K_{g}:由于地下水库蓄水量 W_{g} 与地下径流 Q_{g} 的排泄量呈线性关系,如图 8-34 所示。可根据地下水退水曲线制成 W_{g}-Q_{g} 曲线,其斜率即为 K_{g},如图 8-35 所示。

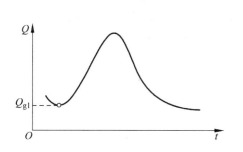
图 8-33　地下水径流量 $Q_{\mathrm{g}1}$ 的确定

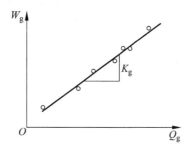
图 8-34　地下水库调蓄系数

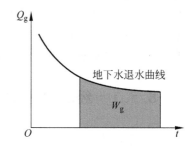
图 8-35　地下水退水曲线

(3) 地下净雨率 I_{g}:即为流域的稳定下渗率,表示为

$$\overline{I_{\mathrm{g}}} = \frac{0.278 f_{\mathrm{c}} t_{\mathrm{c}}}{\Delta t} F \tag{8-63}$$

式中,f_{c} 为流域稳定的下渗强度,mm/h;t_{c} 为 Δt 内的净雨历时,h;F 为流域面积,km^2;0.278 为 Δt 取 1 h 时的单位转换系数。

（4）地下水蒸发率 E_g 由下式确定：

$$E_g = E_0 \left(1 - \frac{Z}{Z_0}\right)^n \tag{8-64}$$

式中，E_0 为水面蒸发强度，m^3/s；Z 为地下水的埋深，m；Z_0 为潜水蒸发极限埋深，m，约为 4 m；n 为无量纲的系数。

8.5   流域水文模型

流域洪水、干旱等水文事件是诸多因素相互作用的结果，在尚未找到这些复杂水文现象的科学规律之前，通过建立水文模型来模拟有关水文事件是一种合理、可行的途径。流域水文模型大约始于 20 世纪 50 年代，它的发展依赖于人们对水文现象的认知能力，且随着计算机技术和地理信息系统等相关科学技术的进步而不断完善，流域水文模型已经成为一种研究复杂水文现象的重要工具。

流域系统的概念是提出流域水文模型的关键，将降雨作为流域系统的输入，则径流就是该系统的输出，由此建立的降雨（输入）-径流（输出）关系就是最简单的一种流域水文模型，这类模型通常又称为黑箱模型或经验性模型。这类模型采用系统分析方法得到的降雨-径流关系仅仅是对流域系统过去输入和输出数据的一种复制，缺乏对水文过程的描述。因此，这类模型不能处理流域系统中的变化因素，也就无法预测环境条件变化带来的影响，例如城市化、气候变化等对流域径流的影响。

针对上述经验性水文模型的不足之处，人们开始在流域水文模型中考虑关键水文过程，采用一系列理想化的水文过程来简化实际流域系统中的复杂水文过程，这样就形成了概念性水文模型，又称为灰箱模型。这类模型考虑了流域的产汇流机制，定量计算了流域地表径流、壤中流、地下径流以及坡面汇流和河网汇流等，模型参数大多具有明确的物理意义，与经验性模型相比前进了一大步，但尚无法给出水文变量在流域内的空间分布。

流域水文模型应用越来越广泛，同时也面临越来越多的新挑战，主要有水文过程的非线性和空间变异性问题，以及气候变化及人类活动的影响等。经验性和概念性流域水文模型都难以适应这些挑战，自 20 世纪 80 年代以来，人们开始开发分布式水文模型。这类模型基于对流域水文过程的机理，采用水动力学方程来描述主要水文过程；基于地理信息系统，采用分布式的模型结构来描述流域下垫面条件和降水的空间分布。这与经验性和概念性水文模型采用流域平均降水和平均下垫面参数形成了鲜明的对比。

8.5.1   经验性水文模型

1. 年径流经验模型

在流域水资源评价中通常需要估计年径流量，这时可根据年降水量与年径流量之间的经验关系来构建一下简单的经验水文模型，这样就可以根据年降水量来估计流域的年径流量。

一般认为，在下垫面条件保持不变的前提下，流域多年平均径流与多年平均降雨存在较好的线性相关关系，即降雨-径流相关关系，用下式表示：

$$R = \alpha P \tag{8-65}$$

式中，R 和 P 分别为多年平均径流和降雨；α 为径流系数，可根据实测径流和降雨资料确定。

当已知该流域的某年的降水量时，就可根据式（8-65）计算该年的径流量。由此可见，式（8-65）是一个简单的经验水文模型，其中的经验系数 α 可以根据该流域或邻近流域的长期降水和径流资料反求得到。

2. 小流域洪水经验模型

针对山区小流域的洪水预报,通常采用洪峰流量经验公式,一个简单的形式为

$$Q_m = a h_{24} F^b \tag{8-66}$$

式中,h_{24} 为 24 小时内流域的平均降雨量,mm;F 为流域面积,km^2;a、b 为经验参数,需要根据实测降雨和洪水资料确定。

洪水的汇流时间可采用以下经验公式计算:

$$\tau = L/V_\tau \tag{8-67}$$

式中,L 为沿主河道从出口断面到分水岭的最远距离,km;V_τ 为流域平均汇流速度。

小流域的平均汇流速度可按下面经验公式计算:

$$V_\tau = m J^\alpha Q_m^\beta \tag{8-68}$$

式中,J 为沿流程的河道平均比降;Q_m 为洪峰流量,m^3/s;α、β 为反映河道水力特性的经验系数,常采用 $\alpha=1/3$,$\beta=1/4$;m 为流域的汇流参数,与流域下垫面植被、土地利用情况、河槽断面形状及糙率等因素有关。

8.5.2 概念性水文模型

1. 水箱模型

水箱模型(tank model)是根据降雨过程计算流域出口断面径流过程的一种流域降雨径流模型。该模型由日本水文学家菅原正巳博士于 20 世纪 40 年代提出。水箱模型的基本结构如图 8-36 所示,其参数一般包括孔高、出流系数和下渗系数,这些参数需要根据经验或实测径流资料确定。

水箱模型所描述的水文物理过程为:降雨(P)时,一部分水量下渗,用于补给流域蓄水量(S),超出流域总蓄水量的部分则发生地表产流(Q_0),而下渗的水遇到不透水层或弱透水层时则产生饱和水带,从而发生出流(Q_i),另一部分水则继续下渗(I),这部分水量当进入另一个水箱时,则发生与上述水量类似的过程,于是就有了一层又一层的水箱。

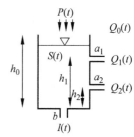

图 8-36 水箱单元结构示意图

对于时段 t:

$$h(t) = S(t-1) + P(t) \tag{8-69}$$

$$S(t) = h(t) - Q_0(t) - Q_1(t) - Q_2(t) - I(t) \tag{8-70}$$

当 $h(t) \leqslant h_2$ 时:

$$\begin{cases} Q_0(t) = 0 \\ Q_1(t) = 0 \\ Q_2(t) = 0 \\ I(t) = bh(t) \end{cases} \tag{8-71}$$

当 $h_2 < h(t) \leqslant h_1$ 时:

$$\begin{cases} Q_0(t) = 0 \\ Q_1(t) = 0 \\ Q_2(t) = a_2(h(t) - h_2) \\ I(t) = bh(t) \end{cases} \tag{8-72}$$

当 $h_1 < h(t) \leqslant h_0$ 时：

$$
\begin{cases}
Q_0(t) = 0 \\
Q_1(t) = a_1(h(t) - h_1) \\
Q_2(t) = a_2(h(t) - h_2) \\
I(t) = bh(t)
\end{cases}
\tag{8-73}
$$

当 $h(t) > h_0$ 时：

$$
\begin{cases}
Q_0(t) = h(t) - h_0 \\
Q_1(t) = a_1(h_0 - h_1) \\
Q_2(t) = a_2(h_0 - h_2) \\
I(t) = bh_0
\end{cases}
\tag{8-74}
$$

式中，h_0 为水箱高度；h_1、h_2 为孔高；a 为出流系数；b 为下渗系数；S 为水箱蓄水量；P 为时段降雨量或其他水箱下渗量；Q 为时段出流量；I 为时段下渗量。

2. 新安江模型

新安江模型由我国水文学家赵人俊教授于 1973 年首先提出，主要用于湿润地区的流域降雨-径流预报。模型的产流计算采用基于蓄满产流机制的流域蓄水容量曲线法，汇流计算采用经验单位线法。

二水源新安江模型结构如图 8-37 所示，将流域划分为透水面和不透水面。对于不透水面。降雨扣除蒸散发后形成地表产流；对于透水面，降雨扣除蒸散发和下渗量后，形成地下产流和地表产流。对于地表产流，模型采用经验单位线计算得到地表径流过程；而对于地下产流，模型根据退水系数得到地下径流过程。

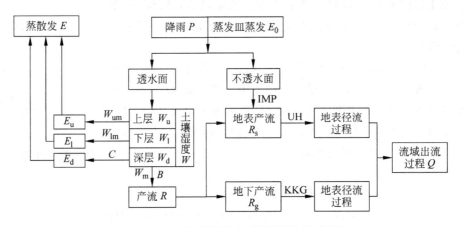

图 8-37　二水源新安江模型结构示意图

模型采用蓄水容量曲线法（详见 8.3.1 节）计算产流量。

当 $P - E \leqslant 0$ 时，不产流，$R = 0$。

当 $P - E + a \geqslant W'_{mm}$ 时：

$$
R = P - E - (W_m - W_0)
\tag{8-75}
$$

当 $P - E + a < W'_{mm}$ 时：

$$
R = P - E - \left[(W_m - W_0) - W_m \left(1 - \frac{P - E + a}{W'_{mm}}\right)^{1+B} \right]
\tag{8-76}
$$

式中，W_0 为流域初始蓄水量；W'_{mm} 为流域最大蓄水容量；B 为经验常数，代表着蓄水容量在流域上分布的不均匀性；a 为前期影响雨量；W_m 为流域平均蓄水容量，对应于蓄水容量曲线所包围的面积，W_m 的计算公式为

$$
W_m = \frac{W'_{mm}}{1 + B}(1 - \text{IMP})
\tag{8-77}
$$

然后根据稳定下渗率将径流划分为地表径流和地下径流。

当 $P-E>f_c$ 时：

$$R_g = f_c(\alpha - \text{IMP}) = f_c\left(\frac{R}{P-E} - \text{IMP}\right) \tag{8-78}$$

式中，IMP 为不透水面积占流域总面积的比例。

当 $P-E \leqslant f_c$ 时：

$$R_s = 0, \quad R_g = R \tag{8-79}$$

式中，f_c 为稳定下渗率，$\alpha = f/F$；R_s 为地表径流；R_g 为地下径流。

在不透水面积上，有

$$R_s = P \times \text{IMP} \tag{8-80}$$

采用三层蒸发模型，土壤蒸发是土壤含水率的函数，各层的蒸发量为

$$\begin{cases} E_u = E_0 \\ E_l = E_0 \dfrac{W_1}{W_{lm}} \\ E_d = CE_0 \end{cases} \tag{8-81}$$

则总的蒸发量为

$$E = E_u + E_l + E_d \tag{8-82}$$

式中，E_u、E_l、E_d 分别为上层、下层和深层蒸发量。在实际计算中，按照先上层后下层的次序，具体分为如下 4 种情况。

当 $W_u + P \geqslant E_0$ 时：

$$\begin{cases} E_u = E_0 \\ E_l = 0 \\ E_d = 0 \end{cases} \tag{8-83}$$

当 $W_u + P < E_0, W_1 \geqslant C \times W_{lm}$ 时：

$$\begin{cases} E_u = W_u + P \\ E_l = (E_0 - E_u)W_1/W_{lm} \\ E_d = 0 \end{cases} \tag{8-84}$$

当 $W_u + P < E_0, C(E_0 - E_u) \leqslant W_1 < C \times W_{lm}$ 时：

$$\begin{cases} E_u = W_u + P \\ E_l = C(E_0 - E_u) \\ E_d = 0 \end{cases} \tag{8-85}$$

当 $W_u + P < E_0, W_1 < C(E_0 - E_u)$ 时：

$$\begin{cases} E_u = W_u + P \\ E_l = W_1 \\ E_d = C(E_0 - E_u) - E_l \end{cases} \tag{8-86}$$

式中，E_0 为蒸发能力；W_u、W_1、W_d 分别为上层、下层和深层土壤水含量；C 为深层蒸散发系数。

8.5.3　分布式水文模型

分布式物理模型从水循环过程的物理机制入手，将产汇流、土壤水运动、地下水运动及蒸发过程等联系在一起，并考虑了水文特性的空间变异性，是不同于系统模型、概念性模型等水文黑箱、灰箱模型的一种白箱模型。在众多水文模型中，分布式物理模型较其他水文模型能更准确地描述水文过程，并能直接有效地利用地理

信息系统(GIS)和卫星遥感提供的大量空间信息。

针对流域下垫面和气象条件的空间变异性,分布式模型利用地理信息系统技术,根据流域地形、地貌、植被、土壤、土地利用及气象等空间分布特征,确定基本水文计算单元,并构建流域的空间拓扑结构;根据河网和汇流特征,构建分布式单元与河网之间的水力联系。在基本水文单元中,构建基于水动力学过程的水文模型,采用水动力学方法进行河网汇流计算,由此构建分布式流域水文模型。

图 8-38 所示为分布式水文模型(geomorphology-based hydrological model,GBHM)的结构示意图。该模型充分利用了流域地形地貌的基本特征,以山坡单元作为基本水文模拟单元,通过河网汇流计算得到流域的径流过程。

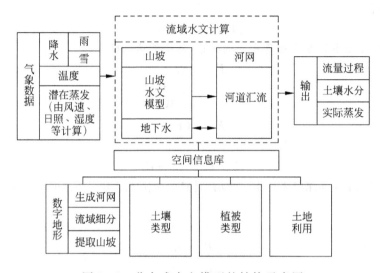

图 8-38 分布式水文模型的结构示意图

1. 山坡单元的产汇流计算

在山坡单元的产汇流计算中,沿垂向将山坡分为植被层、非饱和含水层和潜水层。在植被层中,考虑降水截留和截留蒸发。在非饱和带用 Richards 方程来描述土壤水分的运动,降雨下渗是上边界条件,而蒸发和蒸腾是其中的源汇项。在潜水层中,考虑其与河流之间的水量交换。

(1) 植被的降水截留

植被对降水的截留能力随植被的种类和季节而变化。截留能力可视为叶面指数的函数,表示为

$$S_{C0} = \eta L_t h_0 \tag{8-87}$$

式中,S_{C0} 为截留能力,mm;L_t 为包括叶、茎、树干在内的广义叶面积指数($=$叶、茎、树干的总面积除以树冠的水平投影面积);当冠层为阔叶时,$\eta = 1$,当冠层为针叶时,$\eta \geqslant 2$;一般取 $h_0 = 1$ mm。

降雨首先须饱和植被的最大截留量,而后超过的部分才能到达地面。实际的降水截留量由降雨强度和植被的饱和差来确定,植被的饱和差为

$$S_{Cd} = S_{C0} - S_C \tag{8-88}$$

式中,S_{Cd} 为植被的饱和差;S_C 为植被中现有的截留水量。

(2) 融雪计算

融雪计算采用基于气温的经验模型,即

$$M = M_f(T - T_b) \tag{8-89}$$

式中,M 为融雪的水深,mm/h;M_f 为融雪因子,mm/(℃·h);T 为气温,℃;T_b 为融雪开始气温。

融雪因子随季节而变,因而在模型中是一个需要率定的参数。

（3）实际蒸发量计算

实际蒸发在考虑叶面指数、土壤含水量及根系分布的基础上，由潜在蒸发量计算而来。实际蒸发包括从植被截留蓄水的蒸发、土壤表面的蒸发和由根系吸水经叶面的蒸腾。从植被截留蓄水中的实际蒸发由下式计算：

$$E_{\text{canopy}} = K_{\text{c}} E_{\text{p}} \tag{8-90}$$

式中，E_{canopy} 为截留蒸发率；E_{p} 为潜在蒸发率；K_{c} 为作物系数。

植被蒸腾率由从根部取水的速率估计，用下式估算：

$$E_{\text{tr}}(z) = K_{\text{c}} E_{\text{p}} f_1(z) f_2(\theta) \frac{\text{LAI}}{\text{LAI}_0} \tag{8-91}$$

式中，$E_{\text{tr}}(z)$ 为根部深度 z 处的蒸腾率；$f_1(z)$ 为植物根系沿深度的分布函数，概化为一个底部在地表的倒三角分布；θ 为土壤体积含水率；$f_2(\theta)$ 为土壤含水率的函数，土壤含水量大于等于田间持水量时 $f_2(\theta)=1.0$，土壤含水量小于等于凋萎系数时 $f_2(\theta)=0.0$，而其间为线形变化；LAI_0 为植物在一年中的最大叶面指数。对于裸地，蒸发率为

$$E_{\text{s}} = E_{\text{p}} f_2(\theta) \tag{8-92}$$

式中，E_{s} 是土壤表面的蒸发率；在地表蓄水的情况下，$f_2(\theta)$ 取为 1。

（4）非饱和带的土壤水分运动

地表以下、潜水面以上的土壤通常是非饱和土壤，称为非饱和带。降雨下渗和蒸发蒸腾都通过非饱和带。非饱和带的土壤水分运动在水文过程中起着十分重要的作用。垂直方向的土壤水分运动用一维的 Richards 方程来描述，即

$$\frac{\partial \theta(z,t)}{\partial t} = -\frac{\partial q_{\text{v}}}{\partial z} + s(z,t) \tag{8-93}$$

式中，θ 为土壤的体积含水量；s 为源汇项，在此为土壤的蒸发蒸腾量；q_{v} 为土壤水通量，由达西定理（Darcy's law）计算：

$$q_{\text{v}} = -K(\theta)\left[\frac{\partial \psi(\theta)}{\partial z} - 1\right] \tag{8-94}$$

式中，$K(\theta)$ 为非饱和土壤的导水率，它是土壤含水量的函数；$\psi(\theta)$ 为土壤吸力，也是土壤含水量的函数；z 为土壤深度，z 坐标以向下为正方向。

降雨（融雪）下渗可作为上边界条件来处理，而土壤中的蒸发和蒸腾是源汇项。非饱和带的下边界是潜水层。在潜水层的上方由于毛细管作用土壤水分保持田间持水量，非饱和带的下边界条件为恒定的土壤含水量。非饱和带的最下层与潜水面之间的水量交换（水通量）可按达西定理来计算。这样潜水位的变化可以在非饱和带的计算中更新。在降雨的初期，接近地表的土层先饱和。这时，沿山坡斜面，在重力作用下土壤水渗出产生壤中流，壤中流用下式计算：

$$q_{\text{sub}} = K_0 \sin\beta \tag{8-95}$$

式中，q_{sub} 为壤中流的流速；K_0 为饱和土壤的导水率；β 为山坡的坡度。

（5）山坡汇流计算

用上述一维的 Richards 方程可以算出山坡的超渗产流和蓄满产流。坡面产流超过地面凹部的截留后流入河道。在较短的时间间隔内，坡面流可用 Manning 公式按恒定流来计算，表示如下：

$$q_{\text{s}} = \frac{1}{n_{\text{s}}}(\sin\beta)^{1/2} h^{5/3} \tag{8-96}$$

式中，q_{s} 为单宽流量；n_{s} 为坡面的 Manning 系数；h 为扣除地面截留后的净水深。

（6）地下水与河流之间的交换

饱和含水层与河道的水量交换按达西定理计算。由于所有山坡均由河道连接,每个山坡内的地下水位可通过河道来调节。在山区,大多情况下,地下水流入河道;而进入平原区后,河道则补充地下水。这种通过河流的地下水调节在流域水文循环中起着重要作用。

2. 河网编码及汇流计算

GBHM 模型采用了一种由巴西工程师 Pfafstetter 提出的河网分级编码方法。这种方法按汇流面积分出干流和支流,在流入任一交汇点的两条河流中汇流面积大的为主流,反之则为支流。这样沿河口向上游可找出所有的支流,然后选出 4 条最大的支流并从下而上依次编号为 2、4、6、8。河口与支流 2 之间的干流部分编号为 1;支流 2 和 4 之间的干流部分编号为 3;依次向上游分别为 5 和 7;最上游的干流为 9,干流 9 的汇流面积总是大于支流 8。图 8-39(a)所示为第一级中的 9 个子流域及其编码。按照同样的方法,可在第一级划分的基础上再进行第二级划分。例如,图 8-39(b)中的支流 2 就分成编号为 22、24、26、28 的 4 条子支流,和编号为 21、23、25、27、29 的 5 条子干流。第二级划分出来的子流域的编号原则为第一位数字是其上级流域的编号,第二位数为本级的 Pfafstetter 编码。根据 DEM 的网格尺寸和实际需要,流域可细分至一个合理尺度。

使用上述方法在同一级划分出的子流域中,汇流的顺序是唯一的。子流域 9 和 8 汇流叠加后流入子流域 7,子流域 7 和 6 汇流叠加后流入子流域 5,子流域 5 和 4 汇流叠加后流入子流域 3,子流域 3 和 2 汇流叠加后流入子流域 1,然后通过子流域 1 汇流至出口。Pfafstetter 编号方法的优点就在于子流域的相互关系依其唯一编号可以十分容易地确定。

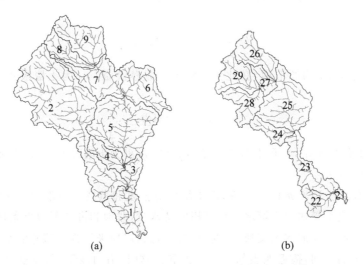

图 8-39　伊逊河流域 Pfafstetter 分级编码系统

(a) 对全流域所作的第一级编码;(b) 对第一级中的子流域 2 所作的第二级编码

河道的侧向入流是位于同一汇流区间的所有山坡的产流的总和,并假设其沿河道均匀分布。汇流区间的位置由其到达该子流域出口的流动距离来确定。河道汇流过程采用运动波方程来描述,即

$$\begin{cases} \dfrac{\partial A}{\partial t} + \dfrac{\partial Q}{\partial x} = q \\ Q = \dfrac{S_0^{1/2}}{n_r p^{2/3}} A^{5/3} \end{cases}$$

(8-97)

式中,q 为侧向入流,$\mathrm{m^3/(s \cdot m)}$,包括山坡地表入流和地下水入流;x 为沿河道方向的距离,m;A 为河道断面面积,$\mathrm{m^2}$;S_0 为河道坡度;n_r 为河道曼宁糙率系数;p 为湿周长度,m。

参 考 文 献

[1]　詹道江,叶守泽. 工程水文学[M]. 3 版. 北京:中国水利水电出版社,2000.
[2]　芮孝芳. 水文学原理[M]. 北京:中国水利水电出版社,2004.
[3]　BRUTSAERT W. Hydrology:an introduction[M]. Oxford:Cambridge University Press,2005.
[4]　MAIDMENT D R. Handbook of hydrology[M]. New York:McGraw-Hill Inc.,1992.
[5]　CHOW V T,Maidment D R,Mays L W. Applied hydrology[M]. Noida,India:Tata McGraw-Hill Education,1988.
[6]　YANG D W,OKI T,HERATH S,et al. A geomorphology-based hydrological model and its applications[M]//SINGH V P,FREVERT D K. Mathematical models of small watershed hydrology and applications. Littleton,Colorado:Water Resources Publications,2002:259-300.
[7]　杨大文,楠田哲也. 水资源综合评价模型及其在黄河流域的应用[M]. 北京:中国水利水电出版社,2005.
[8]　贾仰文,王浩,倪广恒,等. 分布式流域水文模型原理与实践[M]. 北京:中国水利水电出版社,2005.

习　　　题

8.1　何为超渗产流?何为蓄满产流?简述两者的区别。

8.2　流域地面径流的汇流计算有几种常用方法?各有什么优缺点?

8.3　在进行流域产汇流分析计算时,为什么还要将总净雨过程分为地面净雨和地下净雨过程?简述蓄满产流模型法如何划分地面净雨和地下净雨。

8.4　简述等流时线法汇流计算的方法步骤。

8.5　如何推求瞬时单位线?如何由瞬时单位线推求时段单位线?

8.6　试述等流时线法和单位线法进行汇流计算的区别。

8.7　简述流域蓄水容量 W_m 的确定方法。

8.8　何为前期影响雨量?简述其计算方法和步骤。

8.9　用初损后损法计算地面净雨时,需首先确定初损 I_0。试问影响 I_0 的主要因素有哪些?按初损后损法,写出流域一次降雨产流的水量平衡方程式,并标明各项符号的物理意义。

8.10　已知某流域 $\Delta t = 2$ h 的 10 mm 净雨深单位线如下表所示。试:

(1) 列表推求 S 曲线,并指出其最大值。

(2) 求该流域面积是多少(km^2)?

题 8.10 表　某流域 2 h 10 mm 单位线

时间/h	0	2	4	6	8	10	12	14	16
单位线 $q/(m^3/s)$	0	16	210	75	40	20	10	5	0

8.11　何为流域水文概念性模型?确定性水文模型中的集总式模型和分布式模型有何区别?

第 9 章 流域水文预报

水文预报直接服务于水资源管理、防灾减灾以及社会经济的许多方面,因此流域水文预报方法一直是水文学研究的核心内容之一。

本章主要介绍针对河川径流的水文预报方法,特别是洪水预报方法,以及结合气象水文和气候水文的中长期径流预报方法。

9.1 概　　述

根据水文循环的客观规律对未来水文情势的变化进行预报和预测具有十分重要的实践意义。在防汛抗旱中利用预报信息,在洪旱灾害到来之前做好防灾减灾准备;在水利工程的管理运用中,利用预报可以合理安排调度运行方式以提高工程的综合效益。科学的水资源管理必须以未来的来水预测和预报为依据,结合社会经济发展需求作出用水、防洪和抗旱等多方面的决策。事实上,水文预报的理论和技术也正是在防范洪旱灾害和充分利用水资源的实践中不断得到了充实和发展。

水文预报(hydrological forecast)是根据前期和现时已知的水文、气象等信息,对未来某一时刻或时段内的水文情势作出定性或定量估计。水文预报需要的信息包括降水、冰雪、气温、风速等水文与气象要素的观测信息,要求预报的水文要素有河道流量、水位等。

水文预报以流域水文过程基本规律和水文模型为基础,结合实际生产应用的需求,研究设计具体的预报方案。水文预报中通常关注两个问题:①预报的预见期,是指预报发布时刻与预报要素出现时刻之间的时距;②预报精度,是对预报误差(即预报值与实测值之间的差值)的一种量度。随着预见期的增长,预报精度一般会降低。因此,针对实际问题而言,需要研究具有一定预见期且具有足够预报精度的水文预报方案,才能实现水文预报的应用价值。

9.1.1 水文预报的用途

水文预报的根本目的是服务于生产实践,保障国民经济建设和社会发展。水文预报在防灾减灾(如洪水、干旱等)、水资源开发利用、国防等领域均发挥着重要作用,应用范围十分广泛。

1. 防洪

水文预报中最常见的就是洪水预报。洪水灾害是全球最严重的自然灾害之一,中国是世界上洪涝灾害最严重的少数几个国家之一。为防治洪水灾害,一方面,政府投入了大量的人力、物力进行江河整治,基本建成了七大江河的防洪工程体系;另一方面,加强了洪水预报等非工程措施的应用。根据相关统计资料,2007 年淮河发生流域性大洪水期间,水文部门发布的淮河干流水情预测预报有 150 期之多,为防汛指挥调度、决策提供了技术支持。2008 年,四川汶川地震发生后,水文部门提供了震区的水情预报和预测,为抗震救灾特别是堰塞湖安全处置提供了科学依据。

2. 抗旱

枯水径流预报和干旱预报在保障生活生产用水、航运、发电、农业粮食安全等方面具有重要意义。降雨稀少或无降雨,则河道流量逐渐消退,且容易导致干旱发生,对农业和城市供水造成极大威胁。资料统计显示,1951—1990 年,中国平均每年发生干旱 7.5 次,最多的年份达 11 次。近年来,中国干旱有加剧的趋势,旱情预报也日益受到重视。

3. 水资源利用

水文预报是水资源合理配置和水库优化调度等的基础。随着我国大量水利工程建设的逐步完成,以及面对我国水资源日益紧缺的现状,为了充分发挥水利工程的综合效益及合理调度水资源,更凸显了水文预报的重要性。

9.1.2　水文预报方法分类

水文预报技术是在大量实践经验的基础上总结发展而来的。不同的预报内容、预见期要求及预报方法等,使得水文预报技术丰富多样。水文预报方法的分类主要有以下几种。

1. 按预报的内容分类

(1)径流预报:主要包括水位和流量预报,可进一步划分为洪水预报和枯水预报。其中洪水预报主要预报最高水位、最大流量及其发生的时间,枯水预报则主要预报最低水位、最小流量及其发生的时间。

(2)沙情预报:根据河流的水沙关系及流域降雨和下垫面等因素预报河流中的含沙量及其变化。

(3)冰情预报:根据前期的气象因子预报河流冰冻、开冻的日期以及冰盖的厚度等。

(4)水质预报:依据水体水力学条件、污染物的迁移转化规律及水体边界条件预报水体水质的变化。

2. 按预见期的长短分类

(1)短期预报:预见期较短,一般指 3 天以内的预报。

(2)中长期预报:预见期更长,但是没有具体标准。

3. 按水文预报的方法分类

(1)上下游相关法:根据河流上、下游水文变量之间的相关关系,以上游的水文观测值来预报下游的水文要素。

(2)水文模型法:建立河流的洪水演进模型或流域的降雨径流模型,通过数值模拟来进行水文要素的预报。

9.2　短期洪水预报

对大江、大河而言,洪水预报主要应该关注洪水波的传播过程;而针对中小河流的洪水预报而言,应该关注流域的降雨-径流过程。

9.2.1　上下游相关关系法

上下游相关关系法是利用河道上游断面水位(或流量)预报下游断面水位(或流量)的方法。它根据天然河道中洪水波运动机理,分析洪水波自上游向下游传播时相应水位及其传播速度的变化规律,寻求其经验关系。上下游相关关系法的具体形式包括相应水位(流量)法、合成流量法等。

1. 相应水位(流量)法

相应水位(流量)是指,某河段上、下游水文站在同次洪水过程线上同一位相的水位(流量),如图 9-1 所示。在天然河道里,当外界条件不变时,水位变化总是由流量的变化所引起的,因此河道水位与流量的变化应该是相对应的。

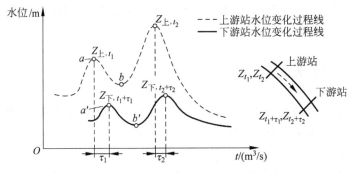

图 9-1　相应水位(流量)的示意图

在图 9-1 中,$Z_{上,t_1}$ 与 $Z_{下,t_1+\tau_1}$ 及 $Z_{上,t_2}$ 与 $Z_{下,t_2+\tau_2}$ 为同相位水位;τ_1、τ_2 分别为相应的传播时间,即预见期。如能找到上下游相应水位(流量)之间的关系及相应的传播时间的变化规律,则可根据上游的水位(流量)来预报下游的水位(流量),并计算出预见期。

采用相应水位(流量)法进行洪水预报时,必须解决两个关键问题:其一是建立 $Z_{上,t}$-$Z_{下,t+\tau}$ 的相关关系;其二是确定上下游站之间的传播时间 τ。

在洪水预报中,往往关心洪峰流量或水位等特征值的大小及其出现时间。实际应用中,可根据河道上下游有记录的历次洪水的水文资料绘制它们的相关图,如图 9-2 所示,然后用该相关图进行洪水预报。

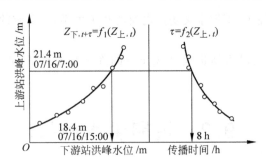

图 9-2　上下游洪峰水位及相应的传播时间相关图

根据实测资料来点绘相关图时,有时不一定能作出具有规律的相关曲线,这时应该进一步分析其影响因素,找出针对特殊情况的相应处理方法。一般而言,可能的影响因素有:①下游水位的顶托;②在上、下游断面间有区间径流汇入,即区间入流的影响;③河段形态和沿岸水文地质条件的变化,如河道冲刷或淤积。

上述问题的一种处理方法是:假设水面比降变化为主要影响因素,则可以采用下断面的同时水位 $Z_{\text{下},t}$(即上游站水位 $Z_{\text{上},t}$ 出现时刻的下游水位)作为相关曲线的参变量,绘制相应水位(流量)关系图,如图 9-3 所示。

$$Z_{\text{下},t+\tau} = f_1(Z_{\text{上},t}, Z_{\text{下},t}) \tag{9-1}$$

$$\tau = f_2(Z_{\text{上},t}, Z_{\text{下},t}) \tag{9-2}$$

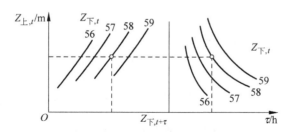

图 9-3　以下游站同时水位为参数的相应水位关系图

2. 合成流量法

在含有支流汇入的河段,下游站的洪水是上游站和支流站的洪水叠加的结果,此时需要采用合成流量法进行洪水预报。合成流量法的基本假设是:各个上游站传播到下游站的流量是相互独立的,可以线性叠加,不考虑干、支流洪水波之间的相互干扰作用。因此,可将同时到达下游站的各上游站的相应流量之和(即合成流量)与下游站的相应流量(水位)建立相关关系,如图 9-4 所示。图中,Q_1、Q_2、Q_3 均为上游各站的实测流量,Q 为下游站预报的流量。下游站的预报流量可表示为

$$Q_{\text{下},t} = f\left(\sum_{i=1}^{n} Q_{\text{上}i,t-\tau_i}\right) \tag{9-3}$$

式中,$Q_{\text{下},t}$ 为下游断面 t 时刻的洪峰流量; $\sum_{i=1}^{n} Q_{\text{上}i,t-\tau_i}$ 为上游干支流各站在 $t-\tau_i$ 时刻的洪峰流量之和; τ_i 为洪水从上游干支流各站断面分别到下游断面的传播时间; n 为上游干支流各测站的总数目。

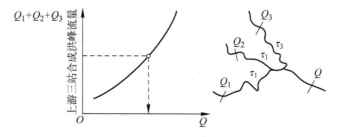

图 9-4　合成流量法预报的示意图

上游各站的洪水传播时间 τ_i 不同,应选择最短的传播时间作为洪水预见期。通常情况下,由于干流的流量最大,故以干流的传播时间作为洪水预见期。

9.2.2　河道洪水演进法

在汛期,河道内的流量会迅速增加,使水面沿河道发生高低起伏的波动,称为洪水波。洪水波属于缓变的非恒定流,洪水波上某一点的水面比降与同水位的恒定流比降(与河道坡降相同)不同。

假设河段为棱柱体河槽,区间无水量汇入,则洪水波在运动过程中会发生坦化变形和扭曲变形。坦化变形,是指由于洪水波的波前水面比降大于稳定流水面比降,波后水面比降小于稳定流水面比降,因此波前的流

速大于波后的流速,导致洪水波波体被不断拉长,波长变长,波峰变小。扭曲变形,是指洪水波在向下运动的过程中,波峰不断地前移,波前缩短,附加比降减小,波前水量不断向波后转移。洪水波的坦化变形,导致下游的洪水过程较上游平缓;洪水波的扭曲变形,导致下游的涨洪历时较上游缩短,如图9-5所示。

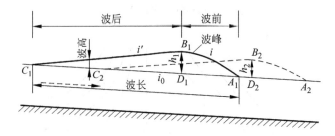

图 9-5 河道中洪水波运动

1. 圣维南方程及其简化

洪水在河道中的演进过程可用河道非恒定流圣维南(St. Venant)方程来描述,包括连续方程和运动方程。

(1) 连续方程为

$$\frac{\partial Q}{\partial x} + \frac{\partial A}{\partial t} - q = 0 \tag{9-4}$$

(2) 运动方程为

$$\frac{1}{A} \cdot \frac{\partial Q}{\partial t} + \frac{1}{A} \cdot \frac{\partial (Q^2/A)}{\partial x} + g\frac{\partial y}{\partial x} - g(i_0 - i_f) = 0 \tag{9-5}$$

或

$$\frac{1}{g} \cdot \frac{\partial V}{\partial t} + \frac{V}{g} \cdot \frac{\partial V}{\partial x} + \frac{\partial h}{\partial x} = i_0 - i_f \tag{9-6}$$

式中,A 为过水断面;Q 为河流流量;V 为水流流速;h 为水深;x 为水流运动方向;g 为重力加速度;q 为侧向入流;$\frac{1}{g} \cdot \frac{\partial V}{\partial t}$ 为局地惯性项;$\frac{V}{g} \cdot \frac{\partial V}{\partial x}$ 为迁移惯性项;$\frac{\partial h}{\partial x}$ 为附加比降;i_0 为河底比降;i_f 为摩阻比降。其中的摩阻项尚无理论表达式,可以借用明渠均匀流公式将其表示为

$$i_f = \frac{V^2}{C^2 R} = \frac{Q^2}{K^2} \tag{9-7}$$

式中,C 为谢才系数;R 为水力半径;K 为流量模数。

对于不同的河槽形状和河道类型,影响洪水波运动的各种力也不相同,造成洪水波方程中各项量级的差别很大,洪水波的运动特性差别也很大。在特定条件下,某些对洪水波运动影响作用很小的项可以忽略,对洪水波运动的圣维南方程进行简化,通常有以下几种简化形式。

(1) 动力波方程

洪水波运动方程中的各项都不能忽略,这种波称为动力波,动力波的方程形式即为式(9-5)。

(2) 运动波

如果河底比降远远大于惯性项和附加比降,即 $i_0 \gg \frac{1}{g} \cdot \frac{\partial V}{\partial t} + \frac{V}{g} \cdot \frac{\partial V}{\partial x} + \frac{\partial h}{\partial x}$,则洪水波方程可以简化为

$$i_0 = i_f = \frac{Q^2}{K^2}, \quad Q = K\sqrt{i_0} \tag{9-8}$$

山区河流河底比降比较大,洪水波类似于运动波。

（3）扩散波

若附加比降不能忽略，但惯性项可以忽略，即 $\left(i_0 - \dfrac{\partial h}{\partial x}\right) \gg \left(\dfrac{1}{g} \cdot \dfrac{\partial V}{\partial t} + \dfrac{V}{g} \cdot \dfrac{\partial V}{\partial x}\right)$，则洪水波方程可以简化为

$$i_0 = i_f + \frac{\partial h}{\partial x} = \frac{Q^2}{K^2} + \frac{\partial h}{\partial x}, \quad Q = K\sqrt{i_0 - \frac{\partial h}{\partial x}} \tag{9-9}$$

扩散波适用于河底比降比较小的河段，描述只有平移而不产生变形的洪水波。

（4）惯性波

若河底比降与摩阻比降两者能够相互抵消，则洪水波方程可以简化为

$$\frac{1}{g} \cdot \frac{\partial V}{\partial t} + \frac{V}{g} \cdot \frac{\partial V}{\partial x} + \frac{\partial h}{\partial x} = 0 \tag{9-10}$$

惯性波适用于水面宽阔且水深很大的湖泊、水库，其河底比降和摩阻比降可近似抵消，惯性力是影响洪水波运动的主导因素。

2. 马斯京根法

求解圣维南方程组相当复杂，且需要河道的地形和糙率等资料，故在水文学中采用简化的方法求解实际问题。按照以下方式对圣维南方程组进行简化，即将连续性方程简化为河道水量平衡方程，将运动方程简化为槽蓄方程。

（1）河道水量平衡方程

$$\frac{1}{2}(Q_{上,1} + Q_{上,2})\Delta t - \frac{1}{2}(Q_{下,1} + Q_{下,2})\Delta t = S_2 - S_1 \tag{9-11}$$

式中，Δt 为计算时段，h；$Q_{上,1}$、$Q_{上,2}$ 为时段初和时段末上断面的入流量，m^3/s；$Q_{下,1}$、$Q_{下,2}$ 为时段初和时段末下断面的出流量，m^3/s；S_1、S_2 为时段初和时段末河段的蓄水量（槽蓄量）。

（2）槽蓄方程

槽蓄方程是反映河段流量 Q 与河段的蓄水量（即槽蓄量）S 关系的方程。对一个河段而言，流量 Q 与河流水位 Z 有关，可写成 $Q=g(Z)$；而槽蓄量 S 与河流水位 Z 同样有关，可写成 $S=h(Z)$。因此，对一个河段来说，流量 Q 与河段的蓄水量（即槽蓄量）S 有一定的关系，其关系曲线称为槽蓄曲线，其函数关系可用下式表示，称为槽蓄方程：

$$S = f(Q) \tag{9-12}$$

由上式可见，河段槽蓄量 S 视为河段流量 Q 的函数。为了河道洪水演进计算方便，要求建立简单的槽蓄方程并寻求一种简易的求解方法。

1938 年，G. T. Mccarthy 提出了一种算法，在美国马斯京根河流域得到首次应用，因而该方法便被称为马斯京根法，该法有如下假定。

假定一　河段中的水面是一直线，流量沿程变化是线性的（见图 9-6），则

$$Q' = xQ_上 + yQ_下 \tag{9-13}$$

式中，x、y 为比例系数；Q' 为示储流量，是上下断面间的一个代表流量。

当流动为稳定流时，有

$$Q_上 = Q_下 = Q' = Q_0 \tag{9-14}$$

将上式代入式（9-13），得

$$1 = x + y \tag{9-15}$$

得到

$$Q' = xQ_上 + (1-x)Q_下 \tag{9-16}$$

式中，x 为流量比重因子，取值范围为 0～0.5。

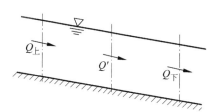

图 9-6　流量沿程变化图

假定二   河段中的某断面流量 Q' 与河段的蓄水量 S 之间为单一的线性关系，即

$$S = KQ' \tag{9-17}$$

将式(9-16)代入上式得

$$S = K[xQ_{上} + (1-x)Q_{下}] \tag{9-18}$$

式中，K 为槽蓄系数。上式即马斯京根槽蓄方程的数学表达式。

对河道水量平衡方程和马斯京根槽蓄方程联立求解，得

$$\begin{cases} \dfrac{1}{2}(Q_{上,1} + Q_{上,2})\Delta t - \dfrac{1}{2}(Q_{下,1} + Q_{下,2})\Delta t = S_2 - S_1 \\ S = K[xQ_{上} + (1-x)Q_{下}] \end{cases} \tag{9-19}$$

得到

$$Q_{下,2} = C_0 Q_{上,2} + C_1 Q_{上,1} + C_2 Q_{下,1} \tag{9-20}$$

式中，C_0、C_1、C_2 分别为 K、x、Δt 的函数，它们的数学表达式分别为

$$\left. \begin{array}{l} C_0 = \dfrac{\dfrac{1}{2}\Delta t - Kx}{K - Kx + \dfrac{1}{2}\Delta t}, \\[4mm] C_1 = \dfrac{\dfrac{1}{2}\Delta t + Kx}{K - Kx + \dfrac{1}{2}\Delta t}, \\[4mm] C_2 = \dfrac{K - Kx - \dfrac{1}{2}\Delta t}{K - Kx + \dfrac{1}{2}\Delta t} \end{array} \right\} \tag{9-21}$$

式中，x 为流量比重因子；K 为槽蓄系数。

在方程 $Q_{下,2} = C_0 Q_{上,2} + C_1 Q_{上,1} + C_2 Q_{下,1}$ 中，C_0、C_1、C_2 均可根据 K、x、Δt 求得。可见对于一个河段，只要选定 Δt，并且已知 K 和 x，根据上游断面的流量 $Q_{上,1}$、$Q_{上,2}$ 和下游断面的初始条件 $Q_{下,1}$，则可按上式计算得到下游断面的流量 $Q_{下,2}$。应用马斯京根法的关键是合理确定槽蓄系数 K 和流量比重因子 x，实际中常根据实测资料采用试错法推求。

已知一组上、下游断面不同时刻实测的流量资料 $Q_{上}$、$Q_{下}$，推求参数 x、K 的求解过程，可以概化为图 9-7 所示的计算流程图。

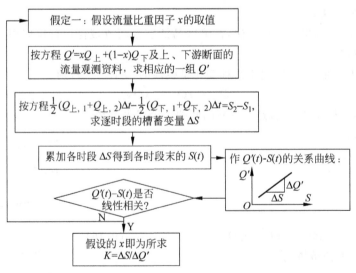

图 9-7   马斯京根算法计算流程图

9.2.3　基于实测降雨的洪水预报

基于实测降雨的洪水预报方法,主要是通过流域降雨产流及汇流计算,根据实测降雨来预报流域出口断面的径流量。对于集水面积较小的流域,如果采用相应水位(流量)法或河道洪水演算法进行预报,由于汇流时间短,因此不能满足防洪预报对预见期的要求,此时只能根据降雨量直接预报径流量。

在实际应用中,利用实际观测降雨作为输入,传统简单的流域产汇流分析方法和相对复杂的流域水文模型均可用于特定流域的洪水预报中。上述两种分析方法在第 8 章中均有详细介绍,这里只结合预报问题,作进一步说明。

(1) 编制基于实测降雨的洪水预报方案。根据流域自然地理特征和可用的实测资料,运用第 8 章中的流域产汇流分析原理与方法,建立针对特定流域的降雨-径流预报方案,如降雨径流相关图、单位线、流域水文模型等。

(2) 预报方案检验。预报方案及其相关参数确定以后,还需要对预报方案进行检验。首先,利用过去 3~5年的实测径流资料确定出模型参数(称为参数率定);然后利用另外 3~5 年的观测资料进行检验,即采用已率定好的参数进行预报模拟,针对预报精度进行统计分析,综合评价预报方案的精度。

(3) 作业预报。由于模型结构及模型参数等都不可避免地存在一定不确定性,在实际作业预报时会影响预报的精度。因此,在作业预报过程中常需要利用不断获得的水文信息,进行实时校正,改善预报方案的参数,使以后阶段的预报误差尽可能减小。此外,作业预报时还需要注意时段长度的选择,这需要综合考虑流域的汇流特点、预见期要求及水雨情观测系统的报汛条件等。对山区中小河流而言,一般要求水文预报的计算时段长度小于 1 h。

9.3　中长期径流预报

根据前期的水文气象资料,用成因分析和数理统计方法,对未来较长时期的水文情势进行科学预测,称为中长期水文预报。通常泛指预见期超过流域最大汇流时间,且在 3 天以上、1 年以内的水文预报。中长期水文预报的预报内容通常包括径流、江河湖海的水位、旱涝趋势、冰情及泥沙等,其中最常见的就是中长期径流预报。

中长期水文预报具有较长的预见期,从争取决策时间的角度而言,能够在水库调度、协调用水部门间矛盾等方面,发挥更大作用。但是,随着预见期的增长,水文预报的精度会显著降低。目前,中长期水文预报还处于发展阶段,如何充分利用水文气象信息,在保证足够预见期的前提下有效提高预报精度,是中长期水文预报研究的长期任务。

中期预报的主要方法有以下几种。

(1) 高空气象因素法:当影响预报流域的暴雨天气形势出现时,考虑反映水气输送等条件的高空大气因素,并与后期洪水建立相关图或相关关系式,以此开展预报;

(2) 统计方法:根据上一旬的平均大气环流、前期水量和下垫面情况等因素与下一旬的水量建立统计回归方程,以此开展预报;

(3) 水文气象结合法:根据气象部门发布的未来 1~7 天降水预报,采用流域水文模型预报未来一周内的水文情势。

长期预报的主要方法有以下几种。

(1) 天气学方法:径流的变化主要取决于降水,而降水又是由一定的环流形势与天气过程决定的,因此可

根据前期大气环流特征以及表征这些特征的各种高空气象因素,直接与后期的水文要素建立定量关系;

(2) 统计学方法:根据大量的历史水文、气象资料,建立预报对象与预报因子之间的统计关系;

(3) 宇宙地球物理因素方法:近代研究表明,海温状况、火山爆发、臭氧多少、太阳活动等因素都可以对后期水文过程产生影响。

中长期径流预报中一个关键问题是,如何挑选合适的预报因子。这既要考察预报因子与预报对象之间的物理联系,又要借助于统计分析工具从大量数据中挖掘出具有内在联系(机理)的预报因子。

9.3.1　中长期枯水预报

枯水期是指流域降水量少,相应的径流量小且处于缓慢消退的时期。一般枯水期发生在冬季及其前后一段时期内,此时江河水量少,水资源供需矛盾突出;枯水期也是水利水电工程的主要施工期,特别是大坝截流施工的主要时期,因此枯水期水文预报对水资源利用、水利工程施工安全等具有十分重要的意义。

枯季径流主要是由流域蓄水量消退形成的,通常流域面积越大,蓄水量越多,蓄水能力越强,则蓄水量消退的持续时间越长,消退规律更加稳定。根据相对稳定的流域蓄水量消退规律,即可建立中期至长期的枯水预报方案。

流域蓄水消退形成的流量过程线称为退水曲线。流域蓄水消退包括地面蓄水消退和地下蓄水消退。其中,地面蓄水消退的特点是退水快,退水曲线坡度陡,各次退水规律不一致;而地下蓄水消退则相对稳定,退水慢,退水曲线坡度较缓,退水规律各次基本一致。这表现为同一个流域的各次地下水退水曲线是可以重合的,按此规律可找到流域的地下水退水曲线。

假定流域地下蓄水量 W 与流域出口断面流量 Q 呈线性关系,即

$$W(t) = KQ(t) \tag{9-22}$$

式中,$Q(t)$ 为枯水期 t 时刻的流域出水量,$\mathrm{m^3/s}$;$W(t)$ 为枯水期 t 时刻的流域蓄水量,$\mathrm{m^3}$;K 为流域退水参数/调蓄常数,s。根据水量平衡原理,流域蓄水量变化量等于流域的出流水量,即

$$Q(t) = -\frac{\mathrm{d}W(t)}{\mathrm{d}t} \tag{9-23}$$

将式(9-22)代入式(9-23),得到

$$\frac{\mathrm{d}Q(t)}{\mathrm{d}t} = -\frac{1}{K}\mathrm{d}t \tag{9-24}$$

若初始条件为:$t=0$ 时,$Q(t)=Q_0$,代入积分求解得到

$$Q(t) = Q_0 \mathrm{e}^{-\frac{1}{K}t} = Q_0 \mathrm{e}^{-\beta t} \tag{9-25}$$

式中,$Q(t)$ 为退水开始后 t 时刻流域出流量;Q_0 为退水开始时刻的流域出流量;$\beta=1/K$ 为流域的退水系数。

由式(9-25)可知,枯水期河流中的流量呈指数变化,β 反映流域退水的快慢程度,β 值越大,退水的递减速度越快。Q_0 可根据实测的流量过程线来确定。下面介绍如何确定 β。对式(9-25)求对数,得

$$\ln Q(T) = \ln Q_0 - \beta t \tag{9-26}$$

同理,对经历时段 Δt 后的时刻有

$$\ln Q(t + \Delta t) = \ln Q_0 - \beta(t + \Delta t) \tag{9-27}$$

由以上两式的差得到

$$\beta = \frac{\ln Q(t) - \ln Q(t + \Delta t)}{\Delta t} \tag{9-28}$$

由式(9-28),可根据流域实测资料对流域的退水系数 $\beta=1/K$ 进行推求,然后利用式(9-25)可以直接推求后期任意时刻的流域出口断面流量 $Q(t)$。

9.3.2　中长期径流预报

1. 基于数值天气模式的中期洪水预报

近年来,数值天气预报模式特别是描述区域局部天气的中尺度数值模式有了很大的发展,对暴雨等灾害性天气的预报能力和 1～3 日降水预报精度得到了较大提高。将定量降雨预报与流域水文模型耦合,是增加洪水预报预见期的重要方法。

建立气象-水文耦合洪水预报模型的第一步是要实现对降水的预报。通过数值天气预报模式预报降雨是较为有效的手段。一般来说,数值天气预报的空间分辨率在 10～100 km(即计算网格大小),而流域水文模型的空间分辨率通常在 1 km 或更高精度。这时候需要利用降尺度(down-scaling)方法将预报降雨进行进一步插值,获得高精度预报降雨,实现预报降雨的空间分辨率与水文预报模型模拟尺度的匹配。在获得预报降水之后,将预报降水作为水文模型的输入,利用流域水文模型即可实现对中期水文情势的预报。

目前,国内外研究者在采用数值天气预报进行洪水预报方面已开展了诸多研究。研究结果均显示数值天气预报能有效延长预报的预见期,耦合预报能够有效预报模拟流域的洪水过程。因此,气象与水文相结合的方法是未来洪水预报的发展趋势。

2. 长期径流预测

工程水文学中,通过对历史长期径流资料的回顾性分析,根据分析流域径流时间序列的概率统计特征对未来的来水情况进行估计,如通过长期径流实测资料来设计年径流及年内流量分配,这是传统的长期预报方法之一。但这种方法存在明显的不足,一方面它依赖于长期的历史观测资料,在缺测地区的长期径流预报应用时存在局限;另一方面则由于全球气候变化的影响,水文气象观测资料的非平稳性导致过去观测记录并不能反映未来水文气候情景的统计特征,导致基于对历史资料统计分析的传统方法失效。

水文-气象遥相关方法,是指根据相隔一定距离的气候或水文要素之间的联系,建立相关关系并用于水文预报。流域水文过程与全球水循环之间存在广泛关联,水文和气象的相互影响共同决定了流域径流丰、枯等水文特征。通过统计分析,建立径流与海平面气温、海平面气压、大气环流指数等大尺度水文-气象因子间的遥相关关系。相比基于前期径流预报后期径流的传统方法,水文-气象遥相关方法具有较强的水文气象的物理基础,使其具有更长预见期和相对更高的预报精度。

随着全球及区域大气观测、数值气候模式以及数据同化技术得到迅速发展,未来气候预测能力也将随之提高,这将为长期径流预测提供新的途径。

参 考 文 献

[1]　詹道江,叶守泽. 工程水文学[M]. 3 版. 北京:中国水利水电出版社,2000.

[2]　BRUTSAERT W. Hydrology:an introduction[M]. Oxford:Cambridge University Press,2005.

[3]　MAIDMENT D R. Handbook of hydrology[M]. New york:McGraw-Hill Inc. ,1992.

[4]　CHOW V T, MAIDMENT D R,MAYS L W. Applied hydrology[M]. Noida:Tata McGraw-Hill Education,1988.

[5]　包为民. 水文预报[M]. 4 版. 北京:中国水利水电出版社,2009.

[6]　程根伟,舒栋才. 水文预报的理论与数学模型[M]. 2 版. 北京:中国水利水电出版社,2009.

[7]　汤成友,官学文,张世明. 现代中长期水文预报方法及其应用[M]. 北京:中国水利水电出版社,2008.

[8]　水利部长江水利委员会. 水文预报方法[M]. 北京:水利电力出版社,1993.

习   题

9.1   水文预报方法的分类有哪儿种？

9.2   以下游同时水位为参数的相应水位预报法适用于何种河段情况？为什么？

9.3   采用相应水位（流量）法进行洪水预报时，根据实测资料点绘的相关图不一定具有规律。试分析其影响因素，并提出相应处理方法。

9.4   简要叙述在相应水位法预报方案中，加入下游站同时水位作为参数的目的。

9.5   河道洪水在运动中会发生哪种变形？其内因和外因是什么？

9.6   某河段上、下游洪水预报方案如题9.6图所示。当已知该河段7月3日5时20分上游站洪峰水位为25 m时，预报下游站出现的洪峰水位及时间。

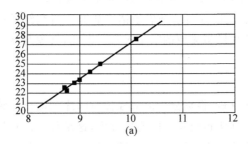 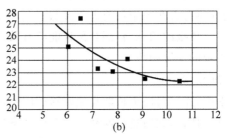

题9.6图

9.7   某河段流量演算采用马斯京根方法，计算时段 $\Delta t = 18$ h，马斯京根槽蓄曲线方程参数 $x = 0.15$，$K = 18$ h。试求马斯京根流量公式中系数 C_0、C_1、C_2。

9.8   已知某站地下水的退水曲线如题9.8表所示，推求退水曲线方程 $Q = Q_0 e^{-\beta t}$ 中 $0 \sim 6$ d间 β 的平均值。

题9.8表   某站地下水的退水曲线

时间 t/d	0	1	2	3	4	5	6
Q_i	5.0	4.1	4.1	3.8	3.4	3.1	2.8

第 10 章　水文统计分析方法

由于水文现象具有随机性,因此,采用数理统计的方法对其进行研究是合理可行和必要的。例如,在某流域上设计一个水库,为了保证水库防洪安全,需要知道在水库运营期间内的最大洪水。水库的运营期一般在 100 年以上,由于洪水的影响因素很多,要预测 100 年内可能发生的最大洪水,难以采用成因分析方法对洪水作出定量分析,只能采用水文统计方法对洪水作出概率预估。

数理统计在水文中的应用称为水文统计。水文统计的任务就是分析水文随机现象的统计特性,并以此为基础对水文现象未来可能的长期变化作出在概率意义下的定量预估,为水利工程规划、设计、施工以及运营管理提供水文计算方法。

本章讲述水文统计的基本知识及其在水文计算中的应用。

10.1　水文序列及其统计特征

10.1.1　水文序列的概念

水文现象与一切自然现象一样,在其发生、发展和演变过程中,都具有必然性和偶然性的特点。对于必然现象,一般可以通过成因分析方法来解决,如根据流域的一场降雨过程和流域的前期湿润状况,并借助于径流成因公式来预报径流过程。

水文现象的偶然性(或称随机性),直接从观测数据上似乎无规律可言,但是在观测了大量的同类随机现象以后,可以发现其存在一定的规律性。如河流断面上的每年的年径流量均不同,是一种随机现象,但根据多年长期观测结果,却能发现年径流量的多年平均值是一个相对稳定的值。水文统计分析的主要任务就是从大量观测数据中找出水文变量的统计规律。

自然界中实际发生的水文过程一般是连续的,但是人们对水文过程的观测通常是不连续的。因此,在水文统计分析中常常以水文时间序列来代替连续水文过程。构造水文时间序列通常有如下 3 种方法。

(1) 在时间、区间上取平均值。例如对流量过程按月取平均,得到月平均流量序列。

(2) 按某种规则取特征值。例如挑选每个水文年中的最大流量,得到年最大流量序列。

(3) 在离散时刻上取样。例如每日定时测水位,得到定时水位序列。

10.1.2　概率与频率

随机事件出现的可能性大小称为事件的概率。通过多次重复试验来估计事件的概率,称为频率。设事件

A 在 n 次随机试验中出现了 m 次,则

$$W(A) = \frac{m}{n} \tag{10-1}$$

$W(A)$ 为事件 A 在 n 次试验中出现的频率。式(10-1)中的 n 是随机试验的次数。当试验次数 n 不大时,事件的频率出现明显的随机性。但当试验次数 n 增加到相当大时,事件的频率就会逐步稳定。当试验次数 n 趋于无穷大时,频率趋近于概率。这一定律在概率论中称为大数定律。可以通过多次试验,把事件的频率作为事件的概率近似值。一般将这样估计得到的概率称为统计概率或经验概率。经验概率在水文统计中有重要意义。一般对于水文随机事件,其概率只能通过大量的观测资料(试验结果)求到的频率来估计。水文学上习惯研究随机变量 X 的取值等于或大于某个值 x 的概率,表示为 $P(X \geqslant x)$,P 是 x 的函数,称作随机变量 X 的分布函数(distribution function),记作 $F(x)$,则有

$$F(x) = P(X \geqslant x)$$

表示随机变量 X 大于或等于 x 的概率,其几何曲线称作随机变量的概率分布曲线,水文学上通常称累计频率曲线,简称频率曲线,图 10-1 为某雨量站年降雨量概率分布曲线。从多年平均情况而言,该站的年降雨量大于 900 mm 的可能性为 15%,大于 500 mm 的可能性为 60%。

对连续型随机变量,密度函数是分布函数的一阶导数,记 $f(x) = F'(x)$。分布函数 $F(x)$ 是密度函数 $f(x)$ 的积分,即

$$F(x) = P(X \geqslant x) = \int_x^\infty f(x) \mathrm{d}x \tag{10-2}$$

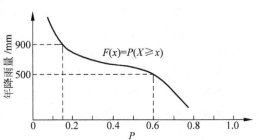

图 10-1 某雨量站年降雨量概率分布曲线

分布函数 $F(x)$ 和密度函数 $f(x)$ 能完整地描述随机变量的概率分布规律,能反映出随机变量的基本特征。

10.1.3 水文序列的统计特征

在统计学中用以表示随机变量的主要分布特征的某些数字称为随机变量统计参数。如果知道分布函数的类型,还可以根据统计参数求出分布函数。水文学主要关注的分布特征是位置特征、离散特征和对称特征,涉及的统计参数介绍如下。

1. 反映位置特征参数

位置特征参数是描述随机变量在数轴上位置的特征数,主要有平均数、中位数和众数。

(1) 平均数/数学期望

数学期望或平均数代表整个随机变量系列的水平,可以说明这一系列水平的高低,即它为分布的中心。对离散型随机变量,概率的可能值 x_i 的概率为 P_i,则其均值为

$$\bar{x} = \sum_{i=1}^n x_i P_i \tag{10-3}$$

P_i 可以视为 x_i 的权重。可见离散型随机变量的均值是以概率为权重的加权平均值。这种加权平均数也称为数学期望,记为 $E(X)$。

对于连续型随机变量,有

$$E(X) = \int_a^b x f(x) \mathrm{d}x \tag{10-4}$$

式中,a、b 分别为随机变量 X 取值的上下限。

例如,甲河多年平均流量 $\bar{Q}_甲 = 2460 \text{ m}^3/\text{s}$,乙河多年平均流量 $\bar{Q}_乙 = 20.1 \text{ m}^3/\text{s}$,说明甲河的水资源比乙河丰富。均值不仅是频率曲线方程中的一个重要参数,而且是水文现象的一个重要特征值。

（2）众数

众数（mode），记为 $M_o(x)$，表示概率密度分布峰点所对应的随机变量值。对于离散型随机变量：$M_o(x)$ 是使概率 $P(\xi=x_i)$ 等于最大时所相应的 x_i 值。即当 $P_i > P_{i+1}$ 且 $P_i > P_{i-1}$ 时，P_i 所对应的 x_i 值就是分布的众数。如图 10-2(a) 所示。对于连续型随机变量，众数 $M_o(x)$ 是概率密度函数 $f(x)$ 为最大值时所对应的 x_i 值，如图 10-2(b) 所示。

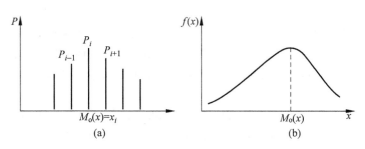

图 10-2　随机变量的众数

（a）离散型随机变量的众数；（b）连续型随机变量的众数

（3）中位数

中位数（median），记为 $M_e(x)$，中位数是把概率密度分布分为两个相等部分的随机变量值。对于离散型随机变量，将所有随机变量的可能取值按大小次序排列，位置居中的随机变量值就是中位数 $M_e(x)$。对于连续型随机变量，中位数 $M_e(x)$ 应满足：

$$\int_a^{M_e(x)} f(x)\mathrm{d}x = \int_{M_e(x)}^b f(x)\mathrm{d}x = \frac{1}{2}$$

即随机变量大于或小于中位数的概率均为 1/2，如图 10-3 所示。

2. 反映离散特征的参数

离散特征参数用以刻画随机变量分布离散程度（相对于随机变量平均值的差距），通常采用以下几种参数。

（1）标准差（均方差）（standard deviation）

随机变量的离散程度是用相对于分布中心来衡量的。设随机变量的平均数为 $\overline{X}$ 代表分布中心，因此，离散特征参数可用相对于分布中心的离差来表示。随机变量与分布中心的离差为 $X-\overline{X}$。因为随机变量的取值有些是大于 $\overline{X}$ 的，有些是小于 $\overline{X}$ 的，故离差有正有负，从概率统计上其平均值为零。为了使离差的正值和负值不至于相互抵消，一般取 $(X-\overline{X})^2$ 的平均值的开方作为离散程度的度量标准，称为标准差或均方差，记为 σ，即

$$\sigma = \sqrt{E(X-\overline{X})^2} \tag{10-5}$$

式中，$E(X-\overline{X})^2$ 为 $(X-\overline{X})^2$ 的数学期望，即 $(X-\overline{X})^2$ 的平均值。标准差的单位与 X 相同。显然，标准差 σ 值越大，分布越分散；σ 值越小，分布越集中，如图 10-4 所示。

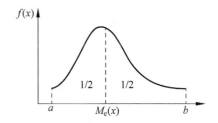

图 10-3　随机变量的中位数

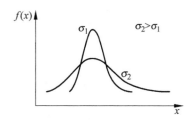

图 10-4　标准差对频率曲线的影响

（2）变差系数（离差系数或离势系数）（coefficient of variation）

标准差虽然可以说明随机变量的离散程度，但用标准差来比较均值不同的两个随机变量系列的离散程度则不太合适。

例如，有如下两个随机变量系列：

系列一：5，10，15，$\bar{x}=10$，$\sigma=4.08$；

系列二：995，1000，1005，$\bar{x}=1000$，$\sigma=4.08$。

以上两个系列的标准差虽然相同，但对于均值的相对离散程度则显然不同。系列一的最大值和最小值与均值差都是 5，相当于均值的 5/10=1/2；系列二的最大值和最小值与均值差虽然也都是 5，但只相当于均值的 5/1000=1/200。仅从标准差来看，两者的差距可以忽略不计；但是从标准差与均值的比值来看，两者的差距十分巨大。

可见，对于均值不同的这两个系列的离散程度难以用标准差来判断。因此，应采用相对性的指标来比较两个系列的离散程度，现用一个标准化的无因次的参数，即用均方差和均值的比来表示分布的相对离散程度，称为离差系数（变差系数或离势系数），记为 C_v：

$$C_v = \frac{\sigma}{E(X)} = \frac{\sigma}{\bar{X}} \tag{10-6}$$

显然，C_v 值越大，分布越分散；C_v 值越小，分布越集中，如图 10-5 所示。用上式可以计算出前面两个系列的离差系数分别为：$C_{v1}=0.408 > C_{v2}=0.004\,08$，说明系列一的离散程度要远高于系列二。

对水文现象来说，C_v 的大小可以反映河川径流在多年中的变化情况。例如，由于南方河流水量充沛，丰水年和枯水年的年径流相对来说变化较小，所以南方河流的 C_v 比北方河流一般要小。

3. 反映对称特征的参数

变差系数 C_v 只能反映随机变量系列的离散程度，不能反映系列对均值的对称程度。在水文统计中，通常采用无因次的偏态系数（偏差系数）C_s 作为衡量系列不对称（偏态）程度的参数，其表达式为

$$C_s = \frac{E(X-\bar{X})^3}{\sigma^3} \tag{10-7}$$

当系列对于 $\bar{x}$ 对称时，$C_s=0$，此时随机变量大于均值与小于均值的出现机会相等，即均值所对应的频率为 50%。当系列对于 $\bar{x}$ 不对称时，$C_s \neq 0$，其中，若正离差的立方占优势时，$C_s>0$，称为正偏；若负离差的立方占优势时，$C_s<0$，称为负偏；正偏情况下，随机变量大于均值比小于均值出现的机会小，亦即均值所对应的频率小于 50%，负偏情况下则正好相反。不同概率密度曲线的 C_s 见图 10-6。

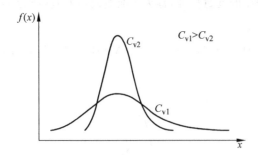

图 10-5　变差系数对密度函数的影响

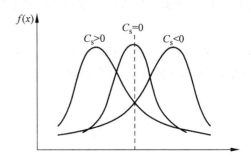

图 10-6　不同密度曲线下的偏态系数

总之，平均数（数学期望）反映随机变量系列的位置特征；变差系数（离差系数或离势系数）C_v 反映随机变量系列的离散特征；偏态系数（偏差系数）C_s 反映随机变量系列的对称特征。这些参数是水文计算中常用的 3 个重要参数，不仅说明了随机变量系列的分布特征，而且还可以利用这些参数来确定随机变量的分布函数，确

定分布规律,同时在生产实际中还另有其他重要意义。

10.2 水文学常用概率分布

水文计算中使用的概率分布曲线统称水文频率曲线,常用的有正态分布和皮尔逊Ⅲ型分布两种类型。

10.2.1 正态分布

自然界中许多随机变量如水文测量误差、抽样误差等一般服从或近似服从正态分布。正态分布具有如下形式的概率密度函数:

$$\frac{1}{\sigma\sqrt{2\pi}}\exp\left[-\frac{(x-\bar{x})^2}{2\sigma^2}\right], \quad -\infty < x < \infty \tag{10-8}$$

式中,$\bar{x}$为平均数;σ为标准差;e为自然对数的底。式(10-8)只包含两个参数,即均值$\bar{x}$和均方差σ。因此,若某个随机变量服从正态分布,只要求出它的$\bar{x}$和σ值,则其分布便可以完全确定下来。正态分布的密度曲线有以下几个特点。

(1) 单峰,只有一个众数;

(2) 对于均值$\bar{x}$对称,即$C_s = 0$;

(3) 曲线两端趋于无限,并以x轴为渐近线,如图10-7所示;

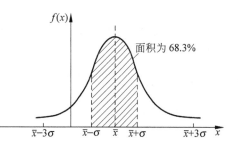

图 10-7 正态分布的概率密度曲线

(4) 正态分布的密度曲线与x轴所围成的面积应等于1。

可以证明,正态分布的密度曲线在$x\pm\sigma$处出现拐点,而且有

$$P(\bar{x}-\sigma \leqslant X < \bar{x}+\sigma) = \frac{1}{\sigma\sqrt{2\pi}}\int_{\bar{x}-\sigma}^{\bar{x}+\sigma} e^{-\frac{(x-\bar{x})^2}{2\sigma^2}}dx = 0.683 \tag{10-9}$$

$$P(\bar{x}-3\sigma \leqslant X < \bar{x}+3\sigma) = \frac{1}{\sigma\sqrt{2\pi}}\int_{\bar{x}-3\sigma}^{\bar{x}+3\sigma} e^{-\frac{(x-\bar{x})^2}{2\sigma^2}}dx = 0.997 \tag{10-10}$$

由式(10-9)和式(10-10)可以看出,$\bar{x}\pm\sigma$区间所对应的面积占全面积的68.3%,$\bar{x}\pm3\sigma$区间所对应的面积占全面积的99.7%(见图10-7)。正态分布的这种性质,将在后面的误差分析中应用到。

10.2.2 皮尔逊Ⅲ型分布

皮尔逊Ⅲ型分布曲线是英国生物学家皮尔逊通过很多资料的分析研究,提出的一种概括性的曲线族,包括13种分布曲线,其中第Ⅲ型曲线在水文计算中应用最广,成为当前水文计算中常用的频率曲线。

皮尔逊Ⅲ(P-Ⅲ)型频率曲线是一条一端有限一端无限的不对称单峰、正偏曲线(见图10-8),其概率密度函数为

$$f(x) = \frac{\beta^\alpha}{\Gamma(\alpha)}(x-a_0)^{\alpha-1}e^{-\beta(x-a_0)} \tag{10-11}$$

式中,$\Gamma(\alpha)$为α的伽马函数,$\Gamma(\alpha) = \int_0^\infty x^{\alpha-1}e^{-x}dx$;$\alpha$、$\beta$分别为伽马函数的形状参数和尺度参数,$a_0$为变量的最小值。可见,当这3个参数确定后,P-Ⅲ型密度函数亦完全确定。经推证,它们与3个统计参数$\bar{x}$、C_v、C_s具有如下关系:

$$\alpha = \frac{4}{C_s^2}, \quad \beta = \frac{2}{\bar{x}C_v C_s}, \quad a_0 = \bar{x}\left(1 - \frac{2C_v}{C_s}\right) \tag{10-12}$$

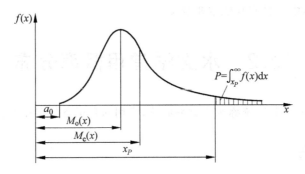

图 10-8　皮尔逊Ⅲ型分布的概率密度曲线

在水文计算中,通常需要知道某一指定概率 P 相应的随机变量的特征值 x_P。即采用 P-Ⅲ型分布,x_P 应满足下列等式:

$$P = P(X > x_P) = \int_{x_P}^{\infty} \frac{\beta^{\alpha}}{\Gamma(\alpha)} (x - a_0)^{\alpha-1} e^{-\beta(x-a_0)} \, dx \tag{10-13}$$

按式(10-13)计算相当复杂,故实用中,通常采用以下两种简化方法。

(1) 标准化变换

取标准变量(水文计算中称离均系数)$\Phi = \dfrac{(x-\bar{x})}{\bar{x} C_v}$,即 $x = \bar{x}(1 + \Phi C_v)$ 代入式(10-12),α、β、a_0 用相应的 $\bar{x}$、C_v 和 C_s 函数关系式(10-13)表示,经简化后得

$$P(\Phi \geqslant \Phi_P) = \int_{\Phi_P}^{\infty} f(\Phi, C_s) \, d\Phi \tag{10-14}$$

式(10-14)积分中含有参数 C_s,而 $\bar{x}$、C_v 参数包含在 $\Phi = \dfrac{(x-\bar{x})}{\bar{x} C_v}$ 中,只要给出 C_s 值,则可计算出 Φ_P 和 P 的对应值。在生产实际中,可根据已制成的 C_s-P-Φ_P 对应关系表进行频率计算,如表 10-1 所示。由给定的 C_s 及不同的 P,从 P-Ⅲ型曲线离均系数 Φ 值表可查出不同的 Φ_P 值,再由下式

$$x_P = (\Phi_P C_v + 1) \bar{x} \tag{10-15}$$

即可求出与各种 P 相应的 x_P 值,从而可绘出频率曲线。x_P 即为指定概率 P 所相应的随机变量的取值。这是水文统计分析中要求计算的一个量,如求频率 $P = 1/100$(水文学常称为百年一遇)时的径流量表示为 $Q_{P=1\%}$。

表 10-1　P-Ⅲ型曲线离均系数 Φ_P 值表

$P/\%$ C_s	0.01	0.1	1	10	50
0.0	3.72	3.09	2.33	1.28	0.00
0.1	3.94	3.23	2.40	1.29	0.02
0.2	4.16	3.38	2.47	1.30	0.03

注: 计算用的详表见附录 A。

【例 10-1】　已知:某地年平均降雨量 $\bar{x} = 1000$ mm,$C_v = 0.5$,$C_s = 1.0$,而且年降雨量符合 P-Ⅲ型分布。求 $P = 1\%$ 的年降雨量。

【解】　由 $C_s = 1.0$ 及 $P = 1\%$,查附录 A 得 $\Phi_P = 3.02$,则得 $x_P = x_{1\%} = (\Phi C_v + 1) \bar{x} = (3.02 \times 0.5 + 1) \times 1000 = 2510$(mm)。

（2）模比系数

引入模比系数 $K_P = x_P/\bar{x}$，由 $x_P = (\Phi_P C_v + 1)\bar{x}$ 可推求出 $K_P = \Phi_P C_v + 1$，由此建立 C_v-K_P-P 的对应数值关系，并制成 P-Ⅲ型曲线模比系数 K_P 值表（见附录 B）。

采用模比系数法求解上例中的问题：

由 $C_v = 0.5$，$C_s = 2 \times C_v = 1.0$，$P = 1\%$，查附录 B 得 $K_P = 2.51$，则得 $x_{P=1\%} = K_P \times \bar{x} = 2.51 \times 1000 = 2510$ mm。

以上仅介绍水文统计中常用的两种频率曲线，但必须指出，由于水文现象的复杂性，水文随机变量究竟服从哪种分布，目前难以从理论上进行推断。不过，从现已掌握的资料看，P-Ⅲ型曲线比较符合水文随机变量的分布。

10.3　水文频率分析

在概率分布函数中都含有一些表示分布特征的参数，例如，皮尔逊Ⅲ型分布曲线中就包含有 $\bar{x}$、C_v、C_s 共 3 个参数。为了具体确定出概率分布函数，就需要估计出这些参数。由于水文现象的总体通常是无限的，且水文随机变量的总体无法取得，因此需要在总体不知道的情况下，通过从总体中抽出的样本（观测的系列）去估计总体参数。这种用有限的样本观测资料去估计总体分布线型中的参数，称为参数估计。

由样本估计总体参数的方法很多，例如矩法、极大似然法、概率权重矩法、权函数法及适线法等。我国水文计算中一般采用皮尔逊Ⅲ型频率曲线，故本节只论述皮尔逊Ⅲ型频率曲线参数估计的一些主要方法。

10.3.1　概率分布的参数估计

矩法是用样本矩估计总体矩，并通过矩和参数之间的关系，来估计概率分布参数的一种方法。该法计算简便，因此，是频率分析计算中广泛使用的一种方法。

已知样本的随机系列 $x_1, x_2, x_3, \cdots, x_n$，则可按以下的公式分别估求出样本的 3 个统计参数 $\bar{x}$、C_v、C_s。

样本的均值 $\bar{x}$ 为

$$\bar{x} = \frac{1}{n} \sum_{i=1}^{n} x_i \tag{10-16}$$

样本标准差 $S = \sqrt{\sum_{i=1}^{n} \frac{(x_i - \bar{x})^2}{n}}$，故样本的离差系数按下式计算：

$$C_v' = \frac{S}{\bar{x}} = \sqrt{\sum_{i=1}^{n} \frac{\left(\frac{x_i}{\bar{x}} - 1\right)^2}{n}} = \sqrt{\frac{1}{n} \sum_{i=1}^{n} (K_i - 1)^2} \tag{10-17}$$

式中，$K_i = \dfrac{x_i}{\bar{x}}$，称作模比系数。

样本的偏态系数为

$$C_s' = \frac{\sum_{i=1}^{n} (K_i - 1)^3}{n C_v'^3} \tag{10-18}$$

但应注意，以上 3 个公式求到的参数是根据样本求参得到，故与相应的总体的同名参数是不相等的。但是，我们希望由样本系列计算出来的统计参数与总体更接近些，因此需将上述公式加以修正。设想有许多同容量的样本,每一个样本可按上式分别计算出统计参数,对多个同名的统计参数求其均值,当样本数不断增加时,同名的统计参数其平均值能否可望等于总体的同名参数? 据统计推理,用式(10-16)求得的均值 $\bar{x}$ 从平均意义上可以等于总体的均值,称为无偏估计量。而用式(10-17)和式(10-18)求得的 C'_v 和 C'_s 从平均意义上却不等于总体的同名参数,一般称这样的估值为有偏估值。故为了使其变成无偏估计量需要对参数 C'_v 和 C'_s 的计算公式进行修正。

C_v、C_s 的无偏估计量的修正计算式:

$$C_v = C'_v \sqrt{\frac{n}{n-1}} = \sqrt{\frac{\sum_{i=1}^{n}(K_i-1)^2}{n-1}} \tag{10-19}$$

$$C_s = C'_s \frac{n^2}{(n-1)(n-2)} = \frac{\sum_{i=1}^{n}(K_i-1)^3}{nC'^3_v} \frac{n^2}{(n-1)(n-2)} = \frac{\sum_{i=1}^{n}(K_i-1)^3}{(n-3)C^3_v} \text{(当 n 较大时)} \tag{10-20}$$

必须指出,用上述无偏估值公式算出来的参数作为总体参数时,只能说有很多个同容量的样本资料,用上述公式计算出来的统计参数的均值,期望等于总体的同名参数。在现行水文频率计算中,当用矩法估计参数时,一般都是用上述公式估算频率曲线的分布参数,作为适线法的初始的估计值。

但应该注意,水文事件总体是无限的,而样本的容量是有限的,仅仅是总体中一部分。显然,利用样本求得的无偏估计参数与总体同名参数总是有一定的误差,在统计学上称为抽样误差。因此,以样本参数替代相应的总体参数时,在实际应用中需要考虑这一误差。但该误差无法准确求到,只能在概率意义下作出某种估计。

现以样本的平均值为例说明其抽样误差概念和估算的方法。

根据 n 个容量均为 n 的样本,可求到各个样本的参数 $\bar{x}_{ni}$,对总体同名参数 $\bar{x}_T$ 的抽样误差为 $\Delta x_i = \bar{x}_{ni} - \bar{x}_T$(同理,可求 ΔC_v、ΔC_s,以下仅列举 $\Delta \bar{x}$)。同一总体中各个样本的均值和抽样误差列于表 10-2 中。

表 10-2　抽样误差表

从总体抽出的样本	均值 $\bar{x}$	$\bar{x}$ 的抽样误差
样本 1: $x_1^{(1)}, x_3^{(2)}, x_3^{(3)}, \cdots, x_n^{(1)}$	$\bar{x}_{n1}$	$\Delta x_1 = \bar{x}_{n1} - \bar{x}_T$
样本 2: $x_1^{(2)}, x_2^{(3)}, x_3^{(3)}, \cdots, x_n^{(2)}$	$\bar{x}_{n2}$	$\Delta x_2 = \bar{x}_{n2} - \bar{x}_T$
$\vdots$	$\vdots$	$\vdots$
样本 i: $x_1^{(i)}, x_2^{(i)}, x_3^{(i)}, \cdots, x_n^{(i)}$	$\bar{x}_{ni}$	$\Delta x_i = \bar{x}_{ni} - \bar{x}_T$
$\vdots$	$\vdots$	$\vdots$
样本 n: $x_1^{(n)}, x_2^{(n)}, x_3^{(n)}, \cdots, x_n^{(n)}$	$\bar{x}_{nm}$	$\Delta x_n = \bar{x}_{nm} - \bar{x}_T$

样本的某个抽样值 x_i 是一随机变量,故作为 x_i 函数的样本平均数 $\bar{x}_{ni}$ 也是一随机变量,具有一定的概率分布,其分布称为样本平均数的抽样分布。同理,平均数抽样误差 $\Delta x_i = \bar{x}_{ni} - \bar{x}_T$ 也是随机变量,其分布称为均值误差的抽样分布。因此抽样误差的大小要与概率联系起来。根据误差理论,当样本容量 n 较大时,根据中心极限定理,样本平均数的抽样分布趋近于正态分布;同时还可以证明,当样本无限增多时,样本平均数的抽样分布的期望值正好等于总体的均值,即

$$E(x) = \lim_{j \to \infty} \frac{\bar{x}_{n1} + \bar{x}_{n2} + \cdots + \bar{x}_{nj}}{j} = \bar{x}_T$$

因此可以用抽样分布中的标准差(均方差) σ 来作为度量均值误差的指标,称为均方误差(mean square error),则有

$$\sigma_{\bar{x}} = \sqrt{E(\bar{x} - \bar{x}_T)^2}$$

同理,与样本平均数的抽样误差类似,样本的 C_v、C_s 的抽样误差,可以它们相应的抽样分布的均方误 C_v、C_s 来表示。因此,只要样本参数的均方误为已知,则可以对该样本参数的抽样误差作出估计。

由于抽样分布通常为正态分布,由正态分布的特性可知:

$$P(\bar{x} - \sigma_{\bar{x}} \leqslant \bar{x}_T \leqslant \bar{x} + \sigma_{\bar{x}}) = 68.3\%$$

$$P(\bar{x} - 3\sigma_{\bar{x}} \leqslant \bar{x}_T \leqslant \bar{x} + 3\sigma_{\bar{x}}) = 99.7\%$$

上式的物理意义说明若随机抽取一个样本,则以此样本的均值作为总体均值的估计值时,有 68.3% 的可能性其误差不超过 $\sigma_{\bar{x}}$,有 99.7% 的可能性误差不超过 $3\sigma_{\bar{x}}$。

式(10-21)～式(10-24)分别是当总体为 P-Ⅲ 型分布时,其样本各参数的均方误计算表达式(这里不作推导):

$$\sigma_{\bar{x}} = \frac{\sigma}{\sqrt{n}} \tag{10-21}$$

$$\sigma_\sigma = \frac{\sigma}{\sqrt{2n}} \sqrt{1 + \frac{3}{4} C_s^2} \tag{10-22}$$

$$\sigma_{C_v} = \frac{C_v}{\sqrt{2n}} \sqrt{1 + 2C_v^2 + \frac{3}{4} C_s^2 - 2C_v C_s} \tag{10-23}$$

$$\sigma_{C_s} = \sqrt{\frac{6}{n} \left(1 + \frac{3}{2} C_s^2 + \frac{5}{16} C_s^4\right)} \tag{10-24}$$

以上均方误计算公式中,σ、C_v、C_s 分别为总体的均方差,离差系数和偏态系数,但由于总体的统计参数是未知的,故可用样本的相应的统计参数来代替。根据以上计算公式,可以看出,样本统计参数抽样误差随样本的均方差 σ、离差系数 C_v 及偏态系数 C_s 的增大而增大;而样本统计参数抽样误差随样本的容量 n 的增大而减少。因此水文计算常用延长系列增加容量 n 的方法,来减少抽样误差。

以上具有概率概念的误差计算公式,只是许多容量相同样本误差的平均情况,至于某个实际样本误差的大小则与计算公式所计算的误差有差别。样本实际误差的大小则要看样本对于总体的代表性高低而定。如何检验代表性和增加样本的代表性,将在后续章节中阐述。

用上述计算式(10-21)～式(10-24)估算参数的方法称为矩法。经验表明,用矩法估算参数,除了有抽样误差外,还存在系统误差。据统计试验结果表明,对于容量 n 为 20 的样本,当 C_v 及 C_s 较大时,矩法求得的均值较真值(即总体的同名参数值)偏小可达 1/6。因此,在水文计算中,一般不采用矩法估算参数(它仅仅用以初估参数),而用配线法(适线法)来推求参数。

10.3.2　水文频率分析

现行水文频率计算多采用配线法(或称适线法),它是以经验频率点据为基础,在一定的适线准则下,求解与经验点据拟合最优的频率曲线参数,这是一种较好的能满足水文频率分析要求的估计方法。它的实质是通过样本经验分布去推求总体分布。下面先介绍有关的基本概念。

1. 经验频率及经验频率曲线

如已知某地年降雨量有 12 次的观测数据($n=12$),并由大到小排列(见表 10-3),则经验频率就是样本系列中大于和等于某一变量值 x 的出现次数和样本容量的比,计算公式为

$$P = \frac{m}{n} \times 100\% \tag{10-25}$$

式中,P 为变量大于及等于某一变量值 x 的经验频率;m 为 x 由大到小排列的序号,即在 n 次观测资料中出现

大于或等于某一值 x 的次数；n 为样本的容量，即观测资料的总项数。

表 10-3　经验频率计算表

年降雨量 x	出现次数	大于或等于 x 的次数 m	经验频率 $P/\%$
1310	1	1	8.3
1210	1	2	16.5
1100	1	3	25.0
1050	1	4	33.0
1010	1	5	41.6
990	1	6	50.0
950	1	7	58.5
920	1	8	67.0
910	1	9	75.0
905	1	10	83.0
850	1	11	91.5
820	1	12	100

由此可绘出一经验频率分布曲线，如图 10-9 所示。可见，经验频率分布曲线就是根据实测资料绘制而成的，它是水文频率计算的基础。

该经验频率曲线反映年降雨量 $(X \geqslant x)$ 的经验频率 $P(X \geqslant x)$ 和 x 的关系。随着样本容量 n 的增加，频率 P 就非常接近于概率，而该经验频率分布曲线就非常接近于总体的频率分布曲线。

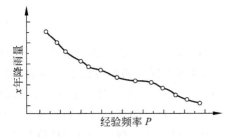

图 10-9　经验频率分布曲线

样本每一项的经验频率用公式 $P = m/n$ 进行计算，当 $m = n$ 时，$P = 100\%$，说明样本的最末项为总体的最小值，这是不合理的。因为水文资料是无限的，随着观测年数的增加，显然会有更小的值出现，故必须探求一种合理估算经验频率的方法，这需要对式(10-25)进行修正，目前水文统计中常采用下面的几种公式来估算经验频率。

数学期望公式：

$$P = \frac{m}{n+1} \times 100\% \qquad (10\text{-}26)$$

切哥达也夫公式：

$$P = \frac{m-0.3}{n+0.4} \times 100\% \qquad (10\text{-}27)$$

海森公式：

$$P = \frac{m-0.5}{n} \times 100\% \qquad (10\text{-}28)$$

在水文频率计算中多采用数学期望公式。

2. 重现期

由于"频率"一词比较抽象，为了便于理解，生产实际中常采用"重现期"这一概念。所谓的重现期是指某一随机事件在很长时期内平均多长时间出现一次（水文学中常称为"多少年一遇"）。即在许多试验中，某一随机事件重复出现的平均时间间隔，即平均的重现间隔期。在水文分析中，重现期可以等效地替代频率。

频率 P 与重现期 T 之间的关系有下面两种表示法。

1) 当研究洪水或暴雨问题时

水文计算分析中关注的是大于某洪水或某暴雨量发生的频率,一般 $P<50\%$,因此采用

$$T = \frac{1}{P} \qquad (10\text{-}29)$$

式中,T 为重现期,以年计;P 为大于某水文变量 X_P 事件的频率。

例如,表 10-3 中,12 年中年降雨量大于 990 mm 的次数为 6 次(即 $N_P=12\times50\%=6$),可知该事件的重现期应为 $T=12/6=2$ 年。

按式(10-29)计算重现期也是 2 年:

$$T = \frac{1}{P} = \frac{1}{50\%} = 2 \text{ 年}$$

2) 当研究枯水问题时

水文计算分析中关注的是小于 X_P 的事件出现的频率,一般 $P>50\%$。由概率定理可知,若水文随机变量大于等于 X_P 的频率为 P,则小于 X_P 事件的频率应为等于 $1-P$。因此其重现期应为

$$T = \frac{1}{1-P} \qquad (10\text{-}30)$$

式中,T 为重现期,以年计;P 为大于某水文变量 X_P 事件的频率。

例如,表 10-3 中年降雨量大于等于 850 mm 的次数为 11 次$\left(\text{即为 } NP=12\times\dfrac{11}{12}=11\right)$,则小于 850 mm 的降雨次数为 1 次,即等于 $N(1-P)=12\times\dfrac{1}{12}=1$,可知该事件的重现期为 $T=12/1=12$ 年。

也可按式(10-30)计算:

$$T = \frac{1}{1-P} = \frac{1}{1-11/12} = 12 \text{ 年}$$

由于水文随机现象并无固定的周期性,因此水文上的重现期系指在很长的时期内(如 N 年)出现大于等于或小于某水文变量 x_P 事件的平均重现的间隔期。所谓百年一遇的暴雨或洪水,是指大于和等于这样的暴雨或洪水在长时期内平均 100 年可能发生一次,而不是每隔 100 年必然要出现一次。

3. 适线法(配线法)的步骤

现已知经验频率分布,则可以通过频率曲线和经验点据的配合来求总体分布参数。适线法主要有两大类,即目估适线法和优化适线法。

1) 目估适线法具体求解步骤

(1) 根据实测样本资料由大到小排列,按数学期望公式即式(10-26)计算经验频率,并在概率格纸上点绘经验频率点据,纵坐标为随机变量 $X=x$,横坐标为对应的经验频率 $P(X\geqslant x)$。

(2) 假定一组参数 $\bar{x}$、C_v、C_s,为了使得假定值大致接近实际,可选用矩法的估值作为 $\bar{x}$、C_v 的初始值,一般不求 C_s,而是根据经验假定 $C_s=KC_v$,K 为比例倍数,可选 $K=1.5,2,2.5,3$ 等倍数。

(3) 选定水文频率分布线型,对于水文的随机变量一般选 P-Ⅲ型。

(4) 根据选定的参数 $\bar{x}$、C_v、C_s,查 P-Ⅲ型曲线离均系数值表(附录 A)或 P-Ⅲ型曲线模比系数 K_P 值表(附录 B),即可得到 x_P-P 的频率曲线,将此频率曲线绘在有经验频率点的同一张图上,并与之比较,看它们的配合情况。若配合得不理想,则修改有关的参数,重复以上的步骤,进行重新配线。由于矩法估计的平均数一般误差较小,可不作修改,主要调整参数 C_v 及 C_s。

(5) 根据频率曲线与经验频率点配合的情况,从中选出一配合最佳的频率曲线作为采用曲线,则该曲线相应的参数可作为总体参数的估值。

可见,适线法的实质是通过样本经验分布来推求总体分布。适线法层次清楚,图像显明,方法灵活,操作容

易,所以在水文计算中采用广泛。适线法的关键在于"最佳配合"的判别。

在配线过程中,为了避免修改参数的盲目性,要了解参数$\bar{x}$、C_v、C_s对频率曲线的影响:

① 均值$\bar{x}$对频率曲线的影响

当 P-Ⅲ型频率曲线的参数 C_v 和 C_s 不变时,不同的均值$\bar{x}$可以使频率曲线发生很大的变化,其影响的规律是:均值$\bar{x}$值越大,则频率曲线位置越高;且均值$\bar{x}$值越大,则频率曲线越陡,如图 10-10 所示。

② 变差系数 C_v 对频率曲线的影响

为了消除均值的影响,以模比系数 K 为变量绘制频率曲线,如图 10-11 所示。可以看出,当 $C_v = 0$ 时,随机变量的取值都等于均值,则频率曲线即为 $K = 1$ 的水平线。随着 C_v 的增大,随机变量相对于均值越离散,频率曲线偏离的程度越大,故频率曲线显得越来越陡。

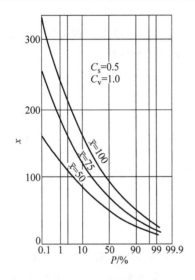

图 10-10 $\bar{x}$对频率曲线的影响($C_v = 0.5$,$C_s = 1.0$)

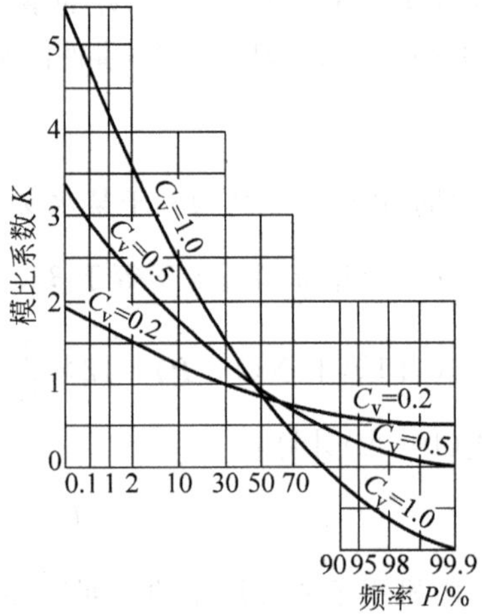

图 10-11 C_v 对频率曲线的影响($C_s = 1.0$)

③ 偏态系数 C_s 对频率曲线的影响

图 10-12 为 $C_v = 0.1$ 时各种不同的 C_s 对频率曲线的影响情况。从图中可以看出,正偏情况下,C_s 越大时,频率曲线的中部越向左偏,且上段越陡,下段越平缓。

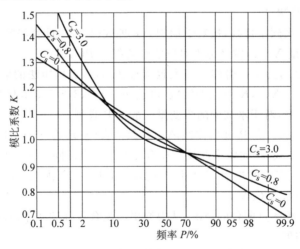

图 10-12 C_s 对频率曲线的影响($C_v = 0.1$)

【例10-2】　某站共有实测降水量资料24年,总体分布曲线选定为P-Ⅲ型。试求其统计参数。

【解】　计算步骤如下。

(1) 将实测数据按由大到小的次序排列,列入表10-4中的(4)栏。

(2) 应用公式 $P=\dfrac{m}{n+1}\times100\%$ 计算经验频率,列入表10-4中第(8)栏,并将 x 和 P 对应点绘在概率纸上。

(3) 计算系列的多年平均降水量 $\bar{x}=\dfrac{1}{n}\left(\sum\limits_{i=1}^{n}x_i\right)=15\,993.5/24=666.4$ mm。

(4) 计算各项的模比系数 $K_i=\dfrac{x_i}{\bar{x}}$,列入表10-4中第(5)栏,其总和应等于 n(表中有0.02的误差,可以接受)。

表 10-4　某站年降水量计算表

资料		经验频率及统计参数计算					
年份	年降雨量 x/mm	序号	按大小排列的 x_i/mm	模比系数 K_i	K_i-1	$(K_i-1)^2$	$P=\dfrac{m}{n+1}$/%
(1)	(2)	(3)	(4)	(5)	(6)	(7)	(8)
1956	538.3	1	1064.5	1.60	0.60	0.360	4
1957	624.9	2	998.0	1.50	0.50	0.250	8
1958	663.2	3	964.2	1.45	0.45	0.202	12
1959	591.7	4	883.5	1.33	0.33	0.104	16
1960	557.2	5	789.3	1.18	0.18	0.032	20
1961	998.0	6	769.2	1.15	0.15	0.022	24
1962	641.5	7	732.9	1.10	0.10	0.010	28
1963	341.1	8	709.0	1.07	0.07	0.005	32
1964	964.2	9	687.3	1.03	0.03	0.001	36
1965	687.3	10	663.2	1.00	0	0	40
1966	546.7	11	641.5	0.96	-0.04	0.002	44
1967	509.9	12	624.9	0.94	-0.06	0.004	48
1968	769.2	13	615.5	0.92	-0.08	0.006	52
1969	615.5	14	606.7	0.91	-0.09	0.008	56
1970	417.1	15	591.7	0.89	-0.11	0.012	60
1971	789.3	16	587.7	0.88	-0.12	0.014	64
1972	732.9	17	586.7	0.88	-0.12	0.014	68
1973	1064.5	18	567.4	0.85	-0.15	0.022	72
1974	606.7	19	557.2	0.84	-0.16	0.026	76
1975	586.7	20	546.7	0.82	-0.18	0.032	80
1976	567.4	21	538.3	0.81	-0.19	0.036	84
1977	587.7	22	509.9	0.77	-0.23	0.053	88
1978	709.0	23	417.1	0.63	-0.37	0.137	92
1979	883.5	24	341.1	0.51	-0.49	0.240	96
总计	15993.5		15993.5	24.02	-0.02	1.592	

(5) 计算各项的 K_i-1,列入表10-4中第(6)栏,其总和应等于零(表中为-0.02)。

(6) 计算各项的 $(K_i-1)^2$,列入表10-4中第(7)栏,并考虑到有偏的改正,即利用式(10-4)求得 C_v,即

$$C_v = \sqrt{\frac{\sum_{i=1}^{n}(K_i-1)^2}{n-1}} = \sqrt{\frac{1.592}{23}} = 0.26$$

(7) 初步选定 $C_v=0.30$，并假定 $C_s=2C_v=0.60$，查附表1，并利用式 $K_P=\Phi_P C_v+1$ 或利用附表2直接查出 K_P 值，则可计算出相应于各种频率的 x_P 值，如表 10-5 中第(3)栏所示。

表 10-5   频率曲线选配计算表

频率 P /%	第一次配线 $\bar{x}=666.4$ $C_v=0.30$ $C_s=2C_v=0.60$		第二次配线 $\bar{x}=666.4$ $C_v=0.30$ $C_s=3C_v=0.90$		第三次配线 $\bar{x}=666.4$ $C_v=0.30$ $C_s=2.5C_v=0.75$	
	K_P	x_P	K_P	x_P	K_P	x_P
(1)	(2)	(3)	(4)	(5)	(6)	(7)
1	1.83	1219	1.89	1259	1.86	1239
5	1.54	1025	1.56	1039	1.55	1032
10	1.40	933	1.40	933	1.40	933
20	1.24	826	1.23	820	1.24	826
50	0.97	646	0.96	640	0.96	640
75	0.78	520	0.78	520	0.78	520
90	0.64	426	0.66	439	0.65	433
95	0.56	373	0.60	400	0.58	386
99	0.44	293	0.50	333	0.47	313

根据表 10-5 中第(1)、(3)两栏的对应值点绘曲线，发现频率曲线的中段与经验频率点据配合尚好，但头部和尾部都偏于经验点据之下，故需要重新配线。

(8) 调整参数，重新配线。根据上述分析，由于曲线头尾都偏低，故需增大 C_s。仍然选定 $C_v=0.30$，但假定 $C_s=3C_v=0.90$，查附录B得到 K_P 值并计算出相应的 x_P 值，列于表 10-5 中第(4)、(5)栏。经点绘曲线，发现其头部和尾部却偏高于经验点据，配线仍然不理想。

(9) 再次改变参数，进行第三次配线。仍然选定 $C_v=0.30$，但假定 $C_s=2.5C_v=0.75$，同样查附录B得到 K_P 值并计算出相应的 x_P 值，列于表 10-5 中第(6)、(7)栏。经点绘曲线(见图 10-13)，发现该曲线与经验点据配合较好，即取为最后采用的频率曲线。该曲线的参数为 $\bar{x}=666.4$ mm，$C_v=0.30$，$C_s=2.5C_v=0.75$。

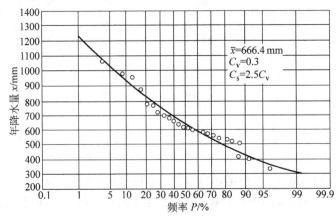

图 10-13   某站年降雨量频率曲线

适线法的关键在于"最佳配合"的判别,上例中采用人工的目估判断,通常称为目估适线法。但该法判断配线的好坏很大程度取决于个人的主观判断,缺乏客观的标准,结果一定程度上受到人为因素的影响。故采用优化适线法,可以克服目估适线法的不足。

2) 优化适线法

优化适线法是在一定的适线准则(即目标函数)下,求解与经验点据拟合最优的频率曲线的统计参数的方法。随着计算机的推广普及,带有一定准则的计算机优化适线法也常为许多设计单位使用,优化适线法按不同的适线准则分为 3 种:离差平方和最小准则(OLS)、离差绝对值和最小准则(ABS)、相对离差平方和最小准则(WLS)。本节只简要介绍离差平方和最小准则。

离差平方和准则的适线法又称最小二乘估计法。频率曲线统计参数的最小二乘估计是使经验点据和同频率的频率曲线纵坐标之差的平方和达到极小。对于 P-Ⅲ 型曲线,使以下目标函数

$$S(Q) = \sum_{i=1}^{n} \left[x_i - f(P_i Q_i) \right]^2, \quad i = 1, 2, \cdots, n \tag{10-31}$$

取极小值,即

$$S(\hat{Q}) = \min S(Q) \tag{10-32}$$

式中,Q 为参数($\bar{x}$、C_v、C_s);$\hat{Q}$ 为参数 Q 的最小二乘估计;P_i 为频率;n 为系列长度;$f(P_i, Q)$ 为频率曲线纵坐标,一般可写成 $f(P_i, Q) = \bar{x}[1 + C_v \Phi]$;$\Phi$ 为离均系数,为频率 P_i 和 C_s 的函数,可查附录 A 求得。

在参数优选时,一般采用两参数优选,即认为按矩法计算的均值误差较小,可作为均值 $\bar{x}$ 的最后估计值,不再优选,因而只须计算 C_v 和 C_s。

欲使式(10-31)的 $S(Q)$ 为最小,可将 S 对 Q 求偏导数,并使之等于 0,即

$$\frac{\partial S(\hat{Q})}{\partial Q} = 0 \tag{10-33}$$

求解上述正规方程组一般采用优选搜索的方法,即设若干个 C_s 分别计算 S 值,代入式(10-33),得相应的 C_v 值,如果算出的 S 值尚未达到最小(拟定的精度指标),则需继续搜索,直到取得最小值为止。

必须指出,不论用哪一类适线法,都有它的局限性,故必须结合具体情况作合理性分析,才能最终取用。

10.4　水文时间序列分析

时间序列分析是处理水文数据的一类重要方法。水文现象同时具有确定性和随机性,水文数据的时间序列也同时包含确定性成分和随机性成分。时间序列分析的目的是将确定性成分分离出来,并用统计学方法检验这些确定性成分是否显著。如果统计检验显示这些确定性成分是显著存在的,就可以导出相应的科学结论。时间序列分析是现代水文学研究的有力工具之一。

一般认为,时间序列中的确定性成分可以分为趋势、突变、周期三种类型,或者是三者的综合影响。若水文时间序列中存在上升或下降趋势,可以认为是自然的或是人为的渐进性变化导致的,进一步考察相关原因就能得到有意义的科学结论。例如土地利用的变化可能导致洪峰流量的变化,城市化进程对一个区域的降水过程有影响,由于温室气体排放导致的全球气候变化会影响全球蒸散发和能量平衡。与渐进性的趋势不同,时间序列的突变点暗示着灾难性自然或人为事件的影响。地震、森林大火、大型水利工程的修建,都有可能造成水文时间序列的显著突变。水文序列的周期性主要受地球自转和公转的影响,例如气温序列存在一天 24 小时的周期就与地球自转有关,一年四季的周期与地球公转有关。由于中国地处亚洲东部太平洋西岸的季风区,中国的风向和降水都存在显著的年周期。另外,工业、生活和灌溉用水存在一周 7 天的周期。

下面将分别介绍趋势、突变、周期三种确定性成分的分析方法,并给出应用实例。

10.4.1　趋势分析

趋势是时间序列中的一种确定性成分,指的是随时间连续增加或减少的倾向。水文条件的变化可能造成水文序列具有趋势性。城市化可能造成洪峰流量或径流增加;对地下水的需求增加可能造成地下水水位下降,地表水基流减少;气候变化可能影响降雨、气温等气候变量,进而影响地表水和地下水。

趋势分析的方法可以分为参数方法和非参数方法,参数方法又称为回归分析,或者相关分析。本小节主要介绍非参数方法。与参数方法相比,非参数方法不依赖于数据的分布,只考察数据按大小的相对排序。非参数方法不用假定残差呈正态分布,限制更少,应用更广泛。

下面介绍最常用的非参数趋势检验方法——Mann-Kendall 方法。对于时间序列 $X(t), t=1,2,\cdots,N$,将序列 $X(t')$ $(t'=t+1,t+2,\cdots,N)$ 与 $X(t)$ 比较大小,得到函数 $z(k)$ 的值,即

$$z(k) = \begin{cases} 1, & X(t) > X(t') \\ 0, & X(t) = X(t') \\ -1, & X(t) < X(t') \end{cases} \tag{10-34}$$

这样不重复的比较一共需要进行 $N(N-1)/2$ 次,所以 k 的取值范围从 1 到 $N(N-1)/2$。Mann-Kendall 统计量定义为所有 z 函数的和,即

$$S = \sum_{k=1}^{N(N-1)/2} z(k) \tag{10-35}$$

要检验趋势的显著性,需要定义检验统计量 T,即

$$T = \begin{cases} (S-1)/\sqrt{\mathrm{Var}(S)}, & S > 0 \\ 0, & S = 0 \\ (S+1)/\sqrt{\mathrm{Var}(S)}, & S < 0 \end{cases} \tag{10-36}$$

式中,S 的变差系数 $\mathrm{Var}(S)$ 可以如下计算:

$$\mathrm{Var}(S) = \frac{N(N-1)(2N+5)}{18} \tag{10-37}$$

上述变差系数计算公式只在 $z(k)=0$ 很少出现的情况下才能成立。所幸绝大多数水文时间序列都是连续变化的,例如降雨、径流、蒸发等,$z(k)=0$ 确实很少出现,使用上述方法没有问题。当分析离散时间序列时,需要采用不同的方法计算变差系数。

当检验统计量 T 满足 $|T| > z_{1-\alpha/2}$ 时,认为无趋势假设被拒绝,时间序列的趋势是显著的。其中 α 为显著性水平,一般取 5%。$z_{1-\alpha/2}$ 是标准正态分布下的随机变量值,对服从正态分布的随机变量 z,它的概率满足 $P(z > z_{1-\alpha/2}) = \alpha/2$。$|T| > z_{1-\alpha/2}$ 的意义是:如果原假设成立,那么 $|T| \leqslant z_{1-\alpha/2}$ 的概率应该是 95%。而 $|T| > z_{1-\alpha/2}$ 表示一个概率小于 5% 的事件发生了,说明原假设是显著不成立的。也就是说,该时间序列的趋势是显著的。

此外还必须强调,使用 Mann-Kendall 检验的前提是时间序列独立。若序列中存在正自相关性,序列的显著性水平可能被夸大,导致本不显著的趋势被误认为显著。因此在 Mann-Kendall 检验之前必须对序列进行预置白处理(pre-whitening),消除自相关成分。Yue 和 Wang 对该方法进行了进一步的改进,提出了 TFPW(trend-free pre-whitening)-MK 检验方法。

10.4.2　突变分析

突变分析是指使用统计学方法找出时间序列中的突变点,突变点前后的统计特征有明显不同。因为不依

赖于数据分布的非参数方法更适合分析水文数据,本节依旧着重介绍非参数方法。关于突变分析的参数方法,请有兴趣的同学们参考统计学教材和著作。

Conover(1971,1980)和 Salas(1993)提出了 Mann-Whitney 检验,用来检验两段时间序列的平均值是否显著不同,Mann-Whitney 检验的过程如下。

对于一段长度为 N 的时间序列从小到大排序,第 i 个观测值的排序为 R_i。将整个时间序列分为两部分,$1 \sim n_1$ 为第一部分,剩下长度 $n_2 = N - n_1$ 为第二部分。Mann-Whitney 统计量定义为第一部分的排列顺序的和,即

$$S = \sum_{i=1}^{n_1} R_i \tag{10-38}$$

检验统计量定义为

$$T = \frac{S - E(S)}{\sqrt{V(S)}} = \frac{S - \dfrac{n_1(N+1)}{2}}{\sqrt{\dfrac{n_1 n_2 (N+1)}{12}}} \tag{10-39}$$

如果 $|T| > z_{1-\alpha/2}$,那么两段序列平均值相等的假设就要被拒绝,也就是说时间序列的第 n_1 个点是突变点,该点前后的平均值发生了显著突变。其中 α 为显著性水平,一般取 5%。$z_{1-\alpha/2}$ 是标准正态分布下的随机变量值,对服从正态分布的随机变量 z,它的概率满足 $P(z > z_{1-\alpha/2}) = \alpha/2$。$|T| > z_{1-\alpha/2}$ 的意义是:如果原假设成立,那么 $|T| \leqslant z_{1-\alpha/2}$ 的概率应该是 95%。而 $|T| > z_{1-\alpha/2}$ 表示一个概率小于 5% 的事件发生了,说明原假设是显著不成立的,也就是说,两段序列的平均值显著不同。

10.4.3　周期分析

水文时间序列中的周期性有两种常见的分析方法,一种是自相关分析,一种是频率分析。自相关分析是计算水文序列的记忆性,随着时间的推移,水文序列会逐渐"忘记"自己的行为,如果时间足够长却没有"忘记",说明时间序列存在着周期性。频率分析是用各种频率、相位、振幅的三角函数曲线逼近原时间序列,原时间序列的周期性就体现在三角函数的频率中。下面分别简要介绍两种方法的计算过程。

1. 自相关分析

自相关分析可以给出一个时间序列内部先发生的事情和后发生的事情之间的相关性,用来分析时间滞后效应。自相关性可以理解为一个时间序列的记忆性。间隔时间为 τ 的自相关函数 $\rho(\tau)$ 可以表示为

$$\rho(\tau) = \frac{\text{Cov}(X(t), X(t+\tau))}{\text{Var}(X(t))} \tag{10-40}$$

式中,$X(t)$ 为原时间序列;$X(t+\tau)$ 为提前时间 τ 的错位时间序列;$\text{Cov}(X(t), X(t+\tau))$ 为两个序列之间的协方差;$\text{Var}(X(t))$ 为原序列的方差。

易见,当 $\tau = 0$ 时,有 $\rho(0) = \text{Cov}(X(t), X(t))/\text{Var}(X(t)) = 1$,自相关函数取得最大值。随着 τ 的增加,自相关函数逐步减小,表示随着时间的推移,时间序列会"忘记"自己的行为。以时间 τ 为横坐标,自相关函数 $\rho(\tau)$ 为纵坐标绘制时间序列的自相关图,如图 10-14 所示。

图 10-14(a)是一个典型的无周期随机过程。随着时间的推移自相关函数趋近于 0,表示时间序列逐渐"忘记"了自己的行为。当自相关函数趋近于 0 时,时间序列的自相关性也趋近于 0 了。图 10-14(b)表示一个具有周期性的随机过程。随着时间的推移,随机性成分的影响逐步减小,周期性成分的影响仍然存在。在自相关图上体现为正相关和负相关交替出现,随着时间的推移逐步稳定。

一般的水文时间序列是离散时间序列,因为水文观测都是有时间间隔的。令 Δt 为观测的时间间隔(日、

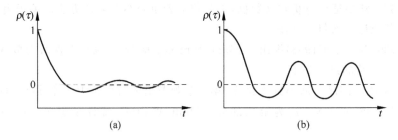

图 10-14　两种典型的自相关图

(a) 一个典型的随机过程,随着时间的推移逐渐"忘记"自己的行为;

(b) 具有周期性的随机过程,随着时间的推移,正相关和负相关稳定交替出现

月、年等),则时间 τ 可以表示为

$$\tau = k\Delta t \tag{10-41}$$

这样,总体的自相关函数 $\rho(\tau)$ 就可以用 $r(k)$ 来估计,即

$$r(k) = \frac{\sum\limits_{i=1}^{n-k} x_i x_{i+k} - \dfrac{\sum\limits_{i=1}^{n-k} x_i \sum\limits_{i=1}^{n-k} x_{i+k}}{n-k}}{\left[\sum\limits_{i=1}^{n-k} x_i^2 - \dfrac{\left(\sum\limits_{i=1}^{n-k} x_i\right)^2}{n-k}\right]^{1/2} \left[\sum\limits_{i=1}^{n-k} x_{i+k}^2 - \dfrac{\left(\sum\limits_{i=1}^{n-k} x_{i+k}\right)^2}{n-k}\right]^{1/2}} \tag{10-42}$$

式中,$x_i = X(t_i)$;$x_{i+k} = X(t_i + k\Delta t)$;$n$ 为总观测次数。

2. 频率分析

水文时间序列一般是离散序列。对于总长为 n 的离散时间序列 X_t,可以将其写成傅里叶级数展开的形式,即

$$X_t = a_0 + \sum_{i=1}^{q} a_i \cos 2\pi f_i t + \sum_{i=1}^{q} b_i \sin 2\pi f_i t \tag{10-43}$$

式中,a_0 为序列的平均值,$a_0 = \dfrac{1}{n}\sum\limits_{t=1}^{n} X_t = \overline{X}$;$q$ 为项数的最大值,当总长 n 为奇数时 $q(n-1)/2$,当 n 为偶数时 $q = n/2$;定义频率 $f_i = i/n$,它是基础频率 $1/n$ 的 i 倍,$i = 1, 2, \cdots, q$。

傅里叶系数 a_i 和 b_i 可以用如下公式确定,当 n 为奇数时,有

$$\begin{cases} a_i = \dfrac{2}{n} \sum\limits_{t=1}^{n} X_t \cos 2\pi f_i t \\ b_i = \dfrac{2}{n} \sum\limits_{t=1}^{n} X_t \sin 2\pi f_i t \end{cases} \tag{10-44}$$

当 n 为偶数时,最后两项为

$$\begin{cases} a_q = \dfrac{1}{n} \sum\limits_{t=1}^{n} X_t \cos \dfrac{2\pi(n/2)}{n} t = \dfrac{1}{n} \sum\limits_{t=1}^{n} (-1)^t X_t \\ b_q = 0 \end{cases} \tag{10-45}$$

可以作出傅里叶级数的频域图 $I(f_i)$,它被定义为频率 f_i 的函数,即

$$I(f_i) = \frac{n}{2}(a_i^2 + b_i^2) \tag{10-46}$$

$I(f_i)$ 表示时间序列 X_t 的方差被分配到不同的频率上,某一频率对应的 $I(f_i)$ 值越大,表示这个频率的强度越大,这样就能识别出时间序列在这一频率上有较强的周期性。可以证明,各频率的强度相加满足

$$\sum_{i=1}^{q} I(f_i) = n \cdot \mathrm{Var}(X_t) \tag{10-47}$$

对 $I(f_i)$ 作归一化处理可以得到谱密度函数 $g(f_i)$ 为

$$g(f_i) = \frac{I(f_i)}{n \cdot \mathrm{Var}(X_t)} \tag{10-48}$$

一般我们绘制谱密度函数 $g(f_i)$ 的图像,某频率的谱密度高,说明这个频率的周期性强。这样水文时间序列的周期性就可以被识别出来了。

傅里叶变换是数值分析课程的重要内容,在数字信号处理、全息技术、光谱和声谱分析中有重要的应用。一般在计算机上使用的是快速傅里叶变换法(FFT),与本节所介绍的略有不同,适合分析长度很长的时间序列,例如数字通信信号。对傅里叶变换感兴趣的同学,可以参考数值分析教材。近年来兴起的小波分析在水文学中应用更加广泛。傅里叶分析可以看作小波分析的一种特例,傅里叶分析是以三角函数做小波基的小波分析,而在真正的小波分析中我们还能选用更丰富多样的小波基。傅里叶分析只能识别时间序列整体的周期性,而小波分析能识别局部的周期性,例如某种水文气象指标在有的年代出现了周期性而有的年代没有,就暗示气候有可能发生变化。

10.5　水文相关分析

10.5.1　基本概念

水文现象中许多随机变量不是孤立的,实际中常会遇到两种或两种以上的水文随机变量,如降水和径流,上、下游的洪水,水位和流量等,它们之间均存在一定的联系。研究分析两个或两个以上随机变量之间的关系,称作相关性分析。

随机变量之间的关系一般有以下 3 种情况。

1. 完全相关(函数关系)

两个变量 x 与 y 之间,如果每给定一个 x 值,就有一个完全确定的 y 值与之相应,则这两个变量之间的关系就称为完全相关(或称函数关系)。其函数关系的形式可以是直线也可以是曲线,即 x、y 的关系点完全落在直线或曲线上(见图 10-15)。

2. 零相关(没有关系)

若两变量之间无任何联系或相互独立,即 x、y 的关系点毫无规律,十分分散,则称为零相关或没有关系(见图 10-16)。

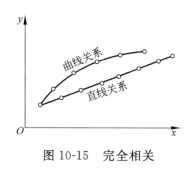

图 10-15　完全相关

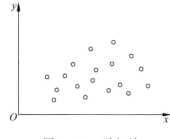

图 10-16　零相关

3. 统计相关(相关关系)

若两随机变量之间的关系介于完全相关和零相关两个极端之间的一种统计关系,如果把它们的对应数值点绘在方格纸上,便可以看出这些点虽有些散乱,但其关系却有一个明显的趋势,这种趋势可以用一定的数学曲线来拟合,则称这种关系为统计相关关系,如图 10-17 所示。

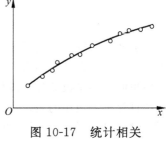

图 10-17　统计相关

以上研究两个随机变量的相关关系,一般称为简单相关。在水文计算中常常研究两个随机变量之间的相关关系,有时也处理三个或三个以上的变量的相关关系,则称为复相关。在水文预报中常用到复相关。本节重点介绍简单相关。

水文计算中的相关分析的主要任务如下。

(1) 确定两个变量间相关关系的数学表达式,以相关方程或回归方程表示。这样,可以由已知变量来推求未知变量。

(2) 判断两个变量间相关关系的密切程度,可以用一个称为相关系数的参数来表示。

故水文计算中常利用两个水文系列的相关关系,以长的水文系列为基础对短的系列进行延长和插补。

10.5.2　线性相关

水文计算中,一般处理两个变量间的相关关系,称简相关,简相关可分为直线相关和曲线相关。由于水文计算中直线相关应用得最多,而曲线相关相对较为复杂,应用较少,故本节重点介绍直线相关。

1. 回归方程及其误差分析

(1) 图解法

根据两个变量的实测值,将对应点绘于方格纸上,如果点群分布平均趋势近似为一直线,则以直线来近似

代表这种相关关系。通过点群中心目估绘出一条直线,然后在图上量出直线的截距 a 和斜率 b,则直线方程的形式为 $y=a+bx$,即为所求的相关方程。这种方法称为图解法(见图 10-18),该方法简便实用,而且一般情况下精度可以保证。但如果点据比较分散,难以用目估定线,则可采用下述的相关分析法。

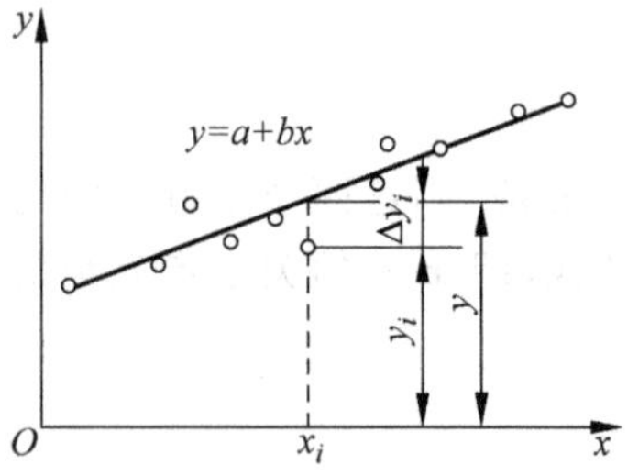

(2) 相关分析法

若相关点分布较散,目估定线有一定任意性,为保证一定精确性,最好采用分析法来确定相关线的方程。设该直线方程形式为

图 10-18　直线相关

$$y = a + bx \tag{10-49}$$

式中,x 为自变量;y 为倚变量;a、b 为待定常数,需要通过实测相关点来确定。

由图 10-18 可以看出,实测相关点与直线在纵轴方向必然存在离差。配合曲线与实测点在纵轴方向的离差为

$$\Delta y_i = y_i - y = y_i - a - bx_i$$

要求配合曲线与所有的实测点能"最佳"拟合,即满足所有的实测点的离差 Δy 的平方和为最小,即 $\sum (\Delta y)^2 = \sum (y_i - y)^2 = \sum (y_i - a - bx_i)^2$ 为最小值。欲使该式取得最小值,可分别对 a 和 b 求一阶偏导数,并令其为零,即

$$\begin{cases} \dfrac{\partial \sum (y_i - y)^2}{\partial a} = 0 \\[3mm] \dfrac{\partial \sum (y_i - y)^2}{\partial b} = 0 \end{cases}$$

式中,符号 $\sum$ 为 $\sum\limits_{i=1}^{n}$ 的简写形式,下同。

求解上列两联立方程式,可得

$$b = \gamma \frac{\sigma_y}{\sigma_x} \tag{10-50}$$

$$a = \bar{y} - b\bar{x} = \bar{y} - \gamma \frac{\sigma_y}{\sigma_x}\bar{x} \tag{10-51}$$

$$\begin{aligned} \gamma &= \frac{\sum (x_i - \bar{x})(y_i - \bar{y})}{\sqrt{\sum (x_i - \bar{x})^2 \sum (y_i - \bar{y})^2}} \\ &= \frac{\sum (K_{xi} - 1)(K_{yi} - 1)}{\sqrt{\sum (K_{xi} - 1)^2 \sum (K_{yi} - 1)^2}} \\ &= \frac{\sum (K_{xi} - 1)(K_{yi} - 1)}{(n-1)C_{vx}C_{vy}} \end{aligned} \tag{10-52}$$

式中,σ_x、σ_y 分别为 x、y 系列的标准差(均方差);$\bar{x}$、$\bar{y}$ 分别为 x、y 系列的平均值;C_{vx}、C_{vy} 分别为 x、y 系列的变差系数,可按不偏估计公式计算,即

$$C_{vx} = \sqrt{\frac{\sum (K_{xi} - 1)^2}{n-1}}, \quad C_{vy} = \sqrt{\frac{\sum (K_{yi} - 1)^2}{n-1}}$$

γ 为相关系数,可用以判断 x、y 之间相关的密切程度;K_{xi}、K_{yi} 分别为 x_i、y_i 系列的模比系数,$K_{xi} = \dfrac{x_i}{\bar{x}}$,$K_{yi} = \dfrac{y_i}{\bar{y}}$。

将 $a = \bar{y} - \gamma \dfrac{\sigma_y}{\sigma_x}\bar{x}$,$b = \gamma \dfrac{\sigma_y}{\sigma_x}$ 代入式(10-49)中得

$$y - \bar{y} = \gamma \frac{\sigma_y}{\sigma_x}(x - \bar{x}) \tag{10-53}$$

式中,$\gamma \dfrac{\sigma_y}{\sigma_x}$ 为回归线的斜率,一般称为 y 倚 x 的回归系数。

式(10-53)即为 y 倚 x 的回归方程,其曲线称为回归线或相关线,它的图形称为回归线或相关线。式(10-53)也可表示为

$$\frac{y - \bar{y}}{\sigma_y} = \gamma \frac{x - \bar{x}}{\sigma_x} \tag{10-54}$$

由以上推导可知,回归线仅是对点据拟合最佳的一条直线。由于 x、y 并非确定性关系,对于 $x = x_0$,无法知道其相应的真正值 y_0,通过回归方程求到的 $\hat{y}_0 = a + bx_0$ 仅仅是真正值 y_0 的一个估计值。故其与真正值 y_0 存在偏差。根据统计学的研究,由于随机因素的影响,真值 y_0 在估计值 $\hat{y}_0$ 上下波动呈正态分布,其均方误差可用公式表示。

y 倚 x 回归线的均方误估算公式为

$$S_y = \sqrt{\frac{\sum (y_i - y)^2}{n-2}} \tag{10-55}$$

式中,S_y 为 y 倚 x 回归线的均方误;y_i 为实测点的纵坐标值;y 为由回归方程求到的纵坐标值;n 为实测项的数目。

如前所述，可以用均方误进行误差分析，即对于任一固定的 $x=x_0$ 值，若以 $\hat{y}_0$ 作为 y 的估值，其误差不超过 S_y 的可能性为 68.3%，其误差不超过 $3S_y$ 的可能性为 99.7%。

另外，可以证明回归线的均方误 S_y 与系列标准差 σ 及相关系数 γ 有以下的关系：

$$S_y = \sigma_y \sqrt{1-\gamma^2} \tag{10-56}$$

式中，$\sigma_y = \sqrt{\dfrac{\sum(y_i-\bar{y})^2}{(n-1)}}$ 为 y 系列的标准差（无偏估计量）。

可知，均方误 S_y 值越大，则回归方程的误差越大。同理，可求出变量 x 依变量 y 的回归方程和 x 倚 y 回归线的均方误。

2. 相关系数

式(10-56)给出了 S_y 与标准差 σ 及相关系数 γ 的关系，可知：

(1) 若 $\gamma^2=1$，$S_y=0$ 表示 $y=y_i$，说明所有的对应值 x_i、y_i 都落在回归线上，因此，$\gamma^2=1$ 属函数关系。

(2) 若 $\gamma^2=0$，$S_y=\sigma_y$ 误差为最大，说明以直线代表点据误差最大，这两种变量之间可能无关系，属零相关。

(3) 若 $0<\gamma^2<1$ 为统计相关，可见当 γ 越接近 1 时，点据愈接近回归线，x、y 间关系越密切。当 γ 为正值时表示正相关，为负值时为负相关。水文学中常用相关系数 γ 来判断相关程度。

在相关分析计算中，相关系数是根据有限的实测资料（样本）计算出来的，故相关系数也不免带有抽样误差，一般通过相关系数的均方误来判断样本相关系数的可靠性，按统计原理，相关系数的均方误为

$$\sigma_\gamma = \frac{1-\gamma^2}{\sqrt{N}} \tag{10-57}$$

式中，γ 为相关系数；N 为实测项数。

一般可通过均方误的值来判断样本相关系数的可靠性（是否代表总体），但式(10-57)是在某种假设条件下推导出来的，应用时有一定的局限性。目前，常用统计学中的另外一种方法来推断样本相关系数的可靠性，即需要对样本相关系数作统计检验。

3. 相关系数的统计检验

相关系数的统计检验的思路是采用反证法，即为了要检验两个变量是否相关，先假定两个变量不相关，由此如果导致"不合理的现象"发生，则表明原先的假定不成立，则"不相关"的假定不成立，即表明两个变量是相关的。如果没有导致"不合理现象"发生，则原假定成立，称原假定是相容的，则两个变量为不相关的。这里所谓的"不合理"不是指形式逻辑上的绝对矛盾，而是基于实践中广泛采用的一个原则："小概率事件在一次观测中是不可能发生的"。

具体的检验步骤如下。

(1) 假设两变量 X、Y 在总体上不相关。

(2) 从不相关的两变量总体中抽出大量的样本（如 n 个），进行相关分析，并分别计算各样本的相关系数 $\gamma_1, \gamma_2, \cdots, \gamma_n$，由于假设总体不相关，可以判断 $\gamma_1, \gamma_2, \cdots, \gamma_n$ 为较小值的可能性大，而为较大值的可能性小，其概率分布密度曲线 $f(r)$-r 如图 10-19 所示。

(3) 选定一个衡量事件发生可能性（概率）很小的指标（水文统计学中称显著性水平 α，则 $1-\alpha$ 表示信度水平），对于容量为 n 的样本，则相应于 α 有一临界值 $\pm\gamma_\alpha$（$|\gamma_\alpha|$ 为较大值），样本相关系数 γ（根据原先假定 γ 应为很小的值）超过 $\pm\gamma_\alpha$ 的可能性（概率）应为较小值 α（水文上一般选 $\alpha=0.05$ 或 0.01 作为小概率），即

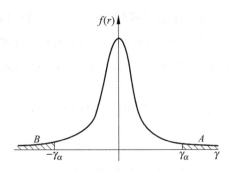

图 10-19　样本相关系数 γ 密度曲线图

$$P(\gamma \geqslant |\gamma_a|) = \int_{|\gamma_a|}^{|\infty|} f(x)\mathrm{d}x = \alpha$$

α 的几何意义为图 10-19 中 A 和 B 的阴影面积。由于 α 值很小,故 $\gamma \geqslant |\gamma_a|$ 为一小概率事件。

（4）取某一个具体的样本所计算的 γ 与 $|\gamma_a|$ 作比较,以判断总体是否相关。

① 若 $\gamma \geqslant |\gamma_a|$,说明样本相关系数绝对值较大,且超过了临界值 $|\gamma_a|$,说明"小概率事件"发生了,则原先的假定是不成立的,则可推断总体很大可能性是相关的。

② 若 $\gamma < |\gamma_a|$,说明样本相关系数绝对值较小,未超过临界值 $|\gamma_a|$,则原先的假定可以成立,则可推断总体很大可能性是不相关的。

实用上,对于不同的 n 和不同的显著性水平 α 可计算出对应的 $|\gamma_a|$ 值,并制成表以备查用。表 10-6 中,可根据 n、α 查得 γ_a。

表 10-6　不同显著性水平下所需相关系数最低值 γ_a

$n-2$ （n 为样本容量）	γ_a			
	$\alpha = 0.1$	$\alpha = 0.05$	$\alpha = 0.02$	$\alpha = 0.01$
8	0.5494	0.6319	0.7155	0.7646
9	0.5214	0.6021	0.6851	0.7348
10	0.4973	0.5760	0.6581	0.7079
11	0.4762	0.5529	0.6339	0.6835
12	0.4575	0.5324	0.6120	0.6614
13	0.4409	0.5139	0.5923	0.6411
14	0.4259	0.4973	0.5742	0.6226
15	0.4124	0.4821	0.5577	0.6055
16	0.4000	0.4683	0.5425	0.5897
17	0.3887	0.4555	0.5285	0.5751
18	0.3783	0.4438	0.5155	0.5614
19	0.3687	0.4329	0.5034	0.5437
20	0.3598	0.4227	0.4921	0.5368
25	0.3233	0.3809	0.4451	0.4869
30	0.2960	0.3494	0.4093	0.4487
35	0.2746	0.3246	0.3810	0.4182
40	0.2573	0.3044	0.3578	0.3932
45	0.2438	0.2875	0.3384	0.3721
50	0.2306	0.2732	0.3218	0.3541
60	0.2108	0.2500	0.2948	0.3248
70	0.1954	0.2319	0.2737	0.3017
80	0.1829	0.2172	0.2565	0.2830
90	0.1726	0.2050	0.2422	0.2673
100	0.1638	0.1946	0.2301	0.2540

4. 回归方程的应用中应注意的问题

水文计算分析中应用回归方程,一般要注意如下几个主要问题。

（1）两个变量的同期观测数据不能太少,一般要求同期观测数据数量 n 在 10 或 12 个以上,否则会造成抽样误差太大。

（2）相关系数要求比较大，前面讨论的对于样本的相关系数的统计检验，要求 $\gamma \geqslant |\gamma_a|$，仅仅是推论总体在很大可能性上是相关的。但是，当总体相关系数虽不为零，但其绝对值很小时，采用相关法来展延水文系列资料，设计成果的精度会受到影响。因此，在实际工作中，为了保证有一定的精度，需要确定总体相关系数的一个下限值，一般设定这个下限值为 0.8，即当总体相关系数大于 0.8 时，水文资料的插补延长才有意义。

（3）应注意相关分析的先决条件是两变量之间是否确实存在成因上的关系，决不可仅仅依据表面上数据分析显示某种相关关系就得出物理成因上毫无关系的两个变量是相关关系的结论，一定要从理论上加以证实。

【例 10-3】 已知某河流甲水文站和乙水文站的年径流量在成因上具有关系，且具有 15 年的同期的年平均径流量观测数据（见表 10-7）。试对两站的年径流量进行相关分析。

【解】 相关分析的步骤如下。

（1）设以 x_i 表示河流甲站的年平均径流量，以 y_i 表示乙站的年平均径流量，分别将 x_i 和 y_i 相关的点据点绘在方格纸上，它们具有明显的带状分布，且接近直线趋势，故可以采用直线相关分析。

具体计算如表 10-7 所示。

表 10-7　某河甲乙二站年平均流量相关分析计算表

年份	x_i	y_i	$x_i - \bar{x}$	$y_i - \bar{y}$	$(x_i - \bar{x})^2$	$(y_i - \bar{y})^2$	$(x_i - \bar{x})(y_i - \bar{y})$
1937	1590	1770	439	507	192 721	257 049	222 573
1938	1170	1290	19	27	361	729	513
1939	1500	1670	349	407	121 801	165 649	142 043
1954	1230	1350	79	87	6241	7569	6873
1955	1010	1140	−141	−123	19 881	15 129	17 343
1956	1290	1410	139	147	19 321	21 609	20 433
1957	959	1060	−192	−203	36 864	41 209	38 976
1958	996	1100	−155	−163	24 025	26 569	25 265
1959	1380	1530	229	267	52 441	71 289	61 143
1960	1080	1100	−71	−163	5041	26 569	11 573
1961	1110	1250	−41	−13	1681	169	533
1962	1090	1250	−61	−13	3721	169	793
1963	640	668	−511	−595	261 121	354 025	304 045
1964	1090	1130	−61	−133	3721	17 689	8113
1965	1130	1230	−21	−33	441	1089	693
总计	17 265	18 948	—	—	749 392	1 006 511	860 912

（2）相关分析中的各个特征值分别计算如下。

① 算术平均值为

$$\bar{x} = \frac{17\ 265}{15} = 1151(\text{m}^3/\text{s}), \quad \bar{y} = \frac{18\ 948}{15} = 1263(\text{m}^3/\text{s})$$

② 均方差为

$$\sigma_x = \sqrt{\frac{\sum_{i=1}^{n}(x_i - \bar{x})^2}{n-1}} = \sqrt{\frac{749\ 392}{14}} = 231.4(\text{m}^3/\text{s})$$

$$\sigma_y = \sqrt{\frac{\sum_{i=1}^{n}(y_i - \bar{y})^2}{n-1}} = \sqrt{\frac{1\ 006\ 511}{14}} = 268.2(\text{m}^3/\text{s})$$

③ 相关系数及 y 的均方误 S_y 为

$$r = \frac{\sum\limits_{i=1}^{n}(x_i - \bar{x})(y_i - \bar{y})}{\sqrt{\sum\limits_{i=1}^{n}(x_i - \bar{x})^2(y_i - \bar{y})^2}} = \frac{806\,912}{\sqrt{749\,392 \times 1\,006\,395}} = 0.991 > 0.8$$

$$S_y = \sigma_y\sqrt{1-r^2} = 268.2\sqrt{1-0.991^2} = 35.9\,(\mathrm{m^3/s})$$

④ 相关系数的统计检验。设显著性水平 $\alpha = 0.05$，由 $n = 15$，查表得 $\gamma_a = 0.51$，而实测年径流系列的 $\gamma = 0.99$，故 $\gamma > \gamma_a$，可见小概率事件发生了，这样便可以推断出甲、乙两站的年平均流量之间具有相关关系。

⑤ y 依 x 的回归系数及回归方程为

$$R_{y/x} = r\frac{\sigma_y}{\sigma_x} = 0.991 \times \frac{268.2}{231.4} = 1.15$$

$$y = \bar{y} + R_{y/x}(x - \bar{x}) = 1263 + 1.15(x - 1151)$$

$$y = 1.15x - 61$$

10.5.3　曲线相关

一些水文随机变量的关系不一定表现为直线关系而是曲线关系。这时可以凭经验选择一种曲线函数形式，通过函数转换将原变量转换成新变量。若新变量在方格纸上近似呈现出直线关系，则仍然可利用上述的直线相关法进行计算，实际工作中常有两种形式的曲线函数可供选择。

1. 幂函数

幂函数的一般形式为

$$y = ax^b \tag{10-58}$$

对上式两边取对数可得

$$\lg y = \lg a + b\lg x$$

令 $Y = \lg y$，$X = \lg x$，$A = \lg a$，$B = b$，则上式可写成

$$Y = A + BX$$

可见，就 Y 和 X 而言，它们之间为直线关系。因此，可按直线相关的方法确定 A 和 B，求 Y 倚 X 的回归方程，再还原成 y 与 x 的函数关系。

2. 指数函数

指数函数的一般形式为

$$y = ae^{bx} \tag{10-59}$$

同样对上式两边取自然对数

$$\ln y = \ln a + bx\ln e$$

令 $Y = \lg y$，$X = x$，$A = \ln a$，$B = b$，则上式可写成

$$Y = A + BX$$

故同样可以用直线相关的方法求 Y 倚 X 的回归方程，再还原成 y 与 x 的函数关系。

参 考 文 献

[1] 詹道江,叶守泽.工程水文学[M].3版.北京:中国水利水电出版社,2000.
[2] 丛树铮.水科学技术中的概率统计方法[M].北京:科学出版社,2010.
[3] BRUTSAERT W. Hydrology:an introduction[M]. Oxford:Cambridge University Press,2005.
[4] MAIDMENT D R. Handbook of hydrology[M]. New York:McGraw-Hill Inc.,1992.
[5] CHOW V T,MAIDMENT D R,MAYS L W. Applied hydrology[M]. Noida:Tata McGraw-Hill Education,1988.

习　　题

10.1　水文统计指标中,反映离散特征的参数有哪些?其定义分别是什么?

10.2　皮尔逊Ⅲ型概率密度曲线的特点是什么?

10.3　重现期与频率有何关系?频率为 90% 的枯水年,其重现期为多少年?

10.4　统计参数 $\bar{x}$、C_v、C_s 的含义及其对频率曲线的影响如何?

10.5　随机变量 x 系列为 10,17,8,4,9,试求该系列的均值 $\bar{x}$、模比系数 K、均方差 σ、变差系数 C_v、偏态系数 C_s。

10.6　在频率计算中,为什么要给经验频率曲线选配一条"理论"频率曲线?

10.7　通常来说,我国南方和北方河流径流量的均值和变差系数大小关系如何?原因是什么?

10.8　北京市海淀区和昌平区在 2013 年 4—6 月(共 91 天)中,海淀区共下雨 20 天,昌平区共下雨 25 天,两地同时下雨 18 天。假定两地某天降雨的概率是一定的,试问:

(1) 两地降雨是否相互独立?

(2) 4—6 月某一天至少有一地降雨的概率是多少?

10.9　已知某流域 2001—2010 年间,径流深(R)与降雨量(P)的实测值如题 10.9 表所示,请问该流域的径流深和降雨量是否线性相关(显著性水平 α 取 5%)。

题 10.9 表

年份	2001	2002	2003	2004	2005	2006	2007	2008	2009	2010
R/mm	1500	959	780	835	1112	527	641	818	1005	1335
P/mm	1777	1285	951	1184	1562	605	842	1243	1686	1800

10.10　根据某流域平均径流深 R(mm)及降水量 P(mm)的观测数据,计算后得到均值 $\bar{P}=697.9$ mm,$\bar{R}=328.6$ mm;均方差 $\sigma_P=251.2$,$\sigma_R=169.9$;相关系数 $r=0.97$。假如某年降水量观测值为 $P=720$ mm,试估算当年的平均径流深 R。

第 11 章　设计年径流

11.1　概　　述

研究年径流量的年际变化和年径流量的年内分配规律,目的是预估未来水利工程在运行期间的径流情势,并确定水利工程的开发规模和可能效益。

工程的设计标准用保证率表示,它反映水资源利用的保证程度,即水利工程设计的目标不被破坏的年数占运行年数的百分比。例如,某流域有一项水利工程,平均在 100 年运用中有 90 年可以满足其设计的目标,则该工程的保证率为 90%。可见,要求供水的保证率越高则工程的规模将越大。

11.1.1　年径流变化特性

在一个年度内,通过河流某一断面的水量称为该断面以上流域的年径流量,它可以用年平均流量(m^3/s)、年径流深(mm)、年径流量(m^3)或年径流模数($m^3/(s \cdot km^2)$)来表示。径流量与流量的关系为

$$W = \bar{Q} \Delta T \tag{11-1}$$

式中,ΔT 为计算时段,s;$\bar{Q}$ 为时段 ΔT 内的平均流量,m^3/s;W 为计算时段的径流量,m^3。

根据实际需要,ΔT 可分别采用年、季或月,则其相应的径流分别称为年径流、季径流或月径流。多年平均年径流量的大小反映了河川径流的水资源蕴藏量,通常也用于衡量流域水资源量的多少。

流域的年径流深与年径流量的关系是

$$R = \frac{W}{1000A} \tag{11-2}$$

式中,W 为年径流量,m^3;A 为流域面积,km^2;R 为流域年径流深,mm。

流域的年径流模数与年均流量之间的关系是

$$M = \bar{Q}/A \tag{11-3}$$

式中,$\bar{Q}$ 为年平均流量,m^3/s;A 为流域面积,km^2;M 为流域年径流模数,$m^3/(s \cdot km^2)$。

通过对大量水文观测资料的分析,可以看出河川年径流在季节变化、年际变化和地区分布等方面具有一定的特点。

(1) 季节变化特征

河川径流的主要来源为大气降水,而降水在年内分配不均匀,有多雨季节和少雨季节。因此,河川径流量变化呈现出以年为周期的汛期与枯水期交替变化的特征,汛期的径流量远远大于枯水期的径流量。但是,各年

的汛期与枯水期历时有长有短,发生有早有晚,水量有大有小,可以说年年各不相同,表现出随机性。

（2）年际变化特征

年径流量在年际间变化很大,按年径流量的多少可分平水年、丰水年和枯水年。平水年或称中水年（normal year）是指年径流量接近于多年平均年径流量的年份,一般取年径流量频率曲线中对应于 $P=50\%$ 的水量作为平水年的年径流量。丰水年（wet year）是指年径流量显著大于多年平均年径流量的年份,可达平水年的 2～3 倍,通常取年径流量频率曲线中对应于 $P=25\%$ 的水量作为丰水年的年径流量。枯水年（dry year）是指年径流量显著少于多年平均年径流量的年份,极端情况下仅为平水年的 1/10～1/5,通常取枯水年的年径流量为小于或等于年径流量频率曲线中对应 $P=75\%$ 的水量的某一值。径流的年际变化,可用变差系数表示,也可以用年径流极值比（最大年径流量与最小年径流量之比）表示。从我国水文站的统计资料可以看出,我国河流年径流量极值比地区差异较大,长江以南各主要江河一般在 5 倍以下,北方则可达十几倍。我国年径流极值比的高值区主要集中在半干旱区,如海河流域等。除年际变化外,许多流域还存在连续数年丰水或连续数年枯水的现象,连续 2～3 年的年径流偏丰或偏枯的现象极为常见,有时甚至超过连续 10 年以上的偏枯或偏丰。这种连续丰水或连续枯水的现象对水资源开发利用和水力发电都会产生极大的不利影响。

（3）地区分布特征

河川径流的地区差异非常明显,这与降雨量分布密切相关。多雨地区径流丰沛,少雨地区径流较少。我国年径流深分布总趋势是由东南向西北递减,按 800、200、50、10 mm 径流深等值线将我国划分为 5 个带,分别为丰水带（≥800 mm）、多水带（200～800 mm）、过渡带（50～200 mm）、少水带（10～50 mm）和干涸带（<10 mm）。

11.1.2　年径流量的影响因素

以年为时段的闭合流域水量平衡方程为

$$R = P - E - \Delta W \tag{11-4}$$

式中,R 为年径流深;P 为年降雨量;E 为年蒸发量;ΔW 为时段始末的流域蓄水量变化。由此可见,流域年径流量的主要影响因素有气候因素（降雨和蒸发）和下垫面因素（主要通过流域蓄水量变化来反映）两个方面。

（1）气候因素对年径流量的影响

在气候因素中,年降雨量和年蒸发量对年径流量的影响程度随地理位置不同而不同。在湿润地区,降雨量较多,蒸发量相对较少,其年径流系数较高,多数大于 0.3～0.5。因此,湿润地区降雨的大部分形成了径流,年降雨量与年径流量之间具有较密切关系,年降雨量对年径流量起到决定性作用。在干旱地区,降雨量少,且极大部分耗于蒸发,其年径流系数很低,多数小于 0.1,年降雨量与年径流量之间关系不很密切,年降雨量和年蒸发量都对年径流量起到相当大的作用。

（2）下垫面因素对年径流量的影响

流域下垫面对年径流量的影响包括直接影响和间接影响两个方面。下垫面条件直接影响到流域蓄水量的变化,并由此影响着年径流量的变化。另一方面,下垫面通过对气候的影响间接对年径流量的变化产生作用,但这种影响难以定量估计。

① 地形的影响

地形对气候因素（降雨、蒸发、气温）都具有影响作用,从而间接地影响到年径流量。地形对降雨的影响,主要表现在山地对水气的抬升和阻滞作用,如山的迎风坡的年降雨量大于背风坡的年降雨量。地形对蒸发的影响表现在随着高程的增加,气温降低,因而蒸发量也减少,可见地形对蒸发和降雨的作用,将使得年径流量随地面高程增加而增加。流域地形坡度对年径流量也有直接影响,坡度陡则降雨产流后会较快地进入河槽,减少了水流在汇流过程中的蒸发损失,从而增加了年径流量。

② 湖泊和沼泽的影响

湖泊(包括人工水库)和沼泽增加了流域的水域面积,从而增加了流域的蒸发量,使得年径流量减少。较大的湖泊具有调蓄径流的能力,可减少径流年内及年际变化幅度。湿润地区,水面蒸发量与陆面蒸发量相差不大,湖泊对年径流量的影响较小。

③ 植被的影响

流域内植被增加一般会使年径流量减少,并使得径流在年内的分配较均匀。如流域森林面积的增加使得其林冠截留的降水量增加耗于蒸发损失,林木的根系发达增加降雨下渗能力,从而增强了土壤对径流的调蓄作用;另一方面,由于森林的蒸散发能力较其他植被类型要强,从而导致径流量减少。另外,森林的枯枝落叶层及林木根系使得下渗能力加强,致使径流过程变缓。

④ 土壤及岩性的影响

流域内土壤的质地和厚度等通过影响下渗进而影响年径流量。土壤透水性强的流域,降水后下渗容易,使地下水补给量增大,年径流量减少。因为土壤和透水层起到地下水库的作用,会使径流变化趋于平缓。当地质构造裂隙发育,甚至有溶洞的时候,除了会使下渗量增大,还会影响流域的年径流量和年内分配。

⑤ 流域面积的影响

流域可视为一个径流的调节器,输入为降雨,输出为径流。流域的面积越大,径流的变化相应变缓。原因之一是流域面积越大,流域的蓄水量增加,使径流得到调节;另外,随着流域面积的增加,流域各处的不同径流量可以得到相互补偿,使得流域出口处径流的年际变化平缓。

此外,人类活动对流域年径流量也具有直接和间接的影响作用。直接影响,如跨流域调水对流域的年径流量具有十分明显的改变。间接影响,如修建水库塘堰等工程,灌溉工程和旱田改水田等一般使得流域蒸发量增加。因此在推求设计年径流量时应加以考虑。

11.2　根据长期实测资料推求设计年径流

在水利工程规划设计阶段,需要确定工程的规模,则要求提供未来工程运行期间的径流过程(年径流量过程和月径流量过程)。众所周知,水利工程的使用年限很长,一般可达几十年甚至几百年。因此不可能通过成因分析的方法来确切地推求未来长期的径流过程。目前,大多采用设计地区过去的长期径流变化过程来代表未来的径流变化过程,其基本依据如下。

(1) 径流是气候的产物,而气候的变化在几百年期间基本上是稳定的,所谓的基本上稳定,并不能理解为各年的气候不变,而是各种气候因素虽然在年际间不断变化,但这种变化只是在某个平均水平上下摆动,并无显著的趋势性增加或减少。因此设计地区长时期径流变化情势应该也是基本稳定的。

(2) 年径流量是一个简单的独立随机变量,则年径流系列可视为随机系列。把 n 年的实测年径流量系列(即样本容量为 n)作为年径流量总体的样本,用这个样本来反映总体的分布规律。而未来工程运行期间的年径流系列也是总体的一部分,因此,可以由以往 n 年实测年径流系列推求的样本分布函数来推断总体分布,并作为未来的工程运行期间年径流量的分布函数。但须注意,n 年的实测年径流量系列仅是总体的一个样本,用它来反映总体的分布规律,不可避免地存在抽样误差。抽样误差的大小,取决于 n 年的实测年径流量系列的代表性的高低,这将在以后阐述。

年径流量及其年内分配的分析计算的任务和目的就是研究年径流的年际变化及年内的分配规律,预估未来水资源工程运用期间的来水情况,为合理确定工程规模和计算水资源开发利用效益提供科学的依据。

具有长期实测径流资料时,设计年径流量及其年内分配的分析计算的一般步骤如下。

(1) 对实测径流资料的可靠性、一致性和代表性进行审查;

（2）推算设计年径流量，即用数理统计的方法推求相应于某一设计频率的年径流量，简称为设计年径流；

（3）推求设计年径流的年内分配过程，采用代表年法。

11.2.1　资料审查

水文资料是水文分析计算的重要依据，直接影响到计算成果的精度。因此，采用过去的长期实测年径流系列来反映未来的年径流变化时，需要对所用的水文资料进行审查，即对实测年径流量系列的可靠性、一致性和代表性 3 个方面进行分析和论证，统称为三性审查。

（1）水文资料可靠性（reliability）审查

对原始资料可靠程度的鉴定包括：从水文资料的来源、测验和整编方法等方面的可靠性和合理性进行审查；另外，还可以应用上下游、干支流水量平衡来检查资料的可靠性。

（2）水文资料一致性（consistency）审查

应用数理统计法进行年径流的分析计算时，一个重要的前提是年径流系列应具有一致性，即组成该系列的流量资料，应该都是在同样的气候条件、同样的下垫面条件和同一测流断面上获得的（测量断面位置有时可能发生变动，当对径流量产生影响时，需要改正至同一断面的数值）。一般认为气候变化极为缓慢，故可以认为气候条件是相对稳定的。但下垫面条件受人类活动的影响却很显著，致使水文资料一致性受到破坏，需要重点加以考虑。因此，在年径流分析计算中，对期间受到人类活动影响的径流资料需要进行还原计算，使之还原到天然状态。所谓天然状态，是指流域内没有受到水利措施等人为开发利用活动影响的径流量。

《水利水电工程水文计算规范》（SL 278—2002）中规定：人类活动使径流量及其过程发生明显变化时，应进行径流还原计算。还原后的"天然"径流量可表示为

$$W_N = W_M + W_R \tag{11-5}$$

式中，W_N 为还原后的天然径流量，m^3；W_M 为实测径流量，m^3；W_R 为还原总水量，m^3。

还原总水量应包括工农业及生活耗水量、蓄水工程的蓄变量、跨流域引水量及水土保持措施影响水量等，即

$$W_R = W_A + W_I + W_D + W_S + W_E \tag{11-6}$$

式中，W_A 为流域内农业灌溉耗水量，m^3；W_I 为流域内工业和生活净耗用水量，m^3；W_D 为跨流域调出或调入的水量（调入为负，调出为正），m^3；W_S 为流域内水库蓄水变量（增加为正，减少为负），m^3；W_E 为流域内水土保持所增加的蒸发量，m^3。

径流还原计算可以采用分项调查法、降雨径流模式法、蒸发差值法等，还原计算成果还需要进行合理性检查。

（3）水文资料的代表性（typicality）审查

实测的年径流系列可看成总体的一个样本，因此资料（样本）的代表性是指样本的统计特征能否反映总体的统计特征。样本对总体的代表性的好坏反映在样本的统计参数与总体统计参数的接近程度，样本代表性越高，则设计结果精度越好。依据数理统计原理，样本容量越大，则抽样误差越小，这表明长系列样本代表性高的可能性越大。另外，水文系列的代表性还反映在相邻地区往往呈现同步性，即在较大范围内具有相似的丰水、枯水的变化过程。因此在相邻地区同一时段内的年径流量（或年降雨量系列）往往具有相似的代表性。所以实测样本的代表性可以通过与有成因联系的参证站更长的系列来进行验证。

一般分析年径流系列的代表性的方法如下。

若设计站有 n 年实测年径流量系列，为了检验该系列的代表性，可选择有成因联系（同一气候区和下垫面条件相似）且具有 N 年（$N>n$）的参证站长系列来进行对比分析，从而推断设计站同期 n 年系列的代表性。首

先计算参证站长系列的统计参数 $\bar{Q}_N$、C_{vN}，然后计算参证站短系列 n 年（应与设计站 n 年资料同期）的统计参数 $\bar{Q}_n$、C_{vn}。比较参证站长短二系列的统计参数，若两者比较接近，一般要求相对误差不超过 $5\%\sim10\%$，从而推断参证站 n 年径流系列在长系列 N 年中具有代表性。从而推断与参证测站有成因联系的设计站的 n 年径流系列也具较好的代表性。如果设计站 n 年径流量系列缺乏代表性，则可以尽量采用插补延展系列的方法来提高系列的代表性。

应该注意，应用上述方法的前提条件是设计站的变量和参证站的变量的时序变化具较好的同步性（如两个径流系列的丰枯随时序变化基本上一致）；参证变量系列较长，本身具有较高的代表性。

【例 11-1】　设计站 A 具有 30 年（1971—2000 年）的年径流系列，邻近流域 B 站与 A 站具有成因联系可选为参证站，参证站 B 具有 50 年（1951—2000 年）的径流系列，故可将参证站 B 的年径流量作为参证变量。要求验证设计站 A 的代表性。

首先，经分析可知 A 和 B 年径流量的时序变化具较好的同步性，即 A 站年径流量的丰枯随时程变化基本上与 B 站同步变化，故选 B 站为参证站是合适的。

然后，分别计算参证站 50 年长系列和 30 年短系列（与设计站同步）的统计参数：

$$\bar{R}_N = 210 \text{ mm}, \quad C_{vN} = 0.3, \quad N = 50$$
$$\bar{R}_N = 218 \text{ mm}, \quad C_{vN} = 0.3, \quad N = 30$$

可见，参证站长短系列的统计参数十分接近，说明参证 $n=30$ 的径流量短系列在长系列（$N=50$）中具有代表性，从而推断与参证变量具有成因联系的设计站 A 的 $n=30$ 径流量系列也具有代表性。

11.2.2　设计年、月径流量系列

通过径流资料审查后，可以得到具有一定代表性按水利年度划分的重新排列的年、月径流量系列，以它来代表未来工程运行期间的年、月径流量变化，即为水利计算所要求的"设计年、月径流量系列"。这里，"设计"的含义是以此为依据来进行水利计算。"设计年、月径流量系列"可以是包括所有实测资料的长径流量系列；也可以是从长系列中选出的代表段，该代表段应该包括丰水年、平水年和枯水年，其统计参数应与长系列的相近。

上面提到的水利年是指，按照水文现象的循环周期划分的一种年度，一个水文年度内的径流基本上应当是该水文年度内降雨所产生的。如在水库兴利调节计算中，将水库调节库容最低点（即每年汛前某一个月份，各地可具体确定）作为水利年度的起点，或以水库蓄满水开始时刻作为水文年的起点，一般以多年平均情况取固定的日期如每年的 3 月或 6 月。

根据设计的历年逐月径流过程（即来水过程）和历年逐月用水过程，则可进行水库兴利调节计算。首先推求逐年的库容值 V_i（见图 11-1），然后根据库容的频率曲线（见图 11-2）推求设计保证率 P_i 对应的设计库容 V_{P_i}。

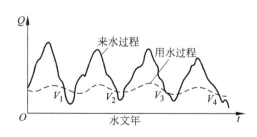

图 11-1　水库调节计算示意图

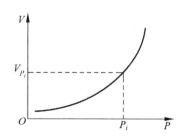

图 11-2　库容频率曲线示意图

11.2.3　设计代表年径流量及年内分配

以上通过长系列操作进行来水和用水的平衡计算求得设计库容的方法,保证率概念明确,结果精度较高,但对于水文资料的要求也较高,必须提供长期年、月径流量过程系列及相应的用水过程系列。在进行中小型水库设计时,一般不具备这样的条件;另外,在规划设计的初始阶段,需要比较大量的方案,计算工作量很大。因此,为了简化计算,在规划设计中小型水资源利用工程时,广泛采用代表年法。代表年法又分为设计代表年法和实际代表年法。

设计代表年法推求年、月径流量系列的步骤如下。

(1) 根据审查分析后的长期实测径流量资料(包括延展和插补的资料在内),按水利工程要求确定出计算时段。

计算时段的确定与水利工程的要求有关。例如,灌溉工程一般取灌溉期作为计算时段,水电工程一般取枯水期或年作为计算时段。

(2) 统计历年相应计算时段的径流量,构成径流量系列,进行频率分析计算,推求出指定频率相应时段的设计径流量值。

根据历年逐月径流量资料,统计各年的计算时段内径流量(如计算时段为年,则统计各年的年径流量),构成一新的径流量样本系列;然后,采用频率计算方法,求出时段径流量的频率曲线(一般采用P-Ⅲ型曲线和适线法);这样,就可以求出设计频率所对应的时段径流量,该径流量即为设计时段径流量。

(3) 采用缩放典型年径流过程的方法,推求设计年内的径流过程(即设计年径流量在各月或旬的分配)。

一般采用缩放典型年径流过程的方法来确定设计代表年径流量的年内分配。典型年应从实测径流资料中选取,主要考虑以下两个原则。

① 典型年的年径流量(或时段径流量)应接近于设计年的年径流量(或同期的时段径流量)。

② 由于径流量值相近似的年份可能不止一个,为安全起见,应选取典型年的年径流量在年内的分配对工程较为不利者作为典型年,这样工程设计就会偏于安全。所谓"对工程不利",如对于灌溉工程而言,应选灌溉需水期内径流比较枯的年份,对于水电工程,则选枯水期较长而径流又较小的年份。

按上述原则选定典型年后,按同倍比缩放法求设计年的径流分配。缩放倍比 K_Y 可按设计时段径流量 W_P 与典型年相应时段径流量 W_m 之比求得:

$$K_Y = \frac{W_P}{W_m} \tag{11-7}$$

则设计代表年内的逐月径流量,可用下式计算求得:

$$W_{T,P} = K_Y W_{T,m} \tag{11-8}$$

式中,$W_{T,P}$ 为设计代表年中月径流量;$W_{T,m}$ 为典型年中相应的月径流量;K_Y 为设计时段的缩放比例。

因年内各月的径流量均采用同一倍比,故称为同倍比缩放法。可以想象,按此法推求的设计代表年径流过程线保持了所选典型年的年内分配的比例。但是,该法不能保证年内各时段的径流量均满足同一设计频率的要求。例如,设计频率为75%的年径流量经同倍比缩放后,年内各个月份的径流量不一定会满足频率为75%的要求。如需要保证年及年内各个时段的径流量均满足同一频率的要求,则需采用同频率缩放法来解决,该法多用于设计洪水过程的推求中,将在后续章节中介绍。

当推求到设计年的径流过程后,按设计年的径流过程和设计用水过程进行水量平衡计算,就可以确定出设计库容。

【例 11-2】　根据表 11-1 中的某站年月径流数据推求用水保证率 $P=90\%$ 的设计枯水代表年的月径流过程。

表 11-1　某站年月径流数据　　　　　m³/s

年份	月平均流量												$\overline{Q}_年$	连续 3 月最枯水量
	3	4	5	6	7	8	9	10	11	12	1	2		
1958—59	16.5	22.0	43.0	17.0	4.63	2.46	4.02	4.84	1.98	2.47	1.87	21.6	11.9	6.32
1959—60	7.25	8.69	16.3	26.1	7.15	7.50	6.81	1.86	2.67	2.73	4.20	2.03	7.78	7.26
1960—61	8.21	19.5	26.4	24.6	7.35	9.62	3.20	2.07	1.98	1.90	2.35	13.2	10.0	5.95
1961—62	14.7	17.7	19.8	30.4	5.20	4.87	9.10	3.46	3.42	2.92	2.48	1.62	9.64	7.02
1962—63	12.9	15.7	41.6	50.7	19.4	10.4	7.48	2.97	5.30	2.67	1.79	1.80	14.4	6.26
1963—64	3.20	4.98	7.15	16.2	5.55	2.28	2.13	1.27	2.18	1.54	6.45	3.87	4.73	4.99
1964—65	9.91	12.5	12.9	34.6	6.90	5.55	2.00	3.27	1.62	1.17	0.99	3.06	7.87	3.78
1965—66	3.90	26.6	15.2	13.6	6.12	13.4	4.27	10.5	8.21	9.03	8.35	8.48	10.4	23.0
1966—67	9.52	29.0	13.5	25.4	25.4	3.58	2.67	2.23	1.93	2.76	1.41	5.30	10.2	6.10
1967—68	13.0	17.9	33.2	43.0	10.5	3.58	1.67	1.57	1.82	1.42	1.21	2.36	10.9	4.45
1968—69	9.45	15.6	15.5	37.8	42.7	6.55	3.52	2.54	1.84	2.68	4.25	9.00	12.6	7.06
1969—70	12.2	11.5	33.9	25.0	12.7	7.30	3.65	4.96	3.18	2.35	3.88	3.57	10.3	9.41
1970—71	16.3	24.8	41.0	30.7	24.2	8.30	6.50	8.75	4.52	7.96	4.10	3.80	15.1	13.0
1971—72	5.08	6.10	24.3	22.8	3.40	3.45	4.92	2.79	1.76	1.30	2.23	8.76	7.24	5.29
1972—73	3.28	11.7	37.1	16.4	10.2	19.2	5.75	4.41	4.53	5.59	8.47	8.89	11.3	14.5
1973—74	15.4	38.5	41.6	57.4	31.7	5.86	6.56	4.55	2.59	1.63	1.76	5.21	17.7	5.98
1974—75	3.28	5.48	11.8	17.1	14.4	14.3	3.84	3.69	4.67	5.16	6.26	11.1	8.42	12.2
1975—76	22.4	37.1	58.0	23.9	10.6	12.4	6.26	8.51	7.30	7.54	3.12	5.56	16.9	16.2

注：(1) 年月径流量按水利年划分，即以水库蓄水开始时刻作为水利年的起点(从 3 月到第二年的 2 月)。

(2) $\overline{Q}_年$ 为年平均流量。

(3) 用水量为一常数，等于 3.0 m³/s。

(4) 带下画线数据表示典型年及相应的月径流数据。

【解】　时段长度可选取年(即以年径流量为控制)或枯水期 3 个月(即以连续 3 个月最枯径流量为控制)，下面分别采用两种方法计算。

1. **年水量控制法(计算时段为全年)**

(1) 确定计算时段：取计算时段 $T=12$ 个月，组成年平均流量系列。

(2) 频率计算：对表 11-1 中的年平均流量系列进行频率分析，求得 $P=90\%$ 的设计年径流量为

$$Q_{年,P=90\%} = 6.82 \text{ m}^3/\text{s} \quad (\overline{Q}_年 = 11.0 \text{ m}^3/\text{s}, C_{v年} = 0.32, C_{s年} = 2C_{v年})$$

(3) 采用缩放典型年径流过程的方法求设计年径流过程：

① 选择典型年。从表 11-1 中可以找到年平均流量 $\overline{Q}_年$ 与设计年平均流量 $Q_{年,P=90\%} = 6.82 \text{ m}^3/\text{s}$ 相近的水利年有 4 个，分别是 1971—1972 年、1964—1965 年、1963—1964 年和 1959—1960 年。考虑年水量的月分配对工程不利的情况(即枯水季水量较枯)，故选取 1964—1965 年为枯水典型年(该年的连续最枯三个月水量为最小)。

② 计算缩放倍比 K_T。典型年和设计年的缩放倍比 K_T 为

$$K_T = \frac{6.82}{7.87} = 0.886$$

③ 计算设计年内径流过程，结果列于表 11-2。

表 11-2　以年水量控制缩放的设计枯水年的年、月径流量　　　　　　m³/s

月份	3	4	5	6	7	8	9	10	11	12	1	2	年平均值
枯水典型年(1964—1965)	9.91	12.5	12.9	34.9	6.90	5.55	2.00	3.27	1.62	1.17	0.99	3.06	7.78
$P=90\%$设计枯水年	8.59	10.8	11.2	29.9	5.97	4.82	1.73	2.83	1.40	1.02	0.86	2.67	6.82

2. 最枯 3 个月水量控制法(计算时段为连续最枯 3 个月)

(1) 确定计算时段:选计算时段为连续最枯 3 个月,组成一连续最枯 3 个月水量系列(见表 11-1 最后一列)。

(2) 频率计算:对连续最枯 3 个月水量系列进行频率分析,可求频率 $P=90\%$ 的设计最枯 3 个月径流量值为

$$W_{3月,P=90\%} = 4.00 \text{ m}^3/\text{s} \quad (\overline{W}_{3月} = 8.82 \text{ m}^3/\text{s}, C_{v3} = 0.50, C_{s3} = 2C_{v3})$$

(3) 采用缩放典型年径流过程的方法求设计年径流过程:

① 选择代表年。连续最枯 3 个月水量与 $W_{3月,P=90\%} = 4.00$ m³/s 相近的年份是 1964—1965 年($W_{3月} = 3.78$ m³/s),故选 1964—1965 年为枯水典型年。

② 计算缩放倍比 K_T。典型年的缩放倍比为

$$K_T = \frac{4.00}{3.78} = 1.06$$

③ 计算设计年内的径流过程,结果列入表 11-3。

表 11-3　以最枯 3 个月水量控制缩放的设计年的年、月径流量　　　　　　m³/s

月份	3	4	5	6	7	8	9	10	11	12	1	2	连续3月最小水量
枯水典型年(1964—1965)	9.91	12.5	12.9	34.9	6.90	5.55	2.00	3.27	1.62	1.17	0.99	3.06	3.78
$P=90\%$设计枯水年	10.5	13.2	13.7	36.7	7.32	5.88	2.12	3.47	1.71	1.24	1.05	3.24	4.00

11.3　根据短期实测资料推求设计年径流

《水利水电工程水文计算规范》(SL 278—2002)中规定:设计依据站实测径流系列不足 30 年或虽有 30 年但系列代表性不足时,应进行插补延长。

径流系列的插补延长,根据资料条件可采用下列方法。

(1) 本站水位资料系列较长,且有一定长度的流量资料时,可通过本站的水位流量关系插补延长;

(2) 上下游或邻近相似流域参证站资料系列较长,且与设计依据站有一定长度同步系列时,可通过水位或径流相关关系插补延长;

(3) 设计依据站径流资料系列较短,而流域内有较长系列雨量资料时,可通过降雨径流关系插补延长。

采用相关关系插补延长时,其成因概念应明确。相关数据点散乱时,可增加参变量以改善相关关系;个别数据点明显偏离时,应分析原因。相关线外延的幅度不宜超过实测变幅的 50%。

参证站的选择要考虑以下条件。

(1) 参证资料(如年、月径流量或年、月降雨量)要与设计站的设计变量在物理成因上有密切的联系(同一气候区、下垫面条件相近),以保证展延成果的可靠性;

(2) 参证站与设计站要有一段足够长的同期观测资料(一般不少于 10 年),以便建立可靠的相关关系;

(3) 参证资料必须有足够长的实测系列以保证自身具有较好的代表性,除用于建立相关关系的同期资料

外,还应有用于展延设计站缺测年份的年或月径流系列。

在实际工作中,常利用径流量或降雨量作为参证资料来展延设计站的年、月径流量系列,以下分别给予介绍。

11.3.1 根据径流资料的插补与延长

1. 利用参证站年径流量资料展延设计站年径流量系列

当设计站实测年径流量资料不足时,通常可以利用上下游、干支流或邻近测站的长系列实测年径流资料来展延设计站系列。这一方法的依据是:影响年径流量的主要气象因素是降雨和蒸发,气象因素在地区上具有同期性,因此可以认为,上下游、干支流或邻近测站的年径流量之间也具有相同的变化趋势,并以此建立相关关系。

【例 11-3】 某河拟在 B 处修建水库,B 站控制的流域面积为 1200 km²,具有 1966—1976 年的实测资料,经初步审查认为此 11 年径流系列代表性较差,故需要加以展延。B 站上游的 A 站,流域面积为 920 km²,具有1962—1981 年的较长的系列实测资料,可作为 B 站插补展延的参证站。A 站和 B 站各年实测的年平均径流量见表 11-4。

表 11-4 A、B 站实测年平均流量表   m³/s

年份\测站	1962	1963	1964	1965	1966	1967	1968	1969	1970	1971
A 站实测	8.73	16.50	17.60	10.46	10.10	8.19	15.00	4.67	6.61	7.74
B 站实测	—	—	—	—	15.40	12.50	25.00	7.00	10.30	12.10
B 站展延	13.60	25.70	27.40	15.80						

年份\测站	1972	1973	1974	1975	1976	1977	1978	1979	1980	1981
A 站实测	8.13	10.20	25.90	7.46	2.36	8.93	7.07	5.65	6.26	8.93
B 站实测	12.70	15.90	40.40	12.00	3.76	—	—	—	—	—
B 站展延						13.90	11.00	8.82	9.77	13.90

利用两站同期实测资料(1966—1976 年)点绘散点图,如图 11-3 所示。并对这两组数据进行线性拟合,可以得到 $Q_B = 1.5822Q_A - 0.111$,确定性系数 R^2 为 0.9973,可见相关关系良好。因此,B 站缺测的 1962—1965 年及 1977—1981 年可由 A 站的资料通过上述方程进行插补延长,结果见表 11-4。

2. 利用月径流量资料展延系列

当设计需要提供月径流量系列资料,或当设计站的年径流量系列太短(如小于 10 年),不足以建立年径流量的关系时,可建立设计站与参证站月径系列的相关关系。

由于月径流量的影响因素较年径流量的影响因素更为复杂,月径流量系列之间的关系不如年径流量系列之间的相关关系密切。

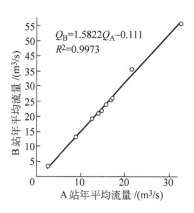

图 11-3 A、B 站年平均流量的相关分析

11.3.2　根据降雨资料的插补与延长

流域年径流量与年降雨量之间通常具有良好的相关关系,在许多情况下降雨的观测系列较径流观测系列长,因此,降雨系列常可用于延长径流系列。

1. 利用本流域年降雨量来展延年径流量

以年为时段,闭合流域的水量平衡方程为

$$R = P - E - \Delta W \tag{11-9}$$

在湿润地区,由于年径流系数 $\alpha = R/P$ 较大,流域年蒸发量 E 和年蓄水量 ΔW 变幅较小。因此,年径流量 R 和年降雨量 P 的相关关系一般较好,利用年降雨径流相关法来展延年径流量,可以得到较好结果。

在干旱地区,由于年降雨量大部分消耗于流域蒸发,这时 E 很大,年径流系数 $\alpha = R/P$ 很小。因此,年径流量 R 和年降雨量 P 的相关关系不密切,根据降水径流相关关系插补径流系列的精度较低。这时,可考虑引入年蒸发量 E 作为参变量,以改善降水径流相关关系。

2. 利用月降雨径流相关法来展延月径流量

一方面,当设计站本身的径流资料年限较短时,将难以建立年降雨径流的相关关系,在中小河流的水文计算中经常会遇到这种情况,这时可考虑采用月降雨和径流资料来建立相关关系。另一方面,在来水、用水的调节计算中,通常也需要插补展延月径流量系列。

枯水月份降雨量很小,径流量主要受蒸发量和流域蓄水量的变化影响;土壤水和地下水的调蓄作用导致月径流量与月降雨量之间有时间上的滞后,因此,月径流量和月降雨量的相关关系通常较差。

11.4　缺乏实测资料情况下的设计年径流计算

在中小流域进行规划和设计水利工程时,经常遇到缺乏实测径流资料或完全无资料的情况。在这种情况下,设计年径流量及其年内分配只有通过间接的途径来推求。目前,常用的方法有水文比拟法和等值线图法两种。

11.4.1　水文比拟法

水文比拟法是将气候和自然地理条件一致的参证站流域的实测资料移植到缺实测资料的设计流域,以此来估算设计流域多年平均年径流量的一种方法。该方法的关键是选取合适的参证流域,参证站流域应满足如下条件。

(1) 参证流域应具有较长的实测径流资料系列。

(2) 参证流域主要的影响因素(气候条件及下垫面条件等)应与设计流域相近。例如考虑气候条件的一致性,可从降雨量历史资料看其是否同步,蒸发是否近似,历史上的旱涝灾情是否大致相同等;另外,还可通过流域查勘及有关地理、地质、地貌等资料论证流域下垫面条件的相似性。

(3) 参证流域和设计流域的面积相差不大(一般小于 15%)。

选择好参证流域后,需要将参证站的径流系列采用水文比拟法移置到设计流域,有直接移置和修正移置两种方法。

1. 直接移置法

对两个面积大小差别不大的流域,当其年降雨量也基本相等以及自然地理条件基本相近时,可以直接将参

证流域的实测径流深移置到设计流域,即

$$R_{设计} = R_{参证} \tag{11-10}$$

式中,$R_{设计}$、$R_{参证}$分别为设计流域、参证流域多年平均年径流深,mm。

2. 修正移置法

设计流域与参证流域的面积相差不大且自然地理条件基本相近,但设计流域与参证流域的多年平均降雨量有较大差别时,可按两个流域年平均降雨量的比值进行修正移置,即

$$R_{设计} = R_{参证} \frac{P_{设计}}{P_{参证}} \tag{11-11}$$

式中,$P_{设计}$为设计流域的多年平均年降雨量,mm;$P_{参证}$为参证流域的多年平均年降雨量,mm;$R_{设计}$、$R_{参证}$分别为设计流域和参证流域多年平均年径流深,mm。

11.4.2　参数等值线图法

实测径流资料缺乏时,可通过多年平均径流深、年径流深变差系数 C_v 的等值线图来推求设计年径流量。

1. 多年平均径流深的估算

流域的某些水文特征值(如年径流深、年降雨量、时段降雨量等)主要受区域性因素(如气候因素)影响。可以认为,这些水文特征值随地理坐标是连续变化的,这样就可以在地图上作出水文特征值的等值线图。流域多年平均年径流量主要受降雨和蒸发的影响,而降雨和蒸发具有明显的地理分布规律,所以多年平均年径流量也具这样的分布规律,可利用其等值线图来估计无资料地区的多年平均径流量。为了消除流域面积的影响,等值线图一般采用径流深(单位为 mm)或径流模数(单位为 $m^3/(s \cdot km^2)$)来表示。

需要注意的是,多年平均年径流深等值线应点绘在流域面积的形心处,而不是绘在流域出口断面处。这是因为该断面的径流是其上游流域面积上各点的径流汇集而成,代表整个流域的平均值。

应用等值线图来推求缺乏资料设计流域的多年平均年径流深时,首先,在图上绘出流域的范围,定出流域的形心;然后,根据通过流域形心的等值线或者通过在两条相邻等值线之间进行直线插值来确定待求的多年平均年径流深。

2. 年径流变差系数 C_v 和偏态系数 C_s 的估算

年径流变差系数 C_v 同样具有地理分布规律,年径流变差系数 C_v 等值线图的绘制和使用方法与多年平均年径流深等值线图相似。但应指出,年径流变差系数 C_v 等值线图的精度一般较低,特别是用于估算小流域的 C_v 时,误差较大(一般偏小)。这是因为等值线图大多数依据中等流域资料绘制的,而中等流域的地下水补给量一般较小流域的多,因而中等流域年径流 C_v 值常较小流域的小。年径流深偏态系数 C_s 的地理分布规律不明显,因此年径流量偏态系数 C_s 的估算一般通过 C_v 与 C_s 的比值定出。在多数情况下,可设 $C_s = (2 \sim 3)C_v$。我国各省(区)的水文手册或水文图册编制了多年平均年径流深等值线和年径流变差系数 C_v 等值线图,可供查用。

在确定了年径流的均值、C_v 和 C_s 后,便可借助于 P-Ⅲ 频率曲线表绘制出年径流的频率曲线,进而确定设计频率相应的年径流值。设计年径流量的年内分配,可采用移置参证站已知典型年的月径流过程并通过缩放法进行计算。

参 考 文 献

[1]　詹道江,叶守泽. 工程水文学 [M]. 3 版. 北京:中国水利水电出版社,2000.

[2]　BRUTSAERT W. Hydrology:an introduction[M]. Oxford:Cambridge University Press,2005.

[3] MAIDMENT D R. Handbook of hydrology[M]. New York：McGraw-Hill Inc.，1992.

[4] CHOW V T，MAIDMENT D R，MAYS L W. Applied hydrology[M]. Noida：Tata McGraw-Hill Education，1988.

习　　题

11.1　简述我国年径流深分布的空间分布特征。

11.2　年径流系列的"三性"审查中，代表性的含义是什么？

11.3　在一定的兴利目标下，设计年径流的频率与设计年径流量、水库兴利库容是什么关系？

11.4　下垫面因素对于年径流量的影响主要包括哪些方面？

11.5　根据设计代表年法推求年、月径流量系列通常包括哪几个步骤？

11.6　资料情况及测站分布如题 11.6 表和题 11.6 图所示，现拟在 C 处建一座水库。试简要说明延展 C 处年径流系列的计算方案。

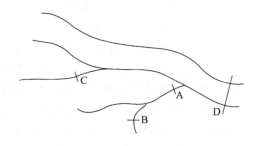

题 11.6 图　测站分布图

题 11.6 表　测站资料统计表

测站	集水面积/km²	实测资料长度/年
A	3600	流量 1925—1985
B	1000	流量 1958—1985
C	2400	流量 1976—1985
D	12 500	流量 1910—1985

11.7　某流域的集水面积为 600km²，其多年平均径流总量为 5 亿 m³。试问其多年平均流量、多年平均径流深和多年平均径流模数。

11.8　某水库设计保证率为 80%，设计年径流量 $Q_P = 8.76\text{m}^3/\text{s}$，从坝址 18 年径流资料中选取接近设计年净流量、且分配较为不利的 1953—1954 年作为设计代表年（典型年），其分配过程列于题 11.8 表。试求设计年径流量的年内分配。

题 11.8 表　某水库 1953—1954 年（典型年）年径流过程　　　　　　　　　　m³/s

年份	1953								1954				年平均
月份	5	6	7	8	9	10	11	12	1	2	3	4	
Q	6.00	5.28	32.9	26.3	5.84	3.55	4.45	3.27	3.75	4.72	5.45	4.18	8.81

第 12 章 设 计 洪 水

12.1 概　　述

洪水是我国乃至全世界主要的自然灾害之一。防御和减少洪水灾害,可采用水利工程措施(如水库、堤防等)和非工程措施(如洪水预报预警系统、洪泛区的运用等)相结合的方法。水利工程如大坝、溢洪道、桥涵等都会涉及防洪的问题。水利工程的防洪问题可归纳为两类:一是工程下游地区的防洪问题,要按照下游防洪的目的对水库设置较大的防洪库容,以保证下游的安全;二是水工建筑物本身的防洪安全问题,要求水库除有兴利库容外,还需有一定的调洪库容和泄洪建筑物,以保证水库工作的正常进行和大坝等水工建筑物的安全。

上述两个问题都需要对有关河段或地点按指定标准选择出将来水利工程运行期间可能发生的一种洪水,作为设计的标准。这种用以设计水利工程所依据的各种标准的洪水的总称为设计洪水。设计洪水标准定得过高,会使工程规模巨大,相应的造价过高经济上不合算,但工程所承担的风险则小;设计洪水标准定得过低,虽然造价降低但遭受破坏风险增大。如何将工程的安全和经济很好地协调起来,确定出最优的标准是设计洪水中要解决的重要问题。目前在我国防洪规划和各种水利水电工程设计中,一般都采用先选定防洪标准,再推求与此标准相应的设计洪水。

12.1.1　工程等级与设计标准

如前所述,对于水利水电工程的防洪设计分为两类:第一类为保障各类防护对象免除一定洪水灾害的标准;第二类为确保水利工程建筑物自身安全的防护的标准。

我国 1978 年颁发了《水利水电枢纽工程等级划分及设计标准(山区、丘陵区部分)(试行)》(SDJ 12—1978),通过多年的工程实践经验,结合我国的国情,水利部会同其他有关部门于 1994 年共同制定了《防洪标准》(GB 50201—1994)作为我国的强制性国家标准,自 1995 年 1 月 1 日起实施。

在《防洪标准》中,各类防护对象的防洪标准,是根据防洪安全的要求,并考虑到经济、政治、社会、环境等因素加以综合论证确定的。对于第一类不同的防护对象如城市、乡村、工矿企业等,《防洪标准》中都有明确的规定。例如对于防护对象为城市的防洪标准,应根据其社会经济地位的重要性或非农业人口的数量划分为 4 个等级,各等级的防洪标准可按表 12-1 中的规定来确定。其他类型的防护对象的防洪标准,在《防洪标准》中均有详细介绍,这里不一一说明。

表 12-1   城市的等级及其防洪标准

级别	重要性	非农业人口/万人	防洪标准（重现期/年）
Ⅰ	特别重要的城市	≥150	≥200
Ⅱ	重要的城市	150～50	200～100
Ⅲ	中等的城市	50～20	100～50
Ⅳ	一般城镇	≤20	50～20

对于第二类确保水利工程建筑物自身安全的防护的防洪标准，首先根据工程规模、效益和在国民经济中的重要性将水利水电枢纽工程分为 5 等，其等级按表 12-2 中的规定来确定。

表 12-2   水利水电枢纽工程等级

工程级别	水库		防洪		治涝	灌溉	供水	水电站
	工程规模	总库容/$10^8 m^3$	城镇及工矿企业的重要性	保护农田/万亩	治涝面积/万亩	灌溉面积/万亩	城镇及工矿企业的重要性	装机容量/$10^4 kW$
Ⅰ	大(1)型	≥10	特别重要	≥500	≥200	≥150	特别重要	≥120
Ⅱ	大(2)型	10～1.0	重要	500～100	200～60	150～50	重要	120～30
Ⅲ	中型	1.0～0.10	中等	100～30	60～15	50～5	中等	30～5
Ⅳ	小(1)型	0.10～0.01	一般	30～5	15～3	5～0.5	一般	5～1
Ⅴ	小(2)型	0.01～0.001		≤5	≤3	≤0.5		≤1

其次，当确定了水利水电枢纽工程的等级后，水利水电枢纽工程的水工建筑物则可根据其所属的枢纽工程的级别、作用和重要性分为 5 级，其级别按表 12-3 中的规定确定。

表 12-3   水工建筑物的级别

工程级别	永久性水工建筑物级别		临时性水工建筑物级别
	主要建筑物	次要建筑物	
Ⅰ	1	3	4
Ⅱ	2	3	4
Ⅲ	3	4	5
Ⅳ	4	5	5
Ⅴ	5	5	

确定了水工建筑物级别后，其防洪标准可根据其级别按表 12-4 中的规定加以确定。其他水利工程的防洪标准均可参阅《防洪标准》。

水利水电工程建筑物洪水标准又分为正常运用（设计）和非常运用（校核）两种。正常运用的洪水标准较低（相应的频率较大），按正常运用洪水标准推求出来的洪水称为设计洪水时，用它来确定水利水电枢纽工程设计洪水位、设计泄洪流量等，遇到不超过这种设计标准的洪水时，水利工程的一切工作能维持正常状态。而非常运用的洪水标准较高（相应的频率较小），当出现超过这种标准的洪水时，水利工程的某些正常工作可以暂时破坏，如仅允许消能设施和一些次要建筑物部分损坏，但必须确保主要水利工程建筑物安全或不允许发生河流改道等重大灾害性后果，则这种情况为非常运用条件。非常运用的洪水标准用以确定水利水电工程的校核洪水位，这种标准的洪水称为校核洪水（见表 12-4）。

表 12-4　水库工程水工建筑物的防洪标准

水工建筑物级别	防洪标准（重现期/年）				
	山区、丘陵区			平原区、海滨区	
	设计	校核		设计	校核
		混凝土坝、浆砌石坝及其他水工建筑物	土坝、堆石坝		
1	1000～500	5000～2000	可能最大洪水（PMP）或 10 000～5000	300～100	2000～1000
2	500～100	2000～1000	5000～2000	100～50	1000～300
3	100～50	1000～500	1000～500	50～20	300～100
4	50～30	500～200	500～200	20～10	100～50
5	30～20	200～100	200～100	10	50～20

12.1.2　设计洪水的三要素

当流域内降落大暴雨或冰雪速融,则会产生大量的径流汇入江河,致使河流在短期内流量激增、水位猛涨,当过了一段时间后,流量和水位又会消退下去,这就是一次洪水过程。洪水过程通常可用洪峰、洪量和洪水过程线来描述,常称为洪水三要素,如图 12-1 所示。设计洪水包括设计洪峰流量、设计洪量和设计洪水过程,常称为设计洪水三要素。

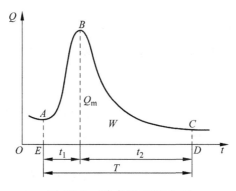

图 12-1　洪水过程示意图

图 12-1 中,Q_m 为洪峰流量,m³/s,一次洪水过程中的最大流量;W 为一次洪水的总径流量,m³,即 $ABCDE$ 所包围的面积;A 为洪水起涨点;B 为洪峰点;C 为退水结束点;t_1 为涨水历时;t_2 为退水历时;T 为洪水总历时,$T=t_1+t_2$。

12.2　由流量资料推求设计洪水

现行的推求设计洪水的步骤一般是:根据实测和插补的洪峰流量和不同时段的洪量资料,通过对洪峰流量 Q_m 和不同时段的洪量 W_T 进行频率分析计算,求得相应的频率曲线,并由此曲线推求指定频率的设计洪峰流量 Q_{mP} 和不同时段的设计洪量 W_{TP},再通过缩放实测典型洪水过程线,即得到设计洪水过程线。在进行洪水峰量频率计算之前,首先要做好洪水资料审查、选样等工作。

12.2.1　资料审查

洪水资料包括实测洪水和调查考证的历史洪水资料。在进行洪水频率计算之前,应该进行资料的"三性"(即可靠性、一致性和代表性)的审查。

1. 洪水资料可靠性的审查

可靠性审查主要对洪水实测资料的测验和整编方法进行审查。审查的重点应针对测验和整编质量较差的年份,以及对设计洪水计算成果影响较大的大洪水发生的年份。审查内容应包括观测断面的变迁、水尺零点高程、水准基面的变动及测流断面的冲淤变化情况;观测方法的合理性包括浮标系数的选用以及水位流量关系曲线高水位部分延长的合理性。对历史上洪水资料的审查,主要审查调查计算的洪峰流量和洪水发生的年份。对于前者,主要看历史洪痕是否可靠、上下游是否一致以及流量计算的方法和采用的参数是否合理;对于后者,主要看确定的洪水发生的年份依据是否充分,与上下游和邻近流域是否一致,以及有无气象资料的旁证等。

2. 洪水资料一致性的审查

洪水资料一致性的概念和年径流量资料的一致性的概念是相同的。洪水资料一致性指产生各年洪水的流域和河道的产流和汇流的条件在调查观测期内应该基本相同。若这些条件发生较大变化,如修建水利工程,或堤防发生决口、溃堤、河流改道,或流域实施水土保持措施等,都会明显地影响到各年洪水资料一致性;这时则需要进行还原计算,即将洪水资料修正到相同条件下,相同条件即没有大规模人类活动影响或没有决口等变动之前的情况。这样可认为调查观测期所有的洪水资料均来自同一总体。

3. 洪水资料代表性的审查

洪水资料代表性指样本的分布是否能反映总体的分布。由于实测洪水系列本身是无法来判断其代表性的。因此在实际工作中,主要方法是应用同一条河流上下游站或邻近河流测站的具有充分长期的水文气象资料系列进行检查。

如果与设计站同一条河流上下游站或邻近河流测站的有充分长期的洪水系列与设计站洪水系列具有同步性,则可利用其与设计站同期的洪水资料系列的代表性来评定设计站的代表性。例如,同期的参证系列代表性较好(即参证系列的短期资料和长期资料的统计参数 $\bar{Q}$、C_v、C_s 基本一致),则可判断设计站同期洪水资料也具有较好的代表性,反之亦然。

除了利用洪水资料,还可以用暴雨资料来检查。一般暴雨与洪水具有较高的相关关系,同时暴雨资料一般总比洪水资料要更加长期,因此可以通过暴雨资料来分析已有洪水资料中是否包括了大、中、小洪水以及特大洪水年,从而判断洪水资料的代表性。

12.2.2　样本选取

洪水资料选样的原则是既要满足独立随机选样的要求,又要符合防洪安全标准的要求。在推求设计年径流量时,由于每年只有一个年径流量,因此不存在选样的问题。但对于洪峰流量或不同时段洪量,由于河流一年内要发生多次洪水,每年都有许多洪峰流量和不同时段洪量,因此如何从历年的洪水系列资料中选取表征洪水特征值的样本是设计洪水的一个重要问题。对水利水电工程而言,一般采用年最大值法。年最大值法就是对于某个特征值,每年只选一个最大值作为样本点,例如同一年内最大的洪峰流量可在同一场洪水中选取,也可以在不同场洪水中选取,只要遵循"最大"的原则即可。这样,若有 n 年资料则可选出 n 个最大洪峰流量,并组成一个容量为 n 的样本系列以供频率计算。同理,对于不同时段的洪量也可以采用相同的方法选取。对于洪量的统计时段,一般取 1 日、3 日、7 日、15 日…其最长的统计时段,根据工程规模和流域大小,按设计要求确定。

12.2.3　特大洪水的频率计算

特大洪水指比一般洪水在量级上大很多的稀遇洪水。进行洪水频率计算时,是否考虑特大洪水,会极大地影响到设计洪水的成果。

【例 12-1】　华北地区某水库在 1955 年进行规划时,根据当时 20 年洪峰流量系列推算得千年一遇的洪峰流量 $Q_m = 7500$ m³/s。而在 1956 年发生一次特大洪水,实测洪峰流量达 13 100 m³/s。将此洪水加入系列算得的千年一遇的洪峰流量 $Q_m = 25\,900$ m³/s,可见,两者相差非常之大,该值为第一次计算成果的 3.5 倍。但在深入进行实地调查和文献考证后,取得若干个可靠的历史大洪水的流量数值,并在洪水频率计算中加以应用,这就使得上述的变动情况得到显著的改善,大大提高了结果的精度。就上例而言,若使用调查到的历史资料,并与实测资料一起进行频率计算,则千年一遇的洪峰流量 $Q_m = 30\,000$ m³/s。这一结果就比较接近实际。即使 1956 年发生特大洪水,但重新计算,其结果变化不大,基本上稳定。由此可见,在洪水频率计算中,应用历史洪水资料可以显著地提高资料的代表性。必须指出,我们所考虑的历史洪水一般都是相当大的洪水,故通常叫做特大洪水。但是在实测洪水流量中,若有大于历史洪水的,则应从实测年系列中提出,予以特别考虑,这样的洪水亦称为特大洪水。特大洪水和实测洪水加在一起可以组成一个洪水系列(样本)。利用这样的系列该如何作频率计算呢?这就是特大洪水资料如何处理的问题。这里所谓处理,就是指如何确定洪水的频率,尤其是特大洪水的频率,以及如何进行频率计算(参数估计)。下面分别叙述这两个问题。

1. 特大洪水频率的确定

历史洪水的洪峰流量是根据洪水痕迹和运用水力学的方法推求得到的。历史洪水发生的年月和排序则根据调查或查阅历史文献加以确定。有历史洪水情况下,一般可分为 3 个时期:实测期指有观测资料的年份(包括插补延长得到的洪水资料);调查期系实测开始年份之前至能调查到的历史洪水最远的年份;文献考证期指调查期之前至有历史文献可以考证的时期。利用历史洪水资料提高计算结果的精度很大程度上取决于历史洪水的经验频率估计是否正确。为了计算洪水频率,有必要先介绍连序系列和不连序系列的概念。

(1) 连序系列

由 n 年实测(包括插补延长)和历史洪水调查资料组成的洪水系列,可视为从总体中独立随机选样得到的。若系列中没有特大值抽出进行单独处理,也没有历史特大洪水的加入,无论资料的年份是否连续,只要确认 n 年的各项洪水数值由大到小次序排列,各项之间没有空缺,序数是连序的,这样的系列称为连序系列。

(2) 不连序系列

如果系列中有缺测项,各项数值自大到小排列中存在一些空缺,则称为不连序系列。例如通过历史洪水的调查考证,将历史特大洪水值与实测的洪水值资料加在一起组成一系列,样本容量为 N,而其中具有洪水数值的是实测年份 n 和能调查到的历史洪水年份 α,而在 $N-n-\alpha$ 年内各年的洪水值是无法查到的,即该系列洪水值有一些缺测项,不能判断洪水值由大到小是连续的,因此这样的样本系列是不连序系列,如图 12-2 所示。

可见,所谓的样本系列“连序”和“不连序”,并非指时间的连续与否,两者的主要差别仅在于系列内的各项数值由大到小排序是否无空缺。若无空缺,则连序系列,否则为不连序系列。

2. 洪水频率的计算

对于连序系列的洪水,经验频率计算方法与年径流量的相同。对于不连序系列的洪水,各项洪水经验频率的计算方法则有所不同,常用以下两种方法。

(1) 独立处理法

该方法将实测系列与含特大值的整个系列都看作从总体中独立抽出的两个随机连序样本,各项洪水分别在各自的样本系列中进行排序并计算经验频率。对于实测系列构成的连序系列中各项洪水的经验频率按下式

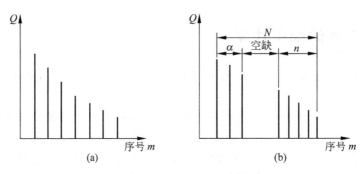

图 12-2   不连序样本和连序样本示意图

(a) 连序样本；(b) 不连序样本

计算：

$$P_m = \frac{m}{n+1} \tag{12-1}$$

式中，P_m为第 m 位洪水的经验频率；m 为实测洪水自大到小的排列序号，$m=1,2,\cdots,n$；n 为实测洪水的年数。

对于含特大洪水的 N 年系列中，如果有 α 个特大洪水项的排序已经确定为 $M=1,2,\cdots,\alpha$，而且其间没有遗漏的情况，则 α 个特大洪水项的经验频率可按下式计算：

$$P_M = \frac{M}{N+1}, \quad M=1,2,\cdots,\alpha \tag{12-2}$$

式中，P_M为大于或等于某特大洪水 Q_m值的经验频率；M 为特大洪水由大到小排列的序号；N 为含特大洪水样本系列的容量（一般为调查考证期的最近年份至今的年数）。

但应注意，若因年代久远，在 N 年的 α 个特大洪水项中还可能有遗漏的情况，则可根据对特大洪水的调查考证的具体情况，分别在不同的调查考证期内排序，估算其经验频率。如图 12-3 中，α_1项在 N 年中排序，α_2项在 N_1 年中排序。另外，若实测系列中确认有特大洪水项，应抽出放在 N 年系列中与历史洪水项一起排序，进行频率计算，以避免特大洪水的后几项和实测系列的前几项特大洪水的经验频率可能有重叠的现象（即出现实测系列的前几项特大洪水的经验频率比历史洪水经验频率还要小的不合理情况）。如果实测系列中特大洪水项抽出放在 N 年系列中排序，但其在实测系列中仍然应保持其在实测系列中的序位，即实测系列中的一般洪水的序位不能因特大洪水项的抽出而发生改变。如实测资料为 30 年，其中有一个特大洪水项抽出，原来排序第二的一般洪水不能因此而改变排序为第一，应该仍然排序第二，其经验频率 $P_2=2/(30+1)=0.0645$。

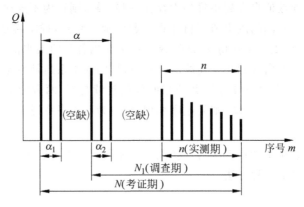

图 12-3   不同的调查考证期内排序

（2）统一样本法

该法将实测系列和特大洪水系列共同组成 N 年不连序系列，作为一个容量为 N 的样本，各项均在 N 年内统一排序。

假定在调查考证期 N 年内有特大洪水 α 项，其中有 l 项发生在 n 年实测系列内，N 年中的 α 项特大洪水在 N 年中的排序为 $M=1,2,\cdots,\alpha$，则其经验频率仍然用式（12-2）计算。实测系列中其余的 $n-l$ 项为一般洪水，其经验频率不会小于第 α 项特大洪水的经验频率 P_{M_α}，因此其经验频率只能分布 $1\sim P_{M_\alpha}$ 范围内，可按下式计算：

$$P_m = P_{M_\alpha} + (1-P_{M_\alpha})\frac{m-l}{n-l+1} = \frac{\alpha}{N+1} + \left(1-\frac{\alpha}{N+1}\right)\frac{m-l}{n-l+1} \qquad (12\text{-}3)$$

式中，P_m 为 n 年实测洪水系列中第 m 位洪水经验频率；l 为实测洪水系列中抽出作为特大值处理的洪水项数；m 为实测的一般洪水的序位，$m=l+1,l+2,\cdots,n$；P_{M_α} 为特大洪水第末项 $M=\alpha$ 的经验频率；N 为调查考证期年数；α 为 N 年内能确定排位的特大洪水项数。

【例 12-2】　已知：某河某站在 1953—1986 年（有两年资料缺测且无法插补）共 32 年实测资料中，1982 年为特大洪水，其余为一般洪水，1964 年洪水排序第二，1978 年排序最小。经调查考证，1905 年与 1931 年为历史特大洪水，1905 年洪水大于 1931 年的洪水，但都没有 1982 年大，且已查清在 1905—1986 年的 82 年中没有漏掉比 1931 年更大的洪水。另外，经文献考证，1764 年曾发生过一次比 1982 年还要大的洪水，是 1764 年以来 223 年中最大洪水，但因年代久远，1764—1905 年间其他洪水未能查清。要求分别按独立处理法和统一样本法求经验频率。

【解】　依题意，径流系列如图 12-4 所示。在实测和调查期（1905—1986 年）$N=82$ 年的系列中，只知道前三位的特大洪水年为 1982 年、1905 年和 1931 年，因查清没有比 1931 年更大的洪水，故在实测和调查期 $N=82$ 年中，无法知道排序为第四位的特大洪水项；在实测调查文献考证期（1764—1986 年）$N=223$ 年的系列中，1764 年排序为第一位，因 1764—1905 年间其他洪水情况不明，故 1905 年以后的特大洪水项不能在 223 年中排序。

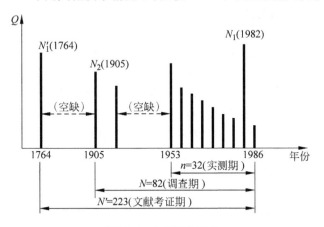

图 12-4　不连续系列

两种方法的经验频率计算见表 12-5。

目前在实际工作中上述两种方法都在使用。独立处理法比较简单，但此法将特大洪水系列样本及实测洪水系列样本的容量分别取为 N 和 n，N 项包括了 n 项，因此不能认为这两个系列是相互独立的，可见该法与认为是从总体中独立抽出的两个随机连序样本假设前提有矛盾。另外，有时会出现历史特大洪水与实测洪水产生重叠的现象，这是该法的不足之处。统一样本法适合于特大洪水排序比较准确的情况，还可以避免历史特大洪水与实测洪水产生重叠的现象，从理论上分析，该法比较合理。生产实践表明这两种方法计算结果十分接近,尤其是对统计参数影响较大的特大洪水数据点的经验频率值的计算方法两者是相同的,故对适线法的结果影响不大。

表 12-5   不同系列经验频率计算表

系列年数	洪水序位		特大洪水年份	经验频率	
	实测	调/考		独立处理法(方法一)	统一样本法(方法二)
$N=223$ (1764—1986)		1	1764	$P_M=1/(223+1)$ $=0.004$	$P_m=1/(223+1)=0.004$ (计算方法同方法一)
$N=82$ (1905—1986)		1	1982	$P_M=1/(82+1)$ $=0.012$	$P_m=0.004+(1-0.004)\times(1-0)/(82-0+1)=0.016$
		2	1905	$P_M=2/(82+1)$ $=0.024$	$P_m=0.004+(1-0.004)\times(2-0)/(82-0+1)=0.028$
		3	1931	$P_M=3/(82+1)$ $=0.036$	$P_m=0.004+(1-0.004)\times(3-0)/(82-0+1)=0.04$
$n=32$ (1953—1986)	1		1982		
	2		1964	$P_m=2/(32+1)=0.06$	$P_m=0.04+(1-0.04)\times(2-1)/(32-1+1)$
	·		·		
	32		1978	$P_m=32/(32+1)$ $=0.97$	$P_m=0.04+(1-0.04)\times(32-1)/(32-1+1)=0.97$

注:1982 年洪水若放在实测系列中计算,$P_m=1/(32+1)=0.03$,与历史特大洪水发生重叠,故应抽到 $N=82$ 的系列中排序,但保留其在实测系列中的序位。

12.2.4   频率曲线参数估计

洪水系列统计参数一般采用矩法进行估值作为初始值。但由于洪水系列通常多为不连序系列,因此,用矩法估算统计参数初始值的公式不同于连序系列的公式。

设迄今的 N 年内共有 α 个特大洪水,其中 l 个特大洪水发生在实测期 n 年内。假设 $n-l$ 年系列的洪水均值和均方差与除去特大洪水后的 $N-\alpha$ 年系列洪水的均值和均方差相等,即 $\bar{x}_{N-\alpha}=\bar{x}_{n-l}$,$\sigma_{N-\alpha}=\sigma_{n-l}$,由此假设可推导出 N 年不连序系列的洪水均值和变差系数的计算公式分别为

$$\bar{x}=\frac{1}{N}\left[\sum_{j=1}^{\alpha}x_j+\left(\frac{N-\alpha}{n-l}\sum_{i=l+1}^{n}x_i\right)\right] \tag{12-4}$$

$$C_v=\frac{1}{\bar{x}}\sqrt{\frac{1}{N-1}\left[\sum_{j=1}^{\alpha}(x_j-\bar{x})^2+\frac{N-\alpha}{n-l}\sum_{i=l+1}^{n}(x_j-\bar{x})^2\right]} \tag{12-5}$$

式中,$\bar{x}$ 为洪水不连序系列的均值(洪峰流量或洪量的均值);C_v 为洪水不连序系列的变差系数;x_j 为特大洪水的变量(洪峰流量或洪量)($j=1,2,\cdots,\alpha$);x_i 为一般洪水的变量(洪峰流量或洪量)($i=1,2,\cdots,N-\alpha$);α 为特大洪水的总项数,其中包括发生在实测系列内的 l 项。

由于用矩法计算得到的偏态系数 C_s 值一般偏小,且抽样误差较大,故一般不必用矩法估算,可初步选定 $C_s=KC_v$(K 为系数)作为适线法的初始值。

对于变差系数值较小的流域($C_v\leqslant0.5$),$K=3\sim4$;对于变差系数值较大的流域($C_v>1.0$),$K=2\sim3$。

12.2.5　设计洪峰、洪量及洪水过程

按上述方法推求出洪水经验频率和统计参数初始值后,可采用适线法推求出洪峰流量和各统计时段洪量的理论频率曲线,进而可按所确定的设计频率求得设计洪峰和各统计时段的设计洪量。洪水频率曲线的线型除了少数特殊情况外,根据多年的生产实践证明,我国大多数地区采用 P-Ⅲ型曲线较为适宜。目估配线法的一般原则如下。

(1) 尽可能地照顾到点群的趋势,使得曲线尽量通过点群的中心,当经验点群与曲线不能全部拟合时,应侧重考虑中上部而且精度较好的大洪水的数据点。

(2) 由于历史上特大洪水加入系列进行配线,对确定参数的影响作用较大,但这些特大洪水资料精度较差,故要慎重对待。因此适线时不能机械通过该点,以至使曲线对其他点群偏离太大,也不能距该数据点太远,应考虑特大洪水的误差范围内进行适当调整。

(3) 配线时应考虑统计参数在地区上的变化规律,使之能与地区上的变化相协调。

用实测的有限样本的统计参数去估算总体的参数必然存在着抽样误差,因此用上述方法计算得到的设计洪峰和设计洪量值也存在抽样误差。统计参数的抽样误差与所选的频率曲线线型有关。当总体分布为 P-Ⅲ型曲线,根据 n 年连序系列,采用矩法估计参数值时,样本参数的均方误计算公式参见第 9 章。设计洪水的均方误差(绝对误差和相对误差)近似公式为

$$\sigma_{x_P} = \frac{\bar{x} C_v}{\sqrt{n}} B \tag{12-6}$$

$$\sigma'_{x_P} = \frac{\sigma_{x_P}}{x_P} \times 100\% = \frac{C_v}{K_P \sqrt{n}} B \tag{12-7}$$

式中,σ_{x_P} 为设计洪水相对均方误差;K_P 为指定频率 P 的模比系数,$K_P = \dfrac{x_P}{x}$;B 为 C_s 和 P 的复杂函数,有专用的 B 值诺模图可查,如图 12-5 所示。

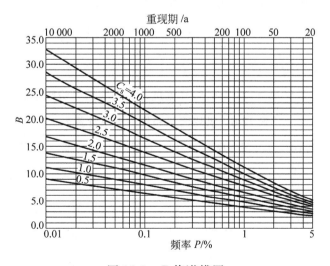

图 12-5　B 值诺模图

由于 n 包括了特大洪水,故 n 不等于实测系列长度,也不是调查考证期的 N,而以称为折算年数的 n' 替代该式中的 n、n' 可用下面的经验公式计算:

$$n' = n + (c+d)(N-n) \tag{12-8}$$

式中，c、d 为经验系数。其中，c 为反映调查洪水次数的系数，当调查洪水次数为一次时，$c=0.2$，为二次时，$c=0.3$，为三次时，$c=0.4$；d 为反映调查洪水精度的系数，精度为一般时，$d=0.2$，精度为可靠时，$d=0.3$，精度为精确时，$d=0.4$。

对于大型或重要中型水利工程，用上述计算的设计洪水有偏小的可能，故从安全考虑，应给设计值再加上一安全保证值，常用的计算公式为

$$\Delta x_P = \alpha \sigma_{x_P} \tag{12-9}$$

式中，Δx_P 为设计洪水的安全保证值；α 为可靠性系数，一般取 $\alpha=0.7$；σ_{x_P} 为设计洪水的均方误差（绝对误差）。安全修正值一般不超过所计算的设计洪峰流量水值的 20%。

【例 12-3】　某水库坝址处有 30 年(1950—1979 年)的洪峰流量实测资料如表 12-6 所示。经洪水调查得知 1880 年曾发生过一次特大洪水，洪痕可靠，河床稳定，推得洪峰流量为 9200 m³/s，并经考证该洪水为 1880 年至今(1979 年)最大一次洪水。此外，1962 年实测大洪水的洪峰流量为 7100 m³/s，仅次于 1880 年的特大洪水。且考证到 1880—1950 年间再没有发生过大于 7000 m³/s 的洪水。需推求 $P=1/1000$ 和 $P=1/100$，即千年一遇和百年一遇的洪峰流量 Q_{mP}。

【解】　（1）经验频率计算

按历史特大洪水系列与实测系列统一样本方法计算。

含历史特大洪水迄今系列是从 1880—1979 年，所以，$N=1979-1880+1=100$ 年。则排序为第一的 1880 年特大洪水的经验频率为

$$P = \frac{1}{N+1} = \frac{1}{100+1} = 0.99\%$$

排序为第二的 1962 年特大洪水的经验频率为

$$P = \frac{2}{N+1} = \frac{2}{100+1} = 1.98\%$$

实测系列中的 1962 年洪水作为特大值处理，即 $l=1$，故实测系列的经验频率按式(12-3)计算，如 1971 年洪水 $Q_m=4500$ m³/s，为 30 年中的排序第二的洪水，则其经验频率为

$$P_m = P_{M\alpha} + (1-P_{M\alpha})\frac{m-l}{n-l+1} = \frac{\alpha}{N+1} + \left(1-\frac{\alpha}{N+1}\right)\frac{m-l}{n-l+1}$$
$$= \frac{2}{100+1} + \left(1-\frac{2}{100+1}\right) \times \frac{2-1}{30-1+1} = 5.25\%$$

其余的洪峰流量的经验频率计算结果见表 12-6，洪峰流量及其相应的经验频率点绘于图 12-6。

表 12-6　洪峰流量和经验频率计算表

序号	年份	流量/(m³/s)	经验频率/%	序号	年份	流量/(m³/s)	经验频率/%
1(特大)	1880	9200	0.99	10	1950	1800	31.41
2(特大)	1962	7100	1.98	11	1957	1790	34.68
2	1971	4500	5.25	12	1958	1480	37.95
3	1977	3600	8.52	13	1978	1470	41.22
4	1964	3400	11.79	14	1953	1460	44.59
5	1966	3080	15.06	15	1960	1420	47.76
6	1972	2800	18.33	16	1874	1400	51.03
7	1959	2770	21.60	17	1965	1300	54.30
8	1954	2440	24.87	18	1975	1100	57.57
9	1963	2200	28.14	19	1956	1060	60.84

续表

序号	年份	流量/(m³/s)	经验频率/%	序号	年份	流量/(m³/s)	经验频率/%
20	1967	946	64.11	26	1951	530	83.73
21	1969	857	67.38	27	1955	490	87.02
22	1973	846	70.65	28	1968	430	90.27
23	1976	740	73.92	29	1970	421	93.54
24	1979	690	77.19	30	1961	410	96.81
25	1952	590	80.46				

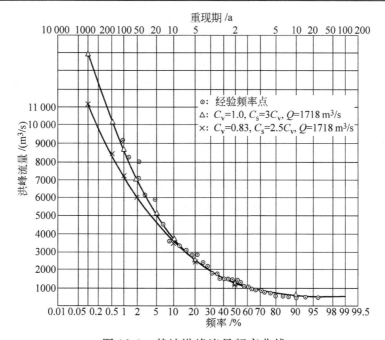

图 12-6 某站洪峰流量频率曲线

（2）洪水频率曲线统计参数估计和确定

采用不连续系列的矩法公式初估参数，然后采用 P-Ⅲ型曲线目估配线法调整统计参数，最后选定与经验数据点配合良好的一条频率曲线作为理论频率曲线。

应用式(12-4)和式(12-5)计算洪峰流量的均值和变差系数，计算公式中的 $\sum Q_{mi}$ 和 $\sum (Q_{mi} - \bar{Q}_{mi})^2$ 可根据表 12-6 中的数据计算得出，即

$$\bar{Q}_m = \frac{1}{N}\left[\sum_{j=1}^{a} Q_{mj} + \left(\frac{N-a}{n-l}\sum_{i=l+1}^{n} Q_{mi}\right)\right]$$
$$= \frac{1}{N}\left[16\,300 + \left(\frac{100-2}{30-1} \times 46\,020\right)\right] = 1718 \text{ m}^3/\text{s}$$

$$C_v = \frac{1}{\bar{x}}\sqrt{\frac{1}{N-1}\left[\sum_{j=1}^{a}(x_i-\bar{x})^2 + \frac{N-a}{n-l}\sum_{i=l+1}^{n}(x_i-\bar{x})^2\right]}$$
$$= \frac{1}{1718}\sqrt{\frac{1}{100-1}\left[84\,946\,248 + \frac{100-2}{30-1} \times 33\,727\,498\right]} = 0.83$$

（3）求理论频率曲线及确定设计洪峰流量

选 $C_s = 2.5C_v = 2.5 \times 0.83 = 2.08$，但按以上 3 个统计参数得到的 P-Ⅲ型理论频率曲线与经验数据点配合

不佳。从图 12-6 可见,需要加大 C_v 值,经调试,最后选定的频率曲线的统计参数为 $\bar{Q}_m = 1718$ m³/s,$C_v = 1.0$,$C_s = 3C_v$。

由 P-Ⅲ型频率曲线的离均系数 Φ 表或 P-Ⅲ型频率曲线的模比系数 K_P 表,可求出相应于千年一遇、百年一遇的洪峰流量的 Φ 或 K_P 值,由此可推求到相应的设计洪峰流量 $Q_{m,P}$(这里仅列出离均系数 Φ 计算法):

$$P = 1\%, \quad \Phi = 4.05, \quad Q_{m,1\%} = \bar{Q}_m(1 + \Phi C_v) = 1718 \times (1 + 0.45 \times 1.0) = 8676 (\text{m}^3/\text{s})$$

$$P = 0.1\%, \quad \Phi = 7.1, \quad Q_{m,1\%} = \bar{Q}_m(1 + \Phi C_v) = 1718 \times (1 + 7.15 \times 1.0) = 14\,002 (\text{m}^3/\text{s})$$

设计洪水过程线是指具有某一设计标准的洪水过程线。例如对于水库的防洪规划,仅依据设计洪峰流量和设计洪量难以确定水库的防洪库容和泄洪建筑物的尺寸,这是因为洪水过程线的形状不同(反映出洪峰流量出现的迟早及洪量的集中程度不同),则推求得到的防洪库容及相应的最大泄洪量亦不相同。因此设计洪水过程线是设计洪水必需的要素之一。

由于洪水过程线是一随机的过程,目前尚无比较完善的方法根据统计规律求出符合设计频率的洪水过程线。生产实践中一般仍然采用缩放典型洪水过程线的方法,即从实测资料中选出典型的洪水过程线,按一定的倍比将典型洪水过程线进行放大后即为设计洪水过程线。

1. 典型洪水过程线的选择

典型洪水过程线是进行放大的基础,从实测资料中选择典型洪水过程线时,资料要可靠且精度较高,同时应符合下列条件:

(1) 要选择洪峰流量和洪量接近设计值的实测的大洪水过程线;

(2) 具有代表性,即该典型洪水发生的季节、洪水的历时、峰量关系、主峰位置、峰型等均能代表该流域较大洪水的特性;

(3) 选择对工程防洪不利的典型洪水过程线,尽量选择峰高、量大的洪水,而且峰型集中、主峰靠后的过程线。

一般初步选出符合上述条件的几个典型洪水过程线,分别进行放大,并经过调洪计算,取其偏于安全的过程线作为设计洪水过程线。

2. 典型洪水过程线的放大

可采用同倍比放大或同频率放大两种方法。

1) 同倍比放大法

同倍比放大法是指用同一倍比系数放大典型洪水过程线以求得设计洪水过程线的方法。由于设计的防洪工程的尺寸受到不同洪水要素的控制作用,因此倍比系数有两种取法。

(1) 以洪峰流量控制的同倍比放大法(以峰控制)

对于以洪峰流量起决定性作用的工程,如堤防、桥梁、涵洞、排水沟及调节性能低的水库等,适用以洪峰流量控制的同倍比放大法,其倍比系数为

$$K_{Q_m} = \frac{Q_{m,P}}{Q_{mD}} \tag{12-10}$$

式中,$Q_{m,P}$ 为设计洪水过程线的洪峰流量;Q_{mD} 为典型洪水过程线的洪峰流量。

(2) 以洪量控制的同倍比放大法(以量控制)

对于以洪量起决定性作用的工程,如调节性能高的水库(防洪库容大)、分洪、滞洪区等,适用以洪量控制的同倍比放大法,其倍比系数为

$$K_W = \frac{W_{T,P}}{W_{T,D}} \tag{12-11}$$

式中,$W_{T,P}$ 为设计频率为 P、统计时段为 T 的设计洪量;$W_{T,D}$ 为统计时段为 T 的典型洪水的洪量,T 为对确定防洪库容等起控制作用的时段长度。

当按上述的方法求得倍比系数后,以倍比系数 K_{Q_m} 或 K_W 分别乘以典型洪水过程线的流量坐标,即得到相应的设计洪水过程线。

同倍比系数放大法简单易行,能较好地保持典型洪水过程的形态。但该法使得设计洪水过程线的洪峰或洪量的设计频率不一致,这是由于两种放大倍比不同($K_{Q_m} \neq K_W$)造成的。如按 K_{Q_m} 放大后的洪水过程线洪峰流量等于设计洪峰流量,但不同时段的洪量不一定等于相应的设计洪量值。反之如按 K_W 放大洪水过程线,不同时段的洪量等于相应的设计洪量值,但其洪峰流量不一定为设计洪峰流量值。

故为了克服这种矛盾,使放大后洪水过程线的洪峰流量和各时段洪量分别等于设计洪峰流量和设计洪量,可用下述的同频率放大法。

2) 同频率放大法

该法在放大典型洪水过程线时,洪峰流量和不同时段(1 d、3 d、7 d、…)的洪量采用不同的倍比系数,以使得放大后的过程线的洪峰流量和各时段的洪量都分别等于设计洪峰流量和设计洪量值,具体做法如下。

推求洪峰和不同时段洪量的放大倍比系数。洪峰流量的放大倍比系数计算同式(12-10)。各时段洪量放大系数按如下计算。

最大 1 日洪量放大倍比为

$$K_{W1} = \frac{W_{1d,P}}{W_{1d}} \tag{12-12}$$

式中,$W_{1d,P}$ 为设计 1 日洪量;W_{1d} 为典型洪水过程线最大 1 日洪量。

对于 1 日以外各个时段洪水过程线的放大,由于 3 日洪量之中包括了 1 日的最大洪量,而且已经按 K_{W1} 的倍比系数进行了放大,因此,放大 3 日洪量只需把 1 日以外的 2 日的洪量进行放大即可,其余 2 日的设计洪量为 $W_{3d,P} - W_{1d,P}$,相应的 2 日典型洪量分别为 $W_{3d} - W_{1d}$,故 3 日扣除最大 1 日的洪量放大倍比为

$$K_{W3-1} = \frac{W_{3d,P} - W_{1d,P}}{W_{3d} - W_{1d}} \tag{12-13}$$

式中,$W_{3d,P}$ 为 3 天设计洪量;W_{3d} 为典型 3 天洪量。

同理,对于 7 日洪量只需放大 3 日以外的其余 4 日洪量即可。依此类推,3~7 日和 7~15 日的洪量的放大倍比分别为

$$K_{W7-3} = \frac{W_{7d,P} - W_{3d,P}}{W_{7d} - W_{3d}} \tag{12-14}$$

$$K_{W15-7} = \frac{W_{15d,P} - W_{7d,P}}{W_{15d} - W_{7d}} \tag{12-15}$$

式中,$W_{7d,P}$、$W_{15d,P}$ 分别为 7 日和 15 日的设计洪量;W_{7d}、W_{15d} 分别为 7 日和 15 日的典型洪量。

用上述方法求得放大倍比系数乘以典型洪水过程线的各相应时段的纵坐标,即得到放大的洪水过程线。但由于各个时段放大倍比系数不同,在两个时段交界处会产生不连续的突变现象,使得过程线呈锯齿形,如图 12-7 中的情况,对此,可采用徒手修匀的方法,使之成为光滑曲线,修匀后的各时段的设计洪量和洪峰流量应保持不变。修匀后的洪水过程线即为设计洪水过程线。

该方法的优点是推求到的洪水过程线比较符合设计标准,缺点是可能与原来的典型洪水过程线相差较大,甚至形状有时不符合河流洪水形成的自然规律。为了改善这种状况,应尽量减少放大的层次。如除了洪峰和最大历时的洪量外,只再取一种对调洪计算起到直接控制作用的历时(称为控制历时),并依次按洪峰、控制历时和最大历时的洪量进行放大。例如,丹江口水库推求设计洪水过程线时,则按洪峰、7 日洪量和 15 日洪量进行放大。其中,7 日为控制历时,15 日为最大历时。控制历时与水库泄洪建筑物的泄流能力和调洪方式等因素有关,应具体分析确定。

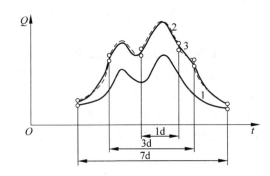

图 12-7　分时段同频率放大法示意图

1—典型洪水过程线；2—分段放大后的过程线；3—修匀后的洪水过程线

【例 12-4】　已知某水库坝址处 $P=1\%$ 的设计洪峰流量及各时段的设计洪量，如表 12-7 中第（2）栏所示。另外，选出坝址处 1963 年 8 月 16 日 7 时—23 日 7 时的洪水过程作为典型洪水过程线（不同时间的流量列于表 12-7 中第（2）栏），该典型洪水的洪峰和各时段的统计的洪量及相应的起讫时间列于表 12-7 中第（3）、（4）栏中。试用同频率放大法推求 $P=1\%$ 的设计洪水过程线。

表 12-7　某水库坝址处典型洪峰洪量和设计洪峰洪量

项　目	(1)	洪峰流量 /(m³/s)	洪量/((m³/s)·h)		
			1 日	3 日	7 日
$P=1\%$ 的设计洪峰、洪量	(2)	3530	42 600	72 400	117 600
典型洪水过程线洪峰、洪量	(3)	1620	20 290	31 250	57 620
起讫时间	(4)	21 日 9 时 40 分	21 日 8 时—22 日 8 时	19 日 21 时—22 日 21 时	16 日 7 时—23 日 7 时

【解】　（1）计算各个时段的放大倍比系数

$$K_{Q_m}=3530/1620=2.18$$
$$K_{W1}=42\,600/20\,290=2.10$$
$$K_{W3-1}=(72\,400-42\,600)/(31\,250-20\,290)=2.72$$
$$K_{W7-3}=(118\,000-72\,400)/(57\,620-31\,250)=1.71$$

（2）对典型洪水过程进行放大

把放大倍比系数按其控制时间，相应地填入表 12-8 的第（3）栏，并与对应的典型洪水流量（列于表 12-8 中第（2）栏）相乘，得到放大后的流量填入第（4）栏。但要注意，在两个放大倍比系数的交界处，一个典型流量具有两个放大倍比，因此亦有两个放大流量，把放大流量点绘制在坐标系中，则在交界处曲线呈现出锯齿形，如图 12-8 中的实线。

（3）修匀洪水过程放大线

在保持各个时段洪量不变的原则下对洪水过程放大线修匀，使其形状尽可能地与典型洪水过程线相似，如图 12-8 中的虚线，此即同频率法推求的设计洪水过程线。修匀后的设计流量列入表 12-8 中的第（5）栏。必须指出，修匀工作的最后结果是经过逐步检查反复计算得到的。表 12-9 是最后一次的检查所得到的结果。可见，经过放大修匀后，设计洪水过程线的 1 日、3 日、7 日的洪量值与原设计值差别不大，它们的误差均小于 1%。

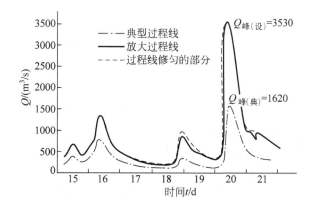

图 12-8 某水库 $P=1\%$ 设计洪水过程线和典型洪水过程线

表 12-8 某水库设计洪水过程线计算表

时间	典型流量/ (m^3/s)	放大倍比系数	设计流量/ (m^3/s)	修匀设计流量/ (m^3/s)	时间	典型流量/ (m^3/s)	放大倍比系数	设计流量/ (m^3/s)	修匀设计流量/ (m^3/s)
(1)	(2)	(3)	(4)	(5)	(1)	(2)	(3)	(4)	(5)
16 日 7:00	200	1.71	342	343	21:00	250	1.71/2.72	428/680	580
13:00	383	1.71	655	656	22:00	337	2.72	916	950
14:30	370	1.71	633	634	24:30	331	2.72	900	930
18:00	260	1.71	445	446	20 日 8:00	200	2.72	544	580
20:00	205	1.71	351	351	17:00	142	2.72	386	386
17 日 6:00	480	1.71	822	823	23:00	125	2.72	340	340
8:00	765	1.71	1310	1310	21 日 5:00	152	2.72	413	413
9:00	810	1.71	1390	1390	8:00	420	2.72/2.10	1140/882	882
10:00	801	1.71	1370	1370	9:00	1380	2.10	2900	2900
12:00	727	1.71	1240	1240	9:40	1620	2.10/2.18	3400/3530	3530
20:00	334	1.71	572	572	10:00	1590	2.10	3400	3340
18 日 8:00	197	1.71	337	338	24:00	473	2.10	993	970
11:00	193	1.71	296	297	22 日 4:00	444	2.10	932	910
14:00	144	1.71	246	247	8:00	334	2.10/2.72	702/908	890
20:00	127	1.71	217	218	12:00	328	2.72	892	870
19 日 2:00	123	1.71	211	211	18:00	276	2.72	750	750
14:00	111	1.71	190	190	21:00	250	2.72/1.71	680/428	570
17:00	127	1.71	217	218	24:00	236	1.71	404	404
19:00	171	1.71	293	293	23 日 2:00	215	1.71	368	368
20:00	180	1.71	308	309	7:00	190	1.71	325	325

表 12-9 某水库 $P=1\%$ 设计洪水过程线不同时段的洪量表 $(m^3/s)\cdot h$

天数 \ 类别	典型洪水过程线的洪量	放大修匀过程线的洪量	原计算的设计洪量
1	20 290	42 700	42 600
3	31 250	72 100	72 400
7	57 620	117 500	117 600

从图 12-8 可见,放大后的洪水过程线既满足了洪峰流量和不同时段洪量的同频率的要求,又基本保持了典型洪水过程线的形状,可作为设计洪水过程线。

12.2.6 误差分析及合理性检查

实测资料和计算都会存在误差,加之计算方法不完善,均会使计算结果存在误差,因此为了防止出现较大误差,故对洪水峰量的计算结果必须进行合理性的检查和分析,有如下几种途径:

(1) 对洪峰流量及不同时段洪量的计算结果进行对比分析,计算结果应有如下规律:一般来说,随统计时段长度的增加,时段平均流量值(等于时段 T 内的洪量除以 T)、C_v 值将减小;但对于河槽调蓄性能大,连续暴雨次数较多的河流,随历时的增长,C_v 值反而加大。所以,参数的变化规律还要考虑到流域的暴雨特性及河槽调蓄作用等因素。

(2) 与上下游站、干支流站及邻近地区各河流的洪水频率计算结果进行比较。如气候条件、地形条件相似的情况下,洪峰流量及一定历时洪量的均值与流域面积 F 有某种关系,一般可表示为 $X=KF$,说明洪峰流量及一定历时洪量的均值随流域面积 F 的增加而变大,可通过这种关系进行合理性分析。C_v 值则略有减小,但在特殊情况下也有反常的情况。洪峰流量及洪量的均值自上游向下游递增,其模数则从上游向下游递减;C_v 值自上游向下游递减。

(3) 根据暴雨的频率计算结果进行分析。将一定历时的暴雨统计参数和频率曲线与相应天数的洪量的频率计算结果相比较,一般情况下,洪水的径流深应小于相应天数的暴雨深,而洪水的 C_v 值应大于相应暴雨的 C_v 值。

结果合理性分析是十分重要而复杂的工作,上述的可作为结果合理性分析的参考。实际工作中应该尽量利用一切可能利用的资料和水文及地理方面变化规律,对结果进行分析检查。如发现不合理之处,需要分析原因加以修正。

12.3 由暴雨资料推求设计洪水

12.3.1 设计面暴雨量

在我国绝大多数河流的洪水都是由暴雨形成的。雨量资料的观测年限一般比流量资料要长得多,因此利用暴雨资料通过分析计算求得设计暴雨,再采用以前学习过的产汇流计算方法,就可以推求到设计洪水。利用暴雨资料推求设计洪水适合下列情况。

(1) 当设计流域缺乏或无实测洪水资料,无法用流量推求设计洪水时,以及重要工程设计需要的可能最大洪水时,一般采用暴雨资料进行推求。

(2) 当设计流域由于人类活动影响,使得径流形成条件发生显著变化,破坏了洪水资料的一致性时,就需要对逐年的洪水资料进行修正,还原到天然状况。但这样做不但工作量巨大且还原后的资料精度也不高。此时可以通过暴雨资料来推求设计洪水。

(3) 具有长期的洪水资料时,可以通过暴雨资料来推求设计洪水,来校核利用流量资料推算的设计结果的合理性。

由暴雨推求洪水的原理和方法,已在前面章节中讲述过,本节主要介绍设计暴雨形成设计洪水的过程,其主要内容如下。

(1) 设计暴雨的推求。在对暴雨资料审查的基础上,对暴雨系列进行频率计算,假设暴雨与洪水是同一频率,推得各种历时的设计面暴雨量,再依据实测典型暴雨过程,推求到设计暴雨。

（2）设计洪水的计算。根据流域的特点及资料的情况,拟定产流方案,由设计暴雨推求设计净雨过程,再根据汇流计算方法推求设计洪水过程。

利用暴雨推求洪水需要的是流域上的面暴雨（即流域上的平均暴雨量）过程。因此推求设计洪水,首先需要根据设计流域上的雨量资料条件,计算流域的面设计暴雨量,计算方法可分为直接方法和间接方法。直接方法是由面暴雨量直接进行频率计算,适用于暴雨资料充分的流域;间接方法是先推求得到点设计暴雨量,再通过点雨量和面雨量的关系,推算出面设计暴雨量,适用于暴雨资料短缺的中小流域。

1. 面设计暴雨量的直接计算法

暴雨资料充分的流域系指设计流域及附近地区的雨量站比较多,且分布比较均匀,同时相当多的站又具有长期的同步观测资料。面设计暴雨量的直接计算法的步骤如下。

1）统计各种时段的年最大面雨量

可根据雨量站的分布情况,选择流域面雨量的计算方法（如算术平均法、面积加权平均法或等值线法）,由点雨量计算出逐日的面雨量。然后采用固定时段年最大值独立选择法,选取出各年的各种时段的年最大面暴雨量,组成各种时段暴雨系列。暴雨的统计时段的长短视流域大小、暴雨特性及工程的重要性等确定,我国一般取 1、3、5、7、15、30 天,其中 1、3、5 天的暴雨量是一次暴雨过程的核心部分,亦称为成峰暴雨。统计计算更长的时段的雨量是为了分析暴雨核心部分起始时刻流域的蓄水状况,虽然这部分雨量未必直接参与形成设计洪水的主峰,但它们对设计洪水具有直接的影响。例如某流域有 3 个雨量站,分布均匀,可按算术平均法计算面雨量。最后可求得最大 1 日雨量 $x_{1日}=129.9$ mm,最大 3 日雨量 $x_{3日}=166.5$ mm,最大 7 日雨量 $x_{7日}=234.0$ mm,详细计算见表 12-10。

表 12-10　最大 1、3、7 日面雨量计算表

时间		点雨量/mm			面平均雨量/mm	最大 1、3、7 日面雨量
月	日	A 站	B 站	C 站		
6	30	5.3		0.2	1.8	
	1	50.4	26.9	25.3	34.2	
	2	0	0	0	0	
	3	11.5	10.8	14.7	12.3	
7	4	134.8	125.9	124.0	129.9	
	5	32.5	21.4	10.0	21.3	
	6	5.6	10.5	4.7	6.9	7 月 4 日为年最大 1 日面雨量
	7	35.5	25.2	27.6	29.4	$x_{1日}=129.9$ mm;
	8	3.7	7.1	1.4	4.1	8 月 22—24 日为年最大 3 日面雨量
	9	11.1	5.8	9.7	8.9	$x_{3日}=166.5$ mm;
	⋮	⋮	⋮	⋮	⋮	7 月 1—7 日为年最大 7 日面雨量
8	18	6.6	0.2	6.9	4.6	$x_{7日}=234.0$ mm
	19	22.7	2.4	5.4	10.2	
	20					
	21					
	22	42.6	51.7	54.8	49.7	
	23	60.1	68.6	53.5	60.7	
	24	81.8	54.1	32.3	56.1	
	25	2.3	1.0	0.1	1.1	

2) 特大值的处理

样本系列选出之后,需要对实测系列中的特大暴雨(系指在量级上、在地区上比较突出)和历史上调查的特大暴雨作特大值处理。实践证明,暴雨系列的代表性与系列中是否包含特大暴雨有直接的关系。一般的暴雨变幅不很大,若不出现特大暴雨,则统计参数均值和变差系数往往偏小,但若在系列中一旦出现一次稀遇的特大暴雨,则可以使得原频率计算结果完全改观。例如,福建四都站根据 1972 年以前最大 1 日雨量的 20 年系列,经频率计算求得平均降雨量为 102 mm,C_v=0.35,C_s=3.5C_v,绘出频率曲线如图 12-9 中的线 1,由此推求得到万年一遇的雨量为 332 mm。但该站 1973 年出现一特大暴雨,实测 1 日最大雨量为 332 mm,恰好与万年一遇的数值相同。如将 1973 年的降雨加入原系列进行频率计算得 $P=\dfrac{1}{21+1}=4.55\%$,C_v=1.10,在其最大 1 日降雨量的经验频率分布图上,1973 年的暴雨数据点高悬于其他数据点之上,特大值未作处理,适线后如图 12-9 中的线 3。但与邻近流域(C_v=0.4~0.6)相比,相差悬殊,明显不合理。这说明原来的参数值偏小,而加入 1973 年的暴雨计算后,参数值又明显偏高,可见特大值对于参数有较大的影响,故应当对特大值进行处理。特大暴雨的处理方法与特大洪水的处理方法基本相同,其关键是做好特大暴雨的调查考证,确定其数量和重现期。由于历史暴雨无法直接考证,特大暴雨重现期只能通过洪水调查并结合当地历史文献的记载来分析估计。一般认为当流域面积不大时,流域平均雨量的重现期和相应洪水的重现期相近。如四都站 1973 年特大暴雨的重现期,通过洪水调查,了解到 1915 年洪水是 120 多年来最大的,1973 年的洪水是 120 多年来的第二大洪水。由此判断,1973 年特大暴雨的重现期在 60~70 年,经过处理后重新适线,求得 C_v=0.58(如图 12-9 中的线 2)与邻近站相协调,因此认为是合理的。

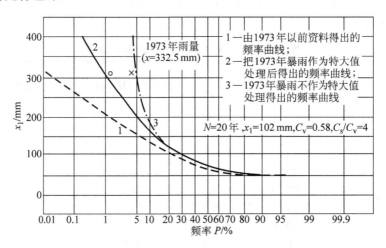

图 12-9   福建四都站最大 1 日雨量频率曲线

判断大暴雨是否属于特大值,一般可以从经验频率数据点偏离频率曲线的程度、模比系数 K_P 的大小、暴雨量级在地区上的突出性,以及论证暴雨重现期等方面进行分析判断。近 40 年以来,我国各地区出现过特大暴雨,如河北省的"63.8"暴雨、河南省的"75.8"暴雨、内蒙的"77.8"暴雨等均可作为特大值来处理。此外,国内外暴雨量历史最大值纪录也可以作为判断特大暴雨时的参考。

必须指出,对特大暴雨的重现期的确定必须作深入细致的分析论证,若无充分的依据,就不宜作特大值处理。若把一般大暴雨作为特大值处理,会使得频率计算结果偏低,影响到成果的合理性和可靠性。

3) 面暴雨频率计算

面雨量统计参数的计算一般采用适线法,线型采用 P-Ⅲ型。根据我国暴雨特性及实践经验,我国暴雨的 C_s 与 C_v 的比值 K 在一般地区为 3.5 左右;在 C_v > 0.6 的地区,约为 3.0;在 C_v < 0.45 的地区,约为 4.0。以上

比值可供适线时参考。在频率计算时,最好将不同历时的暴雨量频率曲线绘制在同一张频率格纸上加以比较,合理的情况应该是各种频率的面雨量都随着统计时段的增大而增大,如发现不同历时的频率曲线有交叉等不合理情况时,则应该加以适当的修正。

4) 设计面暴雨计算结果的合理性分析

设计面暴雨计算结果可以从以下几个方面进行合理性的检查分析。

(1) 对各种历时的面暴雨量统计参数(如均值、变差系数)进行分析比较,一般情况下,这些参数值应随流域面积增大而有变小的趋势;

(2) 将各种时段设计面暴雨量与邻近地区已有的特大暴雨的历时、面积、雨深等资料进行比较;

(3) 将直接法计算的面暴雨量与下述的间接法的计算结果进行比较。

2. 面设计暴雨量的间接计算法

1) 设计点暴雨量的计算

当设计流域内雨量资料系列太短,或各站系列虽长但互不同期,或站点过少但分布不均而不能控制全流域面积时,则不能直接计算面设计雨量。在这种情况下,往往先求出流域中心处指定的设计频率的点设计雨量,再通过点面雨量关系,将点设计雨量转化成所要求的面设计雨量,有以下两种情况。

(1) 具有较多点雨量观测资料时的设计点暴雨量的推求

如果流域形心处具有较多点雨量观测资料时,则可用该站的资料进行频率计算分析,推求设计暴雨量。进行点暴雨系列统计时,一般亦采用定时段年最大选样法。暴雨时段长度的选取与面雨量的方法相同。由此分别进行频率计算得到不同时段的设计点暴雨量。

如果样本系列代表性不足,频率计算结果稳定性差,应尽可能地进行系列的插补延长。由于暴雨的局地性,使得相邻站暴雨资料的相关性往往较差,故一般不宜用相关法插补延长点暴雨资料,设计洪水规范中建议采用以下方法插补延长。

① 当邻站与设计站靠得很近,且地形等条件一致时,可直接借用邻近站的某些年份暴雨量资料;

② 当周围有足够数量的雨量站,可绘制缺测年份各次大暴雨或各时段年最大值的等值线图,用地理内插法求设计站的暴雨量;

③ 当设计站暴雨与本站的洪峰流量或洪水径流量相关关系较好时,可利用实测或调查到的洪水资料插补延长缺测的暴雨数据。

实际上,往往长系列的站点不在流域中心,这时可先求出流域内各个站点的设计点雨量,然后绘制设计暴雨量等值线图,采用地理插值法推求出流域中心处的设计暴雨量。绘制设计暴雨等值线时,应该考虑暴雨特性和地形的关系。进行插值推求流域中心设计暴雨时,也应考虑地区暴雨的特性,在直线内插的基础上进行适当的调整。

(2) 缺少雨量资料时的设计点暴雨量的推求

在暴雨资料十分缺乏的地区,可利用暴雨等值线图或参数的分区综合结果推求设计点暴雨量。这是因为气候是影响暴雨的主要因素,气候条件呈地带性变化规律,故暴雨特性及其统计参数亦呈地理变化趋势。因此可利用全国及各地区编制的暴雨均值和 C_v 等值线图来查找出流域中心处的均值和 C_v 值,并依据 C_s/C_v 分区数值表确定 C_s 值,这样就可以依据这些统计参数绘制出频率曲线,并推求得到设计暴雨值。

2) 设计面暴雨量的推求

当流域面积较小时(在几十平方公里以内),可直接用点设计暴雨量代替流域面设计暴雨量。当流域面积较大时,面平均雨量随流域面积的增大而减小,则需要考虑中心点雨量与流域面雨量的差别。通常采用点面折算系数将点雨量转换为面雨量。

暴雨点面关系通常有以下两种。

（1）定点定面关系

点面关系由于其点雨量位置和流域边界历年中都是固定不变的，故称为定点定面关系。如果流域内具有短期的面雨量资料系列，可采用一年多次法选样来绘制流域中心点雨量 P_0 与流域面雨量 P_A 的相关图，作为计算点面折算系数 α 的基础。但若同次的点暴雨量和面暴雨量相关关系不好，数据点比较散乱造成定线困难，则可作同频率的相关关系，即以中心点雨量和流域面雨量分别由大到小排列，按同序号（即同频率）建立相关关系，则有较好的相关关系，如图 12-10 所示，由相关线定出面雨量和点雨量的平均比值 $\alpha = P_A/P_0$。有了点面折算系数 α，乘以流域中心设计点雨量 $P_{0,P}$，即可计算出流域设计面雨量 $P_{A,P}$ 为

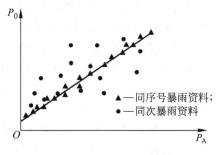

图 12-10　定点定面雨量相关图

▲—同序号暴雨资料；
●—同次暴雨资料

$$P_{A,P} = \alpha P_{0,P}$$

（2）动点动面关系

这种暴雨中心点面关系是按照各次暴雨中心和暴雨分布等值线图求得的，因各次的暴雨中心和暴雨分布等值线图均不一样，故称为动点动面关系，具体的做法如下。

① 绘出流域各次大暴雨在某一时段内雨量等值线图。

② 自暴雨中心向外顺序计算各闭合等雨量线所包围的面积 F_i 以及该面积上的面平均雨量 P_i。

③ 计算各个面积 F_i 上的平均雨量 P_i 与暴雨中心点雨量 P_0 的比值 $\alpha = \dfrac{P_i}{P_0}$。

④ 根据各相应的比值 α 和 F 值，绘制 α-F 的关系曲线，α-F 关系曲线反映各次暴雨面平均雨量随面积增大而减小的特征，称作暴雨中心点面关系曲线。同一地区各场雨的上述关系曲线各不相同，将地区各次暴雨关系曲线加以概化，一般取平均线（或取外包线），则可根据概化的 α-F 关系曲线，由 F 可确定出 α，作为设计暴雨点面折算的依据。

但依据动点动面雨量关系来推求设计面雨量有其不足之处，该方法实际上是作了 3 项假定：①设计暴雨中心与流域中心重合；②设计暴雨的地区分布符合平均或外包的点面关系；③流域边界与等雨深线重合。这些假定在理论上缺乏足够的依据。由于大中流域点面关系一般都比较微弱，因此通过点面关系间接推求面雨量的偶然误差较大，有条件的地区应尽可能采用直接法。当缺乏资料时，才考虑用点面关系间接推求。

3．设计面暴雨量的时程分配

求到各历时的设计面暴雨量后，还需确定设计暴雨在时程上的分配，即推求设计暴雨的降雨强度过程线，也称作设计雨型。设计暴雨的时程分配计算方法与设计年径流的年内分配方法和设计洪水过程线的计算方法相似。一般根据工程设计的防洪要求，选择能反映设计地区的暴雨特性的典型暴雨过程，以各时段设计暴雨量为控制，按分时段同频率缩放，即得到设计暴雨过程线。在有资料条件下，典型暴雨过程应能反映设计地区大暴雨一般特性，如该降雨类型出现次数较多，分布形式接近多年平均或常遇情况，暴雨量大、强度大且接近于设计条件，同时考虑对工程安全较为不利的暴雨过程，如暴雨的核心部分（称主雨峰）在暴雨过程的后期出现。当缺乏资料时，可借用邻近暴雨特性相似流域的典型暴雨过程，或引用各地区水文手册按地区概化的典型暴雨雨型来推求设计暴雨的时程分配（该雨型一般以百分数表示）。

推求设计暴雨过程线多采用分时段同频率控制雨型的缩放，考虑到天气的演变过程，一次大暴雨过程历时一般为 3 天左右，连续两次暴雨过程约为 7 天，最大 1 天雨量及一天内的雨量分配过程对洪峰流量影响较大，因此我国多用 1、3、7 天分时段。另外，要考虑地区综合的暴雨典型，多方案比较来确定为宜。具体推求设计暴雨过程线见下面的算例。

【例 12-5】　某流域百年一遇的各时段设计暴雨量见表 12-11。试根据流域内某代表站历年实测最大 7 天暴雨资料选定典型暴雨过程，并进行放大，推求出设计暴雨过程。

表 12-11　某代表站历年最大 7 天降雨过程　　　　　　　　　　mm

年份＼日次	1	2	3	4	5	6	7	7 天雨量
1951	17.0	66.0	21.0	65.3	10.3	0	11.2	190.8
1952	16.5	73.1	22.2	0.1	13.9	0.9	1.2	127.9
1953	21.6	50.5	85.4	32.8	10.6	1.1	27.2	229.1
1954	21.2	21.3	9.1	21.9	19.6	19.4	0.5	113.0
1955	21.9	19.6	22.7	0.5	13.1	37.7	39.9	155.4
1956	32.4	12	2.7	39.2	16.2	63.4	0.4	166.6
1957	3.2	3	17.6	25.3	34.1	40.1	13.3	173.6
1958	35.8	40.0	29.5	17.0	40.4	49.2	31.4	212.9
1959	4.8	8.3	22.1	14.5	34.7	41.3	56.0	181.7

注：标有下画线"—"和"＝"的数字为 7 天中的最大 3 天的雨量，标有下画线"＝"的数字为 7 天中的最大 1 天的雨量。

【解】　选定典型过程及放大计算步骤如下。

(1) 确定典型年。根据表 12-12 中历年的典型暴雨过程，可以看出，1959 年的最大 7 天雨量较大，最大 3 天和最大 1 天的暴雨量均偏后，对工程较为不利，故选择 1959 年为典型年。

表 12-12　最大 1 天、3 天、7 天设计暴雨量和典型暴雨量　　　　　　　　　　mm

时段/天	1	3	7
设计面雨量($P=1\%$)	110.0	198.5	275.0
1959 年典型暴雨量	56.0	132.0	181.7

(2) 根据已经求出的不同时段的设计暴雨量和典型暴雨量，计算不同时段的放大倍比。

最大 1 天雨量放大倍比：$K_1 = \dfrac{110.0}{56.0} = 1.96$；

最大 3 天中除最大 1 天外的 2 天雨量放大倍比：$K_3 = \dfrac{198.5 - 110.0}{132.0 - 56.0} = 1.16$；

最大 7 天中除最大 3 天外的 4 天雨量放大倍比：$K_7 = \dfrac{275.0 - 198.5}{181.7 - 132.0} = 1.54$。

(3) 推求设计暴雨过程分配，根据以上求得的放大倍比，将 1959 年的暴雨典型过程分时段放大，计算见表 12-13。

表 12-13　设计暴雨时程分配计算表　　　　　　　　　　mm

日次	1	2	3	4	5	6	7
1959 年典型暴雨分配过程	4.8	8.3	22.1	14.5	34.7	41.3	56.0
放大倍比	1.54	1.54	1.54	1.54	1.16	1.16	1.96
设计暴雨分配	7.4	12.8	34.0	22.3	40.3	47.9	109.8

12.3.2　设计净雨计算

求得设计暴雨后则需推求设计净雨过程,再由此推求设计洪水过程。有关产流汇流分析计算的原理和方法已经在前面章节中作了阐述,这里主要讨论由设计暴雨推求设计洪水的某些特点。

1. 选定产流汇流方案

设计暴雨是稀遇的大暴雨,往往超过实测暴雨值。因此,在推求设计洪水时,必须外延有关的产汇流方案。

在湿润地区的产流方案常采用降雨径流相关图法。在$(P+P_a)$-R相关线的上部为$45°$的线,一般按直线趋势外延,如图12-11所示。

在干旱地区,多采用初损后损法,重要参数初损值I_0的确定亦需外延,在外延时,参变量降雨强度i应为设计雨强。初损值I_0与P_a及降雨强度的关系见图12-12。

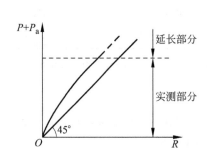

图12-11　$(P+P_a)$-R相关线的外延

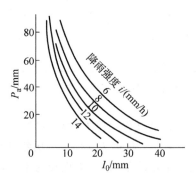

图12-12　P_a-i-I_0的相关图

2. 设计条件下前期影响雨量P_a的确定

设计暴雨前期的土壤湿润程度是未知的,因此,设计暴雨可能与任何的P_a值相遇,P_a可以是$0 < P_a < I_m$(最大流域蓄水容量)区间的任意一个值,这属于两个随机变量的遭遇组合问题。目前,设计P_a、P的计算方法有下述3种情况。

(1) 取设计$P_{a,P}=I_m$

在湿润地区,当设计标准较高,设计暴雨量大,土壤经常保持湿润的状况。为了安全和简化,则常取$P_{a,P}=I_m$。但这种方法在干旱地区不宜采用。

(2) 扩展暴雨过程法

在拟定设计暴雨时,加长统计暴雨的时段至20～30天,其中,核心暴雨部分(3～7天)用于计算设计暴雨,而核心暴雨前23天的各天降雨量则用于计算7天核心暴雨的前期影响雨量P_a,以该值作为设计$P_{a,P}$。

(3) 同频率法

假如设计暴雨时段为t,分别对t时段暴雨量P_t系列和每次暴雨开始时的P_a与暴雨量P_t之和P_a+P_t系列进行频率计算,从而分别求到$P_{t,P}$和$(P_a+P_t)_P$,则设计暴雨相应的$P_{a,P}$为二者相减求得,即

$$(P_{a,t+1})_P = (P_a + P_t)_P - P_{t,P} \tag{12-16}$$

但须注意,若求得的该值大于最大流域蓄水容量I_m时,应取$P_{a,P}=I_m$。该方法要求较多的实测资料。

有了设计暴雨过程及前期影响雨量,利用已外延的产流方案,即可推求到相应的设计净雨过程。

12.3.3　由设计净雨推求设计洪水

由设计净雨通过流域汇流计算,即可得到设计洪水过程线。如采用前述的单位线法来推求设计洪水过程

线。因为由设计暴雨推求设计洪水一般是稀遇的特大洪水,故应尽量选用由实测大洪水资料分析得出的经验单位线或瞬时单位线,这样得到的计算结果比较接近设计的情况。

【例 12-6】　某中型水库流域面积为 341 km²,位于雨量丰沛的湿润地区,为了防洪复核,根据雨量资料的条件,拟采用暴雨资料来推求 $P=2\%$ 的设计洪水。

【解】　计算分为以下 3 个步骤。

1) 推求设计暴雨

(1) 确定设计暴雨的最长时段

根据设计流域洪水涨落较快以及水库调洪能力不强的特点,设计暴雨的最长时段设定为 1 天。

(2) 推求设计点暴雨量

由点暴雨频率分析及其参数分析得出 $\overline{P}=110$ mm, $C_v=0.58$, $C_s=3.5C_v$。根据这些的统计参数,可求出当 $P=2\%$ 时,最大的 1 日设计点暴雨量为 296 mm。

(3) 求设计面暴雨量

通过点面关系图,由流域面积 $F=341$ km² 查 $\alpha\text{-}F$ 的关系曲线图求得暴雨点面折减系数 $\alpha=0.92$,则当 $P=2\%$ 时,最大的 1 日设计面暴雨量为

$$x_{P=2\%} = 0.92 \times 296 = 272(\text{mm})$$

(4) 求设计暴雨过程

根据设计地区概化的暴雨时程分配比例,求得设计面暴雨的时程分布。

已知设计流域的 $I_m=100$ mm,由同频率法求到设计条件下的 $P_a=78$ mm。由此可见,设计流域为湿润地区,包气带缺水量小,可假定降雨损失量主要发生在降雨初期,即降雨在第一个时段内损失量为流域土壤的缺水量,其值为 $100-78=22$ mm,而其余时段内的降雨全部为产流。则可根据各时段内的设计面暴雨量扣除相应损失量求出设计净雨,然后再对地面净雨量和地下净雨量进行分配(具体计算过程详见表 12-14)。

表 12-14　设计暴雨过程计算表

时段序号($\Delta t=6\text{h}$)	1	2	3	4	合计
概化的典型暴雨过程(占 1 天的百分数)/%	11	63	17	9	100
设计面暴雨量/mm	29.9	171.3	46.2	24.6	272
设计净雨量/mm	7.9	171.3	46.2	24.6	250
地面净雨量/mm	5.5	162.3	37.2	15.6	220.6
地下净雨量/mm	2.4	9.0	9.0	9.0	29.4

根据实测洪水资料分割得到的地下径流和净雨过程的分析,求得本流域的稳定下渗率 $f_c=1.5$ mm/h,则由时段内净雨扣除相应的下渗量 $\Delta t \cdot f_c$ 即为地面净雨量。例如,其中第一时段的净雨历时为

$$t_0 = \frac{7.9}{29.9} \times 6 = 1.6(\text{h})$$

下渗量为

$$t_0 \cdot f_c = 1.5 \times 1.6 = 2.4(\text{mm})$$

则第一时段的地面净雨为

$$7.9 - 2.4 = 5.5(\text{mm})$$

2) 推求设计洪水

设计地下径流过程概化为等腰三角形出流(见图 12-13),其总量=地下净雨总量,并设地下径流峰值出现在地面径流停止的时刻(即为 $13\times6=78$ h),地下径流过程的底长为地面径流底长的 2 倍,则地下水

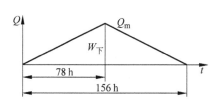

图 12-13　地下水径流过程线

径流的历时 $T_{\text{下}}=2\times T_{\text{面}}=2\times 13\times 6=156$ h。

根据地下水径流量应等于地下净雨量(即 $h_{\text{下}}=29.4$ mm),可知地下水径流总量为地下净雨量乘以流域面积,即

$$W_{\text{下}}=0.1\times h_{\text{下}}\times F=0.1\times 29.4\times 341\times 10^4=1000\times 10^4(\text{m}^3)$$

地下水径流峰值为

$$Q_{\text{m下}}=\frac{2W_{\text{下}}}{T_{\text{下}}}=\frac{2\times 1000\times 10^4}{156\times 3600}=35.6(\text{m}^3/\text{s})$$

地下径流过程见表 12-15 中第(6)栏。设计洪水过程即为地面径流加地下径流过程,见表 12-15 中第(7)栏。

表 12-15   流域设计洪水过程线计算表

时段数 ($\Delta t=6$ h)	净雨深 h/mm	单位线纵坐标 q /(m³/s)	部分流量过程/(m³/s)				地面径流流量过程 Q/(m³/s)	地下径流流量过程 Q/(m³/s)	洪水流量过程 Q/(m³/s)
			$h_1\cdot q/10$	$h_2\cdot q/10$	$h_3\cdot q/10$	$h_4\cdot q/10$			
(1)	(2)	(3)	(4)				(5)	(6)	(7)
0	0	0					0	0	0
1	5.5	8.4	4.6	0			4.6	2.7	7.3
2	162.3	49.6	27.3	136.3	0		163.0	5.5	168
3	37.2	33.8	18.6	805.0	31.2	0	855	8.2	863
4	15.6	24.6	13.5	548.6	184.5	13.1	760	11.0	771
5		17.4	9.6	399.3	125.7	77.4	612	13.7	626
6		10.8	5.9	282.4	91.5	52.7	433	16.4	447
7		7.0	3.8	175.3	64.7	38.4	282	19.2	301
8		4.4	2.4	113.6	40.2	27.1	183	21.9	205
9		1.8	1.0	71.4	26.6	16.8	115	24.7	140
10		0	0	29.2	16.4	10.9	56.5	27.4	83.9
11				0	6.7	6.9	13.6	30.1	43.7
12					0	2.8	2.8	32.9	35.7
13						0	0	35.6	35.6
14								32.9	32.9
15								30.1	30.1
16								27.4	27.4
17								...	...
Σ	220.6	157.8					3480.5		

3) 校核

(1) 核算单位线净雨深:

$$h=\frac{\sum q_i\cdot \Delta t}{F}=\frac{157.8\times 6\times 60\times 60}{1000\times 341}=10.0(\text{mm})$$

(2) 核算地面径流总量:

$$h=\frac{\sum Q_i\cdot \Delta t}{F}\times 10=\frac{3480.5\times 21\,600}{1000\times 341}=220.5(\text{mm})$$

12.4　可能最大暴雨及可能最大洪水

可能最大暴雨(probable maximum precipitation,PMP)是指在现代气候条件下,特定流域或地区一定时段内气象上可能发生的最大降水量,从物理成因上说它是一个上限值,这个降水量上限值称为可能最大降雨量(亦称为可能最大暴雨量)。而可能最大暴雨生成的洪水称为可能最大洪水(probable maximum flood,PMF)。我国《防洪标准》有关水利水电工程设计标准中规定,土石坝一旦失事将对下游造成特别重大的灾害时,混凝土坝和浆砌石坝如果洪水漫顶可能造成极其严重的损失时,一级建筑物的校核防洪标准,应采用可能最大洪水(PMF)或万年一遇的洪水。此外,如水库下游及滨河地区有核电站,其防洪措施需要特别安全,也须以可能最大洪水作为防洪设计标准。

为了推求可能最大洪水,首先需要推求出可能最大暴雨 PMP。推求 PMP 的方法有两种。一种方法是通过暴雨模型如台风模型、地形雨模型、梅雨模型等。这类暴雨模型大都是根据动力气象学、天气学中的原理来建立的。但由于现有的气象观测资料除水汽外,难以求得模型主要参数及其极值的最优组合,因此该模型法在实际中很少应用它。另一种方法是采用水文与气象相结合的方法,是目前行之有效的方法,这里主要讨论该方法。

12.4.1　可能最大降水量估算

由于水汽主要集中在对流层下半部,故计算可降水一般只考虑到海拔 9000~11 000 m 的高度(相当于 300~200 hPa)。

单位面积上,自地面到高空水汽顶层的空气柱内的全部水汽都凝结为水滴,并降落到地面形成的液态水深,称为可降水,其单位为 g/cm^3 或 mm,即单位截面上整个空气柱中的水汽总量。

若高度为 dz、单位截面积为 1 cm^2,则该空气柱中水汽质量为

$$dm = \rho_v \cdot dz \cdot 1 \tag{12-17}$$

式中,ρ_v 为水汽密度,g/cm^3。

当高度为 dz、单位截面积为 1 cm^2 的单元空气柱中的水汽全部凝结成水并降落到地面,则地面的可降水的水深可根据水量平衡原理求得。设地面的水深为 dW,则有

$$dm = \rho_v \cdot dz \cdot 1 = \rho_w \cdot dW \cdot 1$$

即

$$dW = \frac{\rho_v}{\rho_w} dz \tag{12-18}$$

式中,ρ_w 为水的密度,g/cm^3;ρ_v 为水汽密度,g/cm^3。

则高度为 z 空气柱内的可降水由上式从 0~z 积分得到,即

$$W = \int_0^z dW = \int_0^z \frac{\rho_v}{\rho_w} dz \tag{12-19}$$

由静力学方程得高度为 z、单位底面上的大气压 $P = -\rho g z$(方程中的负号表示气压随高度增加而减小),则可求得 $dz = \frac{-dP}{\rho g}$,代入式(12-19),并以 P_0、P_z 分别代表地面处和高空 z 高度处的气压,则得可降水 W 为

$$W = -\frac{1}{\rho_w g} \int_{P_0}^{P_z} \frac{\rho_v}{\rho} dP = \frac{1}{\rho_w g} \int_{P_z}^{P_0} \frac{\rho_v}{\rho} dP = \frac{1}{\rho_w g} \int_{P_z}^{P_0} q \, dP \tag{12-20}$$

式中,q 为比湿。

若取 $\rho_w = 1\ \text{g/cm}^3$,$g = 980\ \text{cm/s}^2$,则上式可改写成

$$W = 0.01\int_{P_z}^{P_0} q\,\mathrm{d}P \tag{12-21}$$

式(12-21)就是应用比湿计算可降水的公式。实用上通常将空气柱分层,则上述的计算公式改为差分形式进行计算。但这样的可降水计算公式需要高空中不同高度探测的气压 P 和比湿 q 的数据,一般不易获取。故目前实际应用中,求可降水的方法是采用地面露点值(水汽达到饱和时的温度称为露点)来推求可降水。以下就依据地面露点值求可降水的方法进行介绍。

该方法的假定条件是当发生大暴雨时,从地面到高空各层空气全部处于饱和状态,即各层的温度均等于该层的露点 T_d,而大气的露点 T_d 随高度呈假绝热递减垂直变化,如图 12-14 所示。则在该假定下,可以证明某一地点自地面到某一高度空气柱的可降水量 W 只是地面露点的单值函数,其值采用专门表进行查算。现以一算例来说明计算步骤。

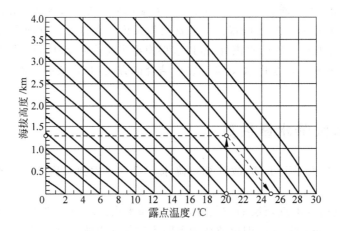

图 12-14   由测站高度换算到 1000 hPa 露点温度的假绝热图

【**例 12-7**】   已知某测站地面高程为 1300 m,露点为 20℃。求该站地面至 300 hPa 高度的可降水。

【**解**】   (1)将该站高程的露点换算成 1000 hPa 等压面的露点(注:气象学中,标准大气压值为 1000 hPa = 750 mmHg 的等压面,即为海平面,高程为零),可根据图 12-14 的假绝热图,推求得到 $P = 1000$ hPa 的露点值。具体作法是根据地面高程 1300 m,露点 20℃,找到 B 点,自 B 点平行于最靠近的气温分布曲线向下至 $Z = 0$ 处(C 点),其温度即为 $T_{d0} = 25$℃(见图 12-14)。

(2)查附录 D,由已知 $P = 1000$ hPa、露点 25℃查到至 $P = 300$ hPa 的气柱内的可降水量为 $W = 80$ mm。

(3)查附录 E,由已知 $P = 1000$ hPa、露点 25℃查到至高程 1300 m 的气柱内的可降水量为 $W = 26$ mm。

(4)由此可推求得到地面高程 1300 m 到 $P = 300$ hPa 高度气柱内的可降水量为 80 − 26 = 54 mm。

12.4.2   流域可能最大降水

水汽的充分供给是形成降雨的主要条件之一。但应该注意,12.4.1 节求得的可降水并不等于实际的降雨量。尤其是形成大暴雨需要两个主要的条件。第一是水汽条件(称为水汽因子),水汽条件指要有源源不断的水汽从洋面输入雨区,仅靠当地水汽量是不够的,暴雨的水汽因子常用雨区边缘暖湿气流一侧的可降水量 W 表示,其可以视为只是地面露点的函数,可根据露点来推求。第二是动力条件(称为动力因子),暴雨的动力条

件反映外部向暴雨地区输入水汽的速度及气流辐合上升运动的强弱程度。它把底层的水汽向上输送,产生动力冷却,是水汽转化成水滴的主要机制。暴雨的动力条件与当地的大气压、水汽含量及风速等气象条件有关,常用暴雨效率 η 表示(亦称降水效率因子)。因此,用水文气象法估求可能流域可能最大降水的基本原理即寻求指定流域或地区上空可能最大的水汽含量(水汽因子)以及可能最大的动力作用(降水效率因子 η),两者组合的结果则可推求得出流域可能最大暴雨。

设降雨量的大小与可降水 W 和降水效率因子 η 成正比,故在 t 时段内的降水量 P 近似地表示为如下公式:

$$P = \eta W t \tag{12-22}$$

式中,P 为 t 时段内的降水量,mm;W 为可降水量,mm;η 为降水效率因子,1/h;t 为统计的时段,h。

在式(12-22)中,若 η 和 W 都达到可能的极大值 η_m 和 W_m,则按该式求得的 P 就是可能的最大暴雨量。但反映水汽和上升动力作用的 η_m 至今既无经验方法也无理论方法可以加以确定,也难以直接观测得到。因此,实际工作中,一般不按式(12-22)直接计算流域可能最大降水,而是利用典型暴雨推求,称为典型暴雨法。

1. 当地暴雨放大法

该法是将本流域已发生过的典型大暴雨,通过水汽和动力放大后,来求本流域的可能最大暴雨,有以下两种途径。

1)水汽放大法求可能最大暴雨 PMP

该方法假定 PMP 的天气形势、天气的系统条件与指定流域典型大暴雨的天气形势、天气的系统条件基本相同,两者的差别在于水汽含量和空气上升速度等条件不同。因此可以通过放大典型大暴雨的办法求 PMP。

假定 t 时段内的典型暴雨量为 $P = \eta W t$,而可能最大的暴雨量 PMP 为 $P_m = \eta_m W_m t$,则

$$P_m = \frac{\eta_m W_m}{\eta W} P \tag{12-23}$$

式中,W 为典型暴雨可降水量,mm;η 为典型暴雨效率因子;W_m 为最大可能降水量,mm;η_m 为最大可能降水效率因子。

当所选的典型暴雨为稀遇特大暴雨时,则认为其效率因子达到了最大值,即 $\eta = \eta_m$,则式(12-23)成为

$$P_m = \frac{W_m}{W} P \tag{12-24}$$

式中,$\dfrac{W_m}{W}$ 称为水汽放大倍比,一般为 1.1～1.5。

该公式即为典型暴雨法按水汽放大法所采用的公式。典型暴雨若取设计流域当地的特大暴雨,则以上推求的 PMP 的方法即称当地暴雨法,问题转化为求 W_m 和 W,而不必求效率因子 η 和 η_m。下面介绍 W 和 W_m 的推求方法。

(1)典型暴雨的选择

典型暴雨应符合这样的条件:一是实测中特大或较严重的暴雨所形成的洪水在历史上是稀遇的;二是典型暴雨的天气系统、天气形势、雨量时空分布形式能较好地反映设计地区特大暴雨特征;三是典型暴雨的资料的精度较好。

(2)典型暴雨的可降水 W 的计算

可由地面露点来推求可降水 W。故为了计算 W,首先要选择相应于典型暴雨的代表性露点 T_d,一场暴雨的代表性地面露点 T_d 是指在适当的地点、适当的时间选定的地面露点值。该露点值 T_d 所对应的可降水量应能反映典型暴雨期间,输入到雨区水汽量的多少,这个地面露点值 T_d 称为典型暴雨代表性地面露点。因此典型暴雨相应的代表性地面露点选择的条件是:当有明显锋面存在时,露点值应从锋面暖区的大雨区边缘选择;当无明显锋面存在时,露点值应从暖湿空气入流方向的大雨区边缘选择;对于台风,则应选择在暴雨中心附近或在

台风前进方向的右侧选取；为避免单点数据偶然性误差以及局地因素的影响，可取若干个测站同期露点的平均值；因为大暴雨必须是持续的高值水汽含量，因此选取的代表性露点 T_d 要有一定的持续时间，一般采用典型暴雨中实测的持续 12 h 或 24 h 的最大露点值。

(3) 最大可降水 W_m 的计算

为推求最大可降水 W_m，首先要确定相应的露点 T_{dm}，通常有以下 3 种途径。

① 选取历年露点中的最大值作为 T_{dm}，一般认为在 30～50 年记录中的持续最大露点相应的水汽含量接近 PMP 时的水汽含量。

② 根据 T_{dm} 地理分布来选取 T_{dm}，可从我国各省绘制的最大露点等值线图中查找。

③ 用海水温度控制。因为形成暴雨的暖湿气团来自海洋面，故认为生成水汽源地海面水温决定了运行其上的气团最大露点。因此，所选的历史最大露点不会大于该水汽源地的海面水温。

当地面代表性露点 T_d 和最大露点 T_{dm} 确定后，则可按前述由露点查表确定可降水的方法计算典型暴雨的可降水 W 和最大可降水 W_m。然后再由式(12-24)求 t 时段内的可能最大降水量，公式中的 P 为 t 时段的典型暴雨量，根据实测资料求得。

2) 水汽效率放大法求可能最大暴雨 PMP

水汽效应用式(12-23)计算 PMP，如果所选的典型暴雨不是高效暴雨的情况，那么典型暴雨效率因子 η 不等于可能最大降水效率因子 η_m。因此该方法需要估算 η_m，有以下几种方法。

(1) 由实测暴雨资料计算

由公式 $P = \eta W t$ 得相应的典型暴雨效率因子 $\eta = \dfrac{P}{Wt}$，这样，根据实测的典型暴雨资料，则可求出相应的 η。由于计算得到的 η 可能不够大，则可选出多次大暴雨，并分别计算它们的 η，从中选取最大者作为极大化的降雨效率因子 η_m，即 $\eta = \eta_m$。这样代入式(12-23)就可计算出 PMP。可见该法实质是将效率最高的那场暴雨进行水汽放大，所以该法仍然是水汽放大法，只不过所选典型暴雨是效率最高的那场暴雨。

(2) 由设计流域的历史特大洪水反推 P_m

根据设计流域的历史特大洪水资料，反推设计流域的一定时段的面暴雨量，再推求 η，则该 η 值即为 η_m。

(3) 移置邻近地区的高效暴雨的 η 值

在气候一致区，地形条件相似，有移置可能的大暴雨，推求其 η 值，则将该 η 值作为设计流域计算 PMP 的 η_m。

2. 移置暴雨法

当设计流域缺少特大暴雨资料，不能采用当地典型暴雨放大法时，则可选用邻近流域的特大暴雨作为典型暴雨，经分析论证移置的可能性后，将邻近流域的特大暴雨移置到设计流域，再进行修正计算和极大化处理后求得设计流域的可能最大暴雨量。该方法称为移置暴雨法。

移置暴雨法步骤如下。

1) 对移置可能性进行论证

系指典型暴雨发生的地区与设计流域的降雨条件是否具有相似性，具体的移置条件是：

(1) 暴雨气候条件应当具有相似性，即汛期的起止日期、汛期平均雨量、年最大 24 h 平均雨量等特征值两地不宜相差太大；

(2) 地形条件差异不宜太大，如两地同为非山区，或地形条件相差不大的山区。

天气条件和地形特征相似的区域称为一致区，在此区内可以相互移置。对移置的距离也有限制，不宜太远，如美国提出可移置的范围为 10 个纬距。但中国地形条件复杂，移置的距离应小于该值。

2) 典型暴雨的选定及其等雨深线图的安置

经论证,邻近的典型暴雨可以在设计流域发生后,继续进行以下工作:

(1) 从邻近地区历次大暴雨中选出一次或几次典型暴雨作为移置对象。

(2) 绘制典型暴雨的等值线图。

(3) 将邻近典型暴雨的等值线图移置到设计流域。移置时,通常要将典型暴雨的中心叠置在设计流域的中心或常出现暴雨的中心点处。这是因为一般暴雨中心与流域中心重合时洪量最大,而洪峰则会随暴雨中心移近流域出口断面而增大。另外,移置等雨深线时,其雨轴方位应与设计流域经常出现同类型暴雨的雨轴方位一致,以使得降雨等值线与设计流域的地形条件相适应。但对于中纬度锋面雨的雨轴,其最大的转动角度不宜超过 20°。移置后可按设计流域的边界范围计算面平均雨量。

3) 移置修正和极大化

系指对影响两地暴雨差异的各种影响因素分别进行移置修正,影响因素主要是水汽因素和动力因子等。

(1) 水汽改正(移置的水汽调整)

当暴雨由地点 A 移置到设计地点 B,由于两地水汽条件不同,移置后暴雨量 P_B 可用下式计算:

$$P_B = \frac{(W_{Bm})_{Z_A}}{(W_{Am})_{Z_A}} P_A \tag{12-25}$$

式中,P_A 为移置前的地点 A 实测的 t 时段内的典型暴雨量;P_B 为移置后设计流域 B 的 t 时段内的暴雨量;W_{Am}、W_{Bm} 分别为移置区和设计流域的最大可降水量,可根据典型暴雨区和设计区的最大露点推求;Z_A 表示移置区(典型暴雨区)的高程。

(2) 高程或入流障碍高程改正

水汽自源地向暴雨区输送时,若遇山脉阻隔,可使输入的可降水量减少,经验证明,障碍每增高 30 m,则可降水量减少 1%,称为消减。因此需要对暴雨进行高程或入流障碍的修正。

高程改正系指移置前后 A、B 两地平均高程的差别使水汽增减而进行的改正。入流障碍高程改正系指移置前后水汽入流方向由于地形障碍而使入流水汽量增减变化的改正。流域入流边界高程若接近于设计流域平均高程,则采用高程修正;但如果流域入流边界高程高于设计流域平均高程,则采用障碍高程修正。

以上两种高程改正均采用下式计算:

$$P_B = \frac{(W_{Bm})_{Z_B}}{(W_{Bm})_{Z_A}} P_A \tag{12-26}$$

式中,Z_B 为设计流域的地面高程或障碍高程;Z_A 为移置区的地面高程;W_{Bm} 为设计流域的最大可降水量;其他变量含义同前。

但应注意,对于高山峻岭,暴雨则不允许越过该边界移置,同时也不宜在暴雨区和设计地区高程差太大的情况下进行移置。如中国规定,若高于 700~1000 m 的高山横置其中则不能移置,而美国限制这种高程差为 300 m。

(3) 移置暴雨的就地极大化

即将选定的典型暴雨就地极大化,求得典型暴雨区的可能最大暴雨。移置暴雨一般为当地高效暴雨,认为其动力因子达到最大值,即 $\eta = \eta_m$,故只需作水汽放大。移置暴雨的水汽放大倍数按下式计算:

$$P_A = \left(\frac{W_{Am}}{W_A}\right) Z_A \tag{12-27}$$

式中,W_{Am} 为暴雨发生地点可能最大降水;W_A 为暴雨发生地点典型暴雨可降水;Z_A 为暴雨发生地点的地面高程。

（4）求设计流域的 PMP

典型暴雨在经过上述的移置修正和极大化处理后，则可按下式求出设计流域的可能最大暴雨：

$$P_{BM} = \frac{(W_{Am})_{Z_A}}{(W_A)_{Z_A}} \cdot \frac{(W_{Bm})_{Z_B}}{(W_{Bm})_{Z_A}} \cdot \frac{(W_{Bm})_{Z_A}}{(W_{Am})_{Z_A}} P_A$$

$$= \frac{(W_{Bm})_{Z_B}}{(W_A)_{Z_A}} P_A \tag{12-28}$$

式中，各变量含义同前。式中等号右边第一项 $\dfrac{(W_{Am})_{Z_A}}{(W_A)_{Z_A}}$ 为暴雨发生地点 A 处的水汽就地放大；第二项 $\dfrac{(W_{Bm})_{Z_B}}{(W_{Bm})_{Z_A}}$ 为 A、B 两地的高程调整或障碍高程调整；第三项 $\dfrac{(W_{Bm})_{Z_A}}{(W_{Am})_{Z_A}}$ 为 A、B 两地水汽条件不同引起的水汽调整。

上面介绍了一些现行计算可能最大暴雨的具体方法，但对于数量众多的中小型工程亦按这样的方法计算十分麻烦。为了解决这样的问题，全国及各省均编绘有可能最大 24 h 点暴雨量等值线图，能够较好地反映 PMP 在地区上的分布，如图 12-15 所示即为北京山区 24 h 暴雨点面关系图。在没有条件利用水文气象法时，它是计算 PMP 的很好工具。但根据可能最大 24 h 点暴雨量等值线图可推求到的是设计流域的 24 h 点可能最大暴雨量而不是任意时段的面雨量，因此需要将其转化为设计面雨量。

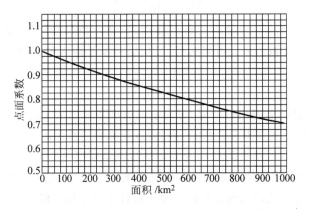

图 12-15　北京山区 24 h 暴雨点面关系图

转化得到设计面雨量的过程包含两种转换：一是要将点雨量转换成面雨量；二是将 24 h 的面降雨量转换成设计时段 T 的面降雨量，其具体的转换步骤如下。

（1）确定设计流域的暴雨中心地点，若无资料分析，则以流域的形心代替暴雨中心。

（2）在地区可能最大 24 h 点暴雨量等值线图上查出该点的 24 h 的 PMP 值，记为 24 h $\mathrm{PMP_P}$。

（3）由 24 h $\mathrm{PMP_P}$ 推求面 24 小时面暴雨量 24 h $\mathrm{PMP_a}$。采用 24 h $\mathrm{PMP_P}$ 乘以点面折算系数 α 按下式求得

$$24 \times \mathrm{PMP_a} = \alpha \times 24 \times \mathrm{PMP_P} \tag{12-29}$$

式中，α 为点面折算系数，α 值可根据不同地区编制的暴雨点面关系图查到。

（4）计算指定时段 T 的面 PMP。

只要将 24 h $\mathrm{PMP_a}$ 乘以时段转换系数 β 即可，时段转换系数 β 可根据各个地区绘制的时面深（$T\text{-}F\text{-}\beta$）关系图求得，其中，T 为要转换的时段数，F 为设计流域的面积。

（5）求 PMP 的降雨过程，一般按照设计流域的典型暴雨过程进行时程分配，采用分段控制放大法推求出 PMP 过程。典型雨型一般是以各省（区、市）根据实测的大暴雨时程分配综合概化得出的。表 12-16 即为河南省林庄"75.8"特大暴雨中心处（林庄站）的最大 24 h 雨量时程分配。

表 12-16　河南省林庄"75.8"特大暴雨时程分配

时　　　段	8月7日0—6时	8月7日6—12时	8月7日12—18时	8月7日18—24时	8月7日0—24时
雨量/mm	85.4	46.3	97.7	830.1	1059.5
占 24 小时雨量的百分比/%	8.1	4.4	9.2	78.3	100.0

用几种方法推求得到的可能最大暴雨有时相差较大时,则应进行比较分析,以便选定设计防洪所需的 PMP,可以从以下几个方面进行分析。

(1) 检查推求 PMP 各环节上有无不合理之处,如典型暴雨是否反映了特大暴雨的特征和性质;与邻近流域水汽因子的放大倍比相比较判断其取值是否合适;代表性露点选择是否恰当;移置暴雨可能性是否经过充分的论证等方面进行检查。

(2) 将所求出的 PMP 结果与邻近地区相比较,检查是否符合地区分布规律。

(3) 用国内外特大暴雨记录对照,可查阅我国实测及调查点雨量记录及特大暴雨的点面关系。

12.4.3　流域可能最大洪水

由 PMP 推求 PMF 的基本方法与由暴雨推求设计洪水相似,不同之处是 PMP 比设计暴雨在数量上更大。一般需要 3 个步骤,即产流计算、汇流计算和 PMF 的合理性分析。

1. 产流计算

产流计算方法之一可采用 P-P_a-R 相关法计算产流量。首先需要确定 PMP 发生时的前期影响雨量 P_a。对于湿润地区,可取偏安全的数值,即令 $P_a = I_m$(流域蓄水容量);我国特大暴雨主要雨区的 P_a 值可参考表 12-17,平均情况可采用 $P_a = I_m/2$;对于干旱地区,P_a 一般不可能达到 I_m,则可取各次大洪水的 P_a 的平均值作为 PMP 的 P_a 值。

表 12-17　中国特大暴雨主要雨区的洪水径流系数

暴雨发生时间	河流	站名	流域面积 /km²	面平均雨量 历时	面平均雨量 雨深/mm	径流深 /mm	径流系数 α	前期土壤含水状况
1935 年 7 月	澧水	三江口	14 560		660.2	589.6	0.893	平均情况 $P_a = I_m/2$
	清江	搬鱼嘴	15 560		367.3	367.6	0.917	
1963 年 8 月	界河	刘家台	174	3 天	725.0	594.0	0.820	邢台、邯郸等地接近平均情况,其他地区比平均情况偏小50%
	槐河	马村	760	3 天	1221.0	1021.0	0.835	
	泜河	临城水库	384	3 天	1568.0	1391.0	0.888	
	小马河	马河水库	113	3 天	1282.0	1115.0	0.869	
	渡口河	佐村水库	224	3 天	1257.0	1084.0	0.862	
	沙河	朱庄	1318	3 天	1202.0	993.0	0.826	
1963 年 8 月	洪河	石漫滩水库	230	3 天	1074.4	914.0	0.850	干燥
				12 小时	360.7	358.0	0.992	
	汝河	板桥水库	762	3 天	1028.5	915.0	0.898	干燥
				16 小时	492.7	484.0	0.983	
	唐河	唐河站	4774		408.0	378.0	0.760	平均情况
		郭滩	7591		397.0	307.0	0.773	湿润

产流计算方法除用上述的 P-P_a-R 相关法外,还可以采用径流系数法,即

$$R = \alpha P_m \tag{12-30}$$

式中,R 为径流深(净雨);α 为径流系数,相应于大洪水的径流系数。

α 的取值可参考中国的大暴雨的 α 值。表 12-17 中是中国三场高效暴雨的主要雨区洪水径流系数,可供参考。但长短历时暴雨的径流系数有所不同,一般短历时暴雨的径流系数偏大,而长历时暴雨的径流系数偏小,选取径流系数值时应考虑这样的变化特点。

2. 汇流计算

当 PMP 的净雨量(R)求得后,可采用单位线法或模型推求 PMF 过程线,但需采用由特大雨洪资料推求出经验单位线。

3. PMF 的合理性分析

PMF 结果的分析应分析其出现的可能性是否为最大,可从以下几个方面进行分析:

(1) 与本流域历史洪水相比较,可能最大洪水值不应小于历史上发生过的大洪水;

(2) 与邻近流域及相似流域的可能最大洪水进行比较,检查是否符合地区分布规律;

(3) 与国内外最大流量纪录进行比较,中国洪量级很高,有些已达到或超过世界最大纪录。

12.5　小流域设计洪水

小流域的定义目前尚无明确的界限,我国一般认为面积在 200 km² 以下的流域可视为小流域。小流域设计洪水广泛地应用于中小型水利工程,如农田水利工程的小水库、渠系建筑物如涵洞、泄洪闸、铁路和公路的小桥涵、城市和厂矿地区的防洪工程等。小流域设计洪水计算方法有如下特点。

(1) 计算方法应适用于雨洪资料短缺的情况;

(2) 小型水利工程,一般对洪水的调洪能力较弱,则其规模主要受洪峰的控制,故在小流域洪水设计中主要是对设计洪峰流量的计算;

(3) 计算方法应简便易行和易于掌握应用。

本节主要介绍应用最广的推理公式法和经验公式法。

12.5.1　小流域设计暴雨

小流域设计洪水都需要推求小流域设计暴雨,并假定暴雨与其形成的洪峰流量具有同一频率。

小流域设计暴雨具有以下特点。

(1) 由于小流域面积小,可以认为暴雨在空间上变化不大,故可以用流域中心的点雨量代替流域面雨量。

(2) 小流域汇流面积小,汇流历时短,故主要推求符合设计标准的成峰暴雨 $P_{t,P}$(暴雨历时 t 一般小于24小时,称为短历时暴雨)。

工程水文设计中,多采用如下步骤推求设计成峰暴雨 $P_{t,P}$。

1. 推求年最大 24 小时设计暴雨量 $P_{24,P}$

(1) 若流域中心附近具有长观测一日雨量资料,则可对年最大日雨量系列进行频率分析计算,求得年最大1日设计雨量 $P_{日,P}$,按 $P_{24,P}=(1.1\sim1.3)P_{日,P}$ 进行换算,求到年最大 24 小时设计暴雨量 $P_{24,P}$。

(2) 因小流域一般缺少实测暴雨系列资料,则可利用大多数省(区、市)和部门绘制的 24 小时暴雨统计参数的等值线图,求出设计流域中心附近的年最大 24 小时平均降雨量 P_{24} 及 C_v 值,再由 C_s/C_v 分区图查得 C_s/C_v 值,求偏态系数 C_s,或亦可假定 $C_s=3.5C_v$。这样根据年最大 24 小时平均降雨量 P_{24}、C_v 值及 C_s 值,即可推求到流域中心设计频率的年最大 24 小时平均暴雨量 $P_{24,P}$。然后应用短历时暴雨公式转换成任意历时 t 的设计成峰

雨量 $P_{t,P}$。

2. 短历时暴雨公式

为了推求设计洪峰流量,需要给出任一历时 t 的设计平均雨强或雨量,通常采用暴雨公式推求。即通过暴雨强度-历时关系,将年最大 24 小时平均降雨量转化成所要求历时 t 的设计暴雨,目前中国水利部多采用如下的短历时暴雨公式:

$$\bar{i}_{t,P} = \frac{S_P}{t^n} \tag{12-31}$$

式中,$\bar{i}_{t,P}$ 为历时为 t、频率为 P 的暴雨平均强度,mm/h;S_P 为频率为 P 的"雨力",表示单位历时($t=1$ h)最大暴雨的平均强度,mm/h;n 为暴雨递减指数,$n=0.6\sim0.8$。

式(12-31)反映了当频率为 P 时,暴雨平均强度与历时的关系。由此,只要公式中的参数雨力 S_P 和暴雨递减指数 n 一经确定,就可以推求任意历时 t 的设计暴雨平均强度或其暴雨量 $P_{t,P}$,即

$$P_{t,P} = \bar{i}_{t,P} \times t = S_P t^{1-n} \tag{12-32}$$

暴雨参数可以通过图解分析法来确定。对式(12-32)两边求对数,得 $\lg \bar{i}_{t,P} = \lg S_P - n \lg t$,可见在双对数坐标中,$\lg \bar{i}_{t,P}$-$\lg t$ 呈直线关系,参数 n 为该直线的斜率,$\lg S_P$ 为截距。如图 12-16 所示。从中可以看出,i-t 关系曲线往往出现折点,水利部统一将折点取在 $t=1$ h 处,并规定:$t\leqslant1$ h,取 $n=n_1$;$t>1$ h,取 $n=n_2$。

图 12-16 中的数据点可根据各地区暴雨资料经过分析计算得到。首先,分别对各时段年最大暴雨量系列进行频率分析计算,并将各种历时的频率曲线绘在同一坐标中,即求得雨量-历时-频率关系曲线(见图 12-17)。在关系曲线上读取设定频率 P 所对应的不同历时 t 与雨量 $P_{t,P}$,则转换成各种历时的平均雨强 $i_{t,P}=P_{t,P}/t$。然后以平均雨强为纵坐标,历时 t 为横坐标,频率 P 为参变数,点绘出 $\bar{i}_P$-P-t 的关系曲线(见图 12-18)。

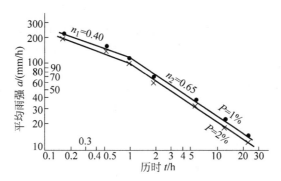

图 12-16　某站点雨强-频率-历时关系曲线

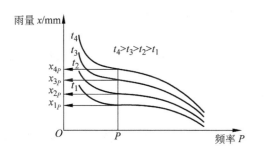

图 12-17　雨量 x-t-P 关系曲线

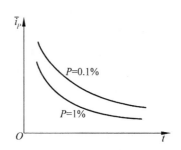

图 12-18　$\bar{i}_P$-P-t 关系曲线

暴雨递减指数 n 对各历时的雨量转换结果影响较大,利用实测暴雨资料分析求得 n 最能反映研究流域的暴雨特性。对于无实测资料的小流域,则需要利用地区由实测资料分析得到的 n_1、n_2 值进行地区综合而绘制出的 n_1、n_2 值分区图,供无资料小流域使用。各地区水文手册上一般均有 n_1、n_2 值分区图可供使用。

雨力 S_P 可根据各地区水文手册上的 S_P 等值线图上查得,或根据各地区水文手册查出 $\overline{P}_{24}$、C_v、C_s 这 3 个统计参数,推求出 $P_{24,P}$,再利用式(12-32)计算雨力 S_P。S_P 和 n 值确定以后,任一历时设计暴雨量则可应用式(12-32)进行不同历时暴雨量的转换。

当 1 h $\leqslant t \leqslant$ 24 h 时,有

$$P_{t,P} = S_P \cdot t^{(1-n_2)} = (P_{24,P} \times 24^{(n_2-1)}) \times t^{(1-n_2)} \tag{12-33}$$

当 $t <$ 1 h 时,有

$$P_{t,P} = S_P \cdot t^{(1-n_1)} = (P_{24,P} \times 24^{(n_2-1)}) \times t^{(1-n_1)} \tag{12-34}$$

上述的雨强-历时关系以 1 h 处分为两段直线的经验关系是符合大部分地区的情况的,但也有拟合不很好的情况,如有些地区采用多段折线,各分段给出各自不同的转换公式,不必仅限于上述的形式。

12.5.2　小流域设计洪水的推理公式

1. 推理公式的基本形式

在假定流域上降雨和损失均匀,即净雨强度不随时间和空间变化等条件下,可根据流域线性汇流原理推导出流域出口断面处设计洪峰流量 Q_m 的计算公式(又称合理化公式),有以下两种情况。

(1) 当产流历时 $t_c \geqslant \tau$(流域汇流时间)时,为全流域汇流的情况,则洪峰流量 Q_m 的计算公式为

$$Q_m = 0.278(\overline{i} - \overline{f})F = 0.278 \frac{R_\tau}{\tau}F, \quad t_c \geqslant \tau \tag{12-35}$$

式中,$\overline{i}$ 为时段内平均降雨强度,mm/h;$\overline{f}$ 为时段内平均损失强度,mm/h;F 为最大的集水面积,km²;0.278 为单位转换系数(当 Q_m 的单位为 m³/s 时);R_τ 为 τ 时段内的净雨深,mm;τ 为流域汇流时间,h,即从流域分水岭最远点沿主河道汇流到出口断面的时间。

(2) 当 $t_c < \tau$ 时,则属于流域部分面积汇流形成洪峰流量的情况,则洪峰流量 Q_m 的计算公式为

$$Q_m = 0.278 \frac{R_{t_c}}{t_c}f \tag{12-36}$$

式中,R_{t_c} 为净雨历时 t_c 时段内的净雨深,mm;f 为 t_c 时段内最大产流面积,km²。

对于小流域,为简化计,假设 $f/t_c = F/\tau$,则式(12-36)可改写成

$$Q_m = 0.278 \frac{R_{t_c}}{\tau}F \tag{12-37}$$

由此可见,只要求到 τ、R_τ(全流域汇流)或 t_c、R_{t_c}(部分流域汇流),则都可以求到 Q_m。

2. 流域汇流时间

推理公式采用流域的平均汇流速度,并由此求得汇流时间 $\tau = L/V_\tau$,式中,L 为沿主河道从出口断面到分水岭的最远距离(km),V_τ 为流域平均汇流速度。

对小流域的平均汇流速度,按下面经验公式近似计算:

$$V_\tau = mJ^\alpha \cdot Q_m^\beta \tag{12-38}$$

式中,J 为沿流程的平均比降;Q_m 为待求的洪峰流量,m³/s;α、β 为反映流程水力特性的经验系数,常采用 $\alpha = 1/3$,$\beta = 1/4$;m 为汇流参数,m 是流域汇流中反映水力因素的指标,与流域下垫面如坡面的植被、土地利用情况以及河槽断面形状及糙率等因素有关。一般将 m 与流域特征因素 θ 建立地区性经验关系来推求,流域特征因素 θ 表示为

$$\theta = \frac{L}{J^{\frac{1}{3}}} \tag{12-39}$$

我国已有 50 年一遇以上大洪水的汇流参数 m 和流域特征因素 θ 的综合关系图,可作为推求 m 的依据。

3. 设计净雨 R_τ 或 R_{t_c} 的推求

根据前述,要计算洪峰流量 Q_m,须先确定净雨量 $R_\tau(t_c \geqslant \tau)$,或 $R_{t_c}(t_c < \tau)$,这属于计算净雨即产流计算问题。

推理公式方法中,采用了超渗产流的概念,即认为平均降雨强度大于地面平均入渗能力的条件下,才产生径流。而且在设计条件下,洪峰流量主要是主雨峰部分形成的。前述中,已将设计暴雨概化成短历时暴雨计算公式,故以下针对这种降雨过程来估算 R_τ 和 R_{t_c}。

图 12-19 为一设计暴雨过程线,μ 代表产流历时 t_c 内地表的平均入渗能力(mm/h),可见,当瞬时降雨强度 $i = \mu$ 时,则相应的历时就是产流历时 t_c。因此,只要已知 t_c 内设计降雨量 $P_{t_c,P}$,及入渗损失量 μt_c,则可按水量平衡原理求出 R_{t_c},故须首先要推求出 μ 和 t_c。

对暴雨公式 $P_{t,P} = S_P t^{1-n}$ 微分得到历时 t 的降雨强度为

$$i_{t,P} = (1-n)S_P t^{-n} \tag{12-40}$$

当 $t = t_c$(产流历时),$i_{t,P} = \mu$ 即为产流历时 t_c 内的平均入渗能力,则

$$\mu = (1-n)S_P t_c^{-n} \tag{12-41}$$

或

$$t_c = \left[(1-n)\frac{S_P}{\mu}\right]^{1/n} \tag{12-42}$$

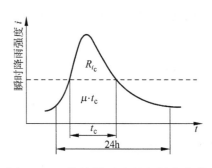

图 12-19 设计暴雨过程和损失参数示意图

另外,还可以从水量平衡原理来推求得到 t_c、R_{t_c} 和 μ。根据水量平衡原理,则在产流历时内的产流量(净雨量)应等于该时段内的降雨量扣除损失量:

$$R_{t_c} = P_{t_c} - \mu t_c \tag{12-43}$$

式中,R_{t_c} 为历时 t_c 内的净雨量,mm;P_{t_c} 为历时 t_c 内的降雨量,mm;μ 为历时 t_c 内的地表平均入渗能力。

将式(12-32)及式(12-41)代入式(12-43),得到产流历时内的净雨量:

$$R_{t_c} = S_P t_c^{1-n} - (1-n)S_P t_c^{(1-n)} = nS_P t_c^{(1-n)} \tag{12-44}$$

则

$$t_c = \left(\frac{R_{t_c}}{nS_P}\right)^{\frac{1}{1-n}} \tag{12-45}$$

再将上式代入式(12-41),经简化后得

$$\mu = (1-n)n^{\frac{n}{1-n}}\left(\frac{S_P}{R_{t_c}^n}\right)^{\frac{1}{1-n}} \tag{12-46}$$

式中,暴雨参数 S_P、n 可按前述方法推求,如能求得产流历时 t_c 内的径流深 R_{t_c},则即可由式(12-41)求到 μ。R_{t_c} 可分为以下两步推求得到。

第一步:先推求小流域的 24 小时设计暴雨量 $P_{24,P}$,再由 $P_{24,P}$ 计算相应的净雨量 $R_{24,P}$。可根据地区综合暴雨径流关系曲线 P-P_a-R,根据已知的 $P_{24,P}$ 推求到 $R_{24,P}$;或者由径流系数法求到 $R_{24,P}$,即 $R_{24,P} = \alpha P_{24,P}$。

第二步:由已知的 $R_{24,P}$ 推求 R_{t_c}。

如图 12-18 可知,当 $t_c < 24$ h 时,$R_{t_c} = R_{24}$,即 24 小时历时的暴雨产生的径流深与产流历时 t_c 内产生的径流深是相同的。所以,在 $t_c < 24$ h 时,则 μ 可按式(12-46)计算,只不过将式中的 R_{t_c} 换成 R_{24}。一般情况下,小流域的产流历时 $t_c < 24$ h,故常按该方法确定 R_{t_c} 和 μ。

当 $t_c > 24\ h$ 时,则按下式计算 μ:

$$\mu = \frac{P_{24} - R_{24}}{24} \tag{12-47}$$

当推求到 t_c、μ 后,则可计算全面汇流或部分汇流条件下的设计洪峰流量 Q_m 所需要的 R_τ 或 R_{t_c}:

当 $t_c \geqslant \tau$,即全面汇流时,

$$R_\tau = P_\tau - \mu\tau = S_P \tau^{(1-n)} - \mu\tau \tag{12-48}$$

当 $t_c < \tau$,即局部汇流时,

$$R_{t_c} = P_{t_c} - \mu t_c = S_P t_c^{(1-n)} - \mu t_c \tag{12-49}$$

4. 设计洪峰流量 Q_m 的计算

当流域全面汇流时,采用式(12-37):

$$Q_m = 0.278 \frac{R_\tau}{\tau} F, \quad t_c \geqslant \tau$$

当流域局部汇流时,采用式(12-36):

$$Q_m = 0.278 \frac{R_{t_c}}{\tau} F, \quad t_c < \tau$$

式中,$\tau = 0.278 \dfrac{h}{mJ^\alpha Q_m^\beta}$。

由于以上计算公式的左右端均包含待求的设计洪峰流量 Q_m,故在实际应用上常采用联立求解法,如图解法、试算法。

【例 12-8】 某流域从地形图上量得流域面积 $F = 136\ km^2$,主河道长 $L = 16.65\ km$,平均河道比降 $J = 0.763\%$。此小流域无实测的雨量和水文资料,但从所在地区的水文手册上可查到:24 小时暴雨平均值为 57 mm,$C_v = 0.46$,$C_s = 3.5\ C_v$,暴雨参数 $n_1 = 0.7$,$n_2 = 0.55$。试计算 50 年一遇洪峰流量。

【解】

(1) 计算 50 年一遇设计暴雨量 $P_{24,P}$

根据已知的三统计参数,采用 P-Ⅲ 型频率曲线,求得其模比系数 $K_P = 2.28$,则可求到相应于 50 年一遇的 24 小时暴雨量为

$$P_{24,P} = K_P \overline{P}_{24} = 2.28 \times 57 = 130 (mm)$$

(2) 计算雨力 S_P

$$S_P = \frac{P_{24,P}}{24^{1-n_2}} = \frac{130}{24^{1-0.7}} = 50 (mm/h)$$

(3) 计算产流历时 t_c 内平均入渗能力 μ

根据地区暴雨径流相关图,可推求 24 小时设计暴雨所产生的净雨量 $R_{24,P}$:用 $P_{24,P} = 130\ mm$ 查暴雨径流相关图得到净雨量 $R_{24,P} = 70\ mm$。初步判断 $t_c < 24\ h$,则 $R_{t_c} = R_{24,P} = 70\ mm$ 代入式(12-44)得

$$\mu = (1-n) n^{\frac{n}{1-n}} \left(\frac{S_P}{R_{t_c}^n} \right)^{\frac{1}{1-n}} = (1-0.7) \times 0.7^{\frac{0.7}{1-0.7}} \times \left(\frac{50}{70^{0.7}} \right)^{\frac{1}{1-0.7}} = 3 (mm)$$

(4) 计算 t_c

将 μ 值代入式(12-42)求得

$$t_c = \left[(1-n) \frac{S_P}{\mu} \right]^{\frac{1}{0.7}} = 10 (h), \quad t_c < 24\ h$$

根据 t_c 计算结果,可见原先的假设符合实际。

（5）选定汇流参数 m 值

先计算 θ 值：

$$\theta = \frac{L}{J^{\frac{1}{3}}} = \frac{16.6}{0.007\,63^{\frac{1}{3}}} = 84.27$$

由 $\theta = 84.27$ 查 θ-m 关系线图,得 $m = 1.7$,并与邻近相似流域的 m 值进行比较认为合适,故选定 $m = 1.7$。

（6）试算法求 Q_m

采用的迭代公式有

$$\tau = 0.278\frac{L}{mJ^a Q_m^\beta} = \frac{0.278 \times 16.65}{1.7 \times 0.007\,63^{\frac{1}{3}} \times Q_m^{0.25}} = 13.83 \times Q_m^{-0.25}$$

$$R_\tau = S_P\tau^{(1-n)} - \mu\tau = 50\tau^{(1-0.7)} - 3\tau = 50\tau^{0.3} - 3\tau$$

$$Q_m = 0.278\frac{R_\tau}{\tau}F = 0.278 \times \frac{R_\tau}{\tau} \times 136 = 37.81\frac{R_\tau}{\tau}$$

迭代过程见表 12-18。

表 12-18　迭代计算结果表

项　　　目	试算次数			
	1	2	3	4
假定值 Q_m/(m³/s)	800	856	866	868
τ	2.60	2.56	2.55	2.5479
R_τ	58.79	58.61	58.56	58.55
计算值 Q_m/(m³/s)	856	866	868	868.88
$\left\|(Q_{m,假定} - Q_{m,计算})/Q_{m,计算}\right\|$	7%	1.2%	0.2%	0.1%

可见当假定值 Q_m 为 866 m³/s 时,计算值 Q_m 为 868 m³/s,二者相对误差仅为 0.2%,计算值与假设值基本上一致,因此,$Q_m = 868$ m³/s 即为所求的 50 年一遇的洪峰流量。

12.5.3　小流域设计洪水过程线

对洪水能起到一定调蓄作用的一些中小水库,则需要设计洪水过程线。小流域设计洪水过程线一般是根据小流域实测洪水资料综合概化得到的一条具代表性的洪水过程线。图 12-20 是江西省根据全省集水面积在 650 km² 以下的 81 个水文站、1048 次洪水资料分析得出的概化洪水过程线模式。图中,T 为洪水历时,可按下式计算:

$$T = 9.63\frac{W_P}{Q_{m,P}} \tag{12-50}$$

式中,T 为洪水历时,h;$Q_{m,P}$ 为设计洪峰流量,m³/s;W_P 为设计洪水总量,10^4 m³,可根据 24 小时设计暴雨所形成的径流深 R 按下式计算

$$W_P = 0.1RF$$

式中,F 为流域面积,km²。

此外,我国有些地区根据实测资料概化成无因次的洪水过程线,该过程线以 Q_i/Q_m 为纵坐标,以 t_i/T 为横坐标,称之为标准概化洪水过程线,由此可以得到地区的设计洪水过程线。

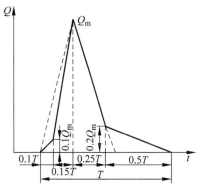

图 12-20　概化的洪水过程线

计算小流域设计洪峰流量,除了推理公式外,目前还广泛地采用地区经验公式。

众所周知,影响洪水的因素很多,如暴雨量的大小和时空分布特点、流域形状及面积大小、河道比降、河道长度及流域下垫面的植被和土壤地质等条件有关。但如果能找出主要影响因子与洪水的某些要素或统计参数建立相关关系,然后根据相关曲线配以适当的数学方程式,这样的方程式就称为经验公式。

1. 简单的洪峰流量经验公式

目前,各地区采用的最简单经验公式是以流域面积作为影响洪峰流量的主要因素,把其他因素用一个综合系数表示,其形式为

$$Q_{m,P} = C_P \cdot F^n \tag{12-51}$$

式中,$Q_{m,P}$ 为设计洪峰流量,m^3/s;F 为流域面积,km^2;C_P 为与频率有关的综合系数,主要影响因素是暴雨;n 为反映流域面积对洪峰流量影响程度的指数,其值随流域面积大小而变,一般中等流域约为 0.5,小流域约为 2/3,特小流域的值将更大些。

2. 多参数洪峰流量经验公式

为了能够反映小流域上形成洪峰的各种影响因素,目前各地较多地采用多因子经验计算公式,公式的形式有

$$Q_{m,P} = Ch_{24P} F^n \tag{12-52}$$
$$Q_{m,P} = Ch_{24P}^{\alpha} f^{\gamma} F^n \tag{12-53}$$
$$Q_{m,P} = Ch_{24P}^{\alpha} J^{\beta} f^{\gamma} F^n \tag{12-54}$$

式中,f 为流域形状系数,$f = F/L^2$,L 为流域的长度;J 为河道干流平均坡度;h_{24P} 为设计年最大 24 h 净雨量,mm,反映暴雨影响程度的一个参数;α、β、γ、n 为各种指数;C 为综合系数。

以上的各种指数和综合系数可以通过各个地区实测资料分析得到。选用的经验公式不一定影响因素越多越好,主要应考虑到计算结果要符合实际和满足生产上的精度要求。另外要考虑到所选用的影响因子与洪峰流量的相关性和相互间的独立性,如与洪峰流量过程无关的因子不宜选用,以及与其他因子之间关系十分密切的因子可不必选用,否则不但无益于提高精度,反而增加计算难度。

参 考 文 献

[1] 詹道江,叶守泽. 工程水文学 [M]. 3 版. 北京:中国水利水电出版社,2000.

[2] BRUTSAERT W. Hydrology: an introduction[M]. Oxford: Cambridge University Press,2005.

[3] MAIDMENT D R. Handbook of hydrology[M]. New York: McGraw-Hill Inc. ,1992.

[4] CHOW V T, MAIDMENT D R,MAYS L W. Applied hydrology[M]. Noida: Tata McGraw-Hill Education,1988.

习   题

12.1　确定历史洪水重现期的方法是（　　）。

　　（A）固定时段年最大值法　　　　　　（B）固定时段超均值法

　　（C）固定时段超定量法　　　　　　　（D）固定时段最大值法

12.2　某河段调查可知在 N 年中有 a 项特大洪水,其中 l 个发生在实测系列 n 年内,在处理特大洪水时对这种不连续系列的统计参数 $\bar{Q}$ 和 C_v 的计算,我国广泛采用包含特大值的矩法公式。该公式包含的假定是（　　）。

(A) $\overline{Q}_{N-a}=\overline{Q}_{n-l}$；$\sigma_{N-a}=\sigma_{n-l}$　　　　(B) $\overline{Q}_{N-a}=\overline{Q}_{n-l}$；$C_{vN}=C_{vn}$

(C) $C_{vN}=C_{vn}$；$\sigma_{N-a}=\sigma_{n-l}$　　　　(D) $\overline{Q}_{N-a}=\overline{Q}_{n-l}$；$C_{sN}=C_{sn}$

12.3　设计洪水标准按照保护对象的不同分为两类,分别是:保证防护对象免除一定洪水灾害的防洪标准、_____。当这两个标准发生矛盾时,以_____为主。

12.4　洪水过程中设计洪水的三要素包括:_____、_____和_____。

12.5　在洪水计算中如何提高资料的代表性?

12.6　设计洪水的计算与设计年径流计算的异同点有哪些?

12.7　试阐述典型洪水过程线选择的依据。

12.8　已求得某站百年一遇洪峰流量和 1 日、3 日、7 日洪量分别是:$Q_{m,P}=2780$ m³/s,$W_{1d,P}=1.3$ 亿 m³,$W_{3d,P}=1.48$ 亿 m³,$W_{7d,P}=1.95$ 亿 m³。

选择典型洪水过程线,并计算得典型洪水洪峰及各历时洪量分别为:$Q_m=2150$ m³/s,$W_{1d}=1.16$ 亿 m³,$W_{3d}=1.48$ 亿 m³,$W_{7d}=1.95$ 亿 m³。

试按同频率放大法计算百年一遇设计洪水的放大系数。

12.9　已知某土石坝,其水库属Ⅱ型水库,根据年最大 7 d 暴雨系列的频率计算结果显示:$\bar{x}=438$ mm,$C_v=0.48$,$C_s=3C_v$。P-Ⅲ型曲线模比系数 K_P 值见题 12.9 表,试确定大坝设计洪水标准并计算该工程 7 d 设计暴雨量。

题 12.9 表　P-Ⅲ型曲线模比系数 K_P 值表($C_s=3C_v$)

C_v ＼ $P/\%$	0.1	0.2	2	10	50	90	95	99
0.45	3.26	3.03	2.21	1.60	0.90	0.53	0.47	0.39
0.50	3.62	3.34	2.37	1.67	0.88	0.49	0.44	0.37

附录 A　皮尔逊Ⅲ型频率

C_s \ $P/\%$	0.001	0.01	0.1	0.2	0.333	0.5	1	2	3	5	10	20	25	30
0.0	4.26	3.72	3.09	2.88	2.71	2.58	2.33	2.05	1.88	1.64	1.28	0.84	0.67	0.52
0.1	4.55	3.93	3.23	3.00	2.82	2.67	2.40	2.11	1.92	1.67	1.29	0.84	0.67	0.51
0.2	4.85	4.15	3.38	3.12	2.93	2.76	2.47	2.16	1.96	1.70	1.30	0.83	0.66	0.50
0.3	5.15	4.37	3.52	3.24	3.03	2.86	2.54	2.21	2.00	1.73	1.31	0.82	0.64	0.49
0.4	5.45	4.60	3.67	3.37	3.14	2.95	2.62	2.26	2.04	1.75	1.32	0.82	0.63	0.47
0.5	5.76	4.82	3.81	3.49	3.24	3.04	2.69	2.31	2.08	1.77	1.32	0.81	0.62	0.46
0.6	6.07	5.05	3.96	3.61	3.35	3.13	2.76	2.36	2.12	1.80	1.33	0.80	0.61	0.44
0.7	6.38	5.27	4.10	3.73	3.45	3.22	2.82	2.41	2.15	1.82	1.33	0.79	0.60	0.43
0.8	6.70	5.50	4.24	3.85	3.55	3.31	2.89	2.45	2.19	1.84	1.34	0.78	0.58	0.41
0.9	7.02	5.73	4.39	3.97	3.66	3.40	2.96	2.50	2.22	1.86	1.34	0.77	0.57	0.40
1.0	7.33	5.96	4.53	4.09	3.76	3.49	3.02	2.54	2.25	1.88	1.34	0.76	0.55	0.38
1.1	7.65	6.18	4.67	4.21	3.86	3.58	3.09	2.58	2.28	1.89	1.34	0.75	0.54	0.36
1.2	7.97	6.41	4.81	4.32	3.96	3.66	3.15	2.63	2.31	1.91	1.34	0.73	0.52	0.35
1.3	8.29	6.64	4.96	4.44	4.05	3.74	3.21	2.67	2.34	1.92	1.34	0.72	0.51	0.33
1.4	8.61	6.87	5.10	4.55	4.15	3.83	3.27	2.71	2.37	1.94	1.34	0.71	0.49	0.31
1.5	8.93	7.09	5.23	4.67	4.25	3.91	3.33	2.74	2.40	1.95	1.33	0.69	0.48	0.30
1.6	9.24	7.32	5.37	4.78	4.34	3.99	3.39	2.78	2.42	1.96	1.33	0.68	0.46	0.28
1.7	9.56	7.54	5.51	4.89	4.43	4.07	3.44	2.81	2.44	1.97	1.32	0.66	0.44	0.26
1.8	9.88	7.77	5.64	5.00	4.53	4.15	3.50	2.85	2.47	1.98	1.32	0.64	0.42	0.24
1.9	10.20	7.99	5.78	5.11	4.62	4.22	3.55	2.88	2.49	1.99	1.31	0.63	0.40	0.22
2.0	10.51	8.21	5.91	5.21	4.70	4.30	3.61	2.91	2.51	2.00	1.30	0.61	0.39	0.20
2.1	10.83	8.43	6.04	5.32	4.79	4.37	3.66	2.94	2.53	2.00	1.29	0.59	0.37	0.19
2.2	11.14	8.65	6.17	5.42	4.88	4.44	3.71	2.97	2.54	2.01	1.28	0.57	0.35	0.17
2.3	11.46	8.87	6.30	5.53	4.96	4.51	3.75	3.00	2.56	2.01	1.27	0.56	0.33	0.15
2.4	11.77	9.08	6.42	5.63	5.05	4.58	3.80	3.02	2.57	2.01	1.26	0.54	0.31	0.13
2.5	12.08	9.30	6.55	5.73	5.13	4.65	3.85	3.05	2.59	2.01	1.25	0.52	0.29	0.11
2.6	12.39	9.51	6.67	5.83	5.21	4.72	3.89	3.07	2.60	2.01	1.24	0.50	0.27	0.09
2.7	12.70	9.73	6.79	5.92	5.29	4.78	3.93	3.09	2.61	2.01	1.22	0.48	0.25	0.08
2.8	13.00	9.94	6.92	6.02	5.36	4.85	3.97	3.11	2.62	2.01	1.21	0.46	0.23	0.06
2.9	13.31	10.15	7.03	6.11	5.44	4.91	4.01	3.13	2.63	2.01	1.20	0.44	0.21	0.04
3.0	13.61	10.35	7.15	6.21	5.51	4.97	4.05	3.15	2.64	2.00	1.18	0.42	0.20	0.02

曲线的离均系数 Φ 值表

40	50	60	70	75	80	85	90	95	97	99	99.9	100
0.25	0.00	−0.25	−0.52	−0.67	−0.84	−1.04	−1.28	−1.64	−1.88	−2.33	−3.09	−∞
0.24	−0.02	−0.27	−0.54	−0.68	−0.85	−1.03	−1.27	−1.62	−1.84	−2.25	−2.95	−20.00
0.22	−0.03	−0.28	−0.55	−0.69	−0.85	−1.03	−1.26	−1.59	−1.79	−2.18	−2.81	−10.00
0.21	−0.05	−0.30	−0.56	−0.70	−0.85	−1.03	−1.25	−1.56	−1.75	−2.10	−2.67	−6.67
0.19	−0.07	−0.31	−0.57	−0.71	−0.86	−1.02	−1.23	−1.52	−1.70	−2.03	−2.53	−5.00
0.17	−0.08	−0.33	−0.58	−0.71	−0.86	−1.02	−1.22	−1.49	−1.66	−1.95	−2.40	−4.00
0.16	−0.10	−0.34	−0.59	−0.72	−0.86	−1.01	−1.20	−1.46	−1.61	−1.88	−2.27	−3.33
0.14	−0.12	−0.36	−0.60	−0.72	−0.86	−1.01	−1.18	−1.42	−1.57	−1.81	−2.14	−2.86
0.12	−0.13	−0.37	−0.60	−0.73	−0.86	−1.00	−1.17	−1.39	−1.52	−1.73	−2.02	−2.50
0.10	−0.15	−0.38	−0.61	−0.73	−0.85	−0.99	−1.15	−1.35	−1.47	−1.66	−1.90	−2.22
0.09	−0.16	−0.39	−0.62	−0.73	−0.85	−0.98	−1.13	−1.32	−1.42	−1.59	−1.79	−2.00
0.07	−0.18	−0.41	−0.62	−0.73	−0.85	−0.97	−1.11	−1.28	−1.37	−1.52	−1.68	−1.82
0.05	−0.20	−0.42	−0.63	−0.74	−0.84	−0.96	−1.09	−1.24	−1.33	−1.45	−1.58	−1.67
0.04	−0.21	−0.43	−0.63	−0.74	−0.84	−0.95	−1.06	−1.21	−1.28	−1.38	−1.48	−1.54
0.02	−0.23	−0.44	−0.64	−0.73	−0.83	−0.93	−1.04	−1.17	−1.23	−1.32	−1.39	−1.43
0.00	−0.24	−0.45	−0.64	−0.73	−0.83	−0.92	−1.02	−1.13	−1.19	−1.26	−1.31	−1.33
−0.02	−0.25	−0.46	−0.64	−0.73	−0.82	−0.90	−0.99	−1.09	−1.14	−1.20	−1.24	−1.25
−0.03	−0.27	−0.47	−0.64	−0.73	−0.81	−0.89	−0.97	−1.06	−1.09	−1.14	−1.17	−1.18
−0.05	−0.28	−0.48	−0.64	−0.72	−0.80	−0.87	−0.94	−1.02	−1.05	−1.09	−1.11	−1.11
−0.07	−0.29	−0.48	−0.64	−0.72	−0.79	−0.86	−0.92	−0.98	−1.01	−1.04	−1.05	−1.05
−0.08	−0.31	−0.49	−0.64	−0.71	−0.78	−0.84	−0.89	−0.95	−0.97	−0.99	−1.00	−1.00
−0.10	−0.32	−0.49	−0.64	−0.71	−0.76	−0.82	−0.87	−0.91	−0.93	−0.95	−0.95	−0.95
−0.12	−0.33	−0.50	−0.64	−0.70	−0.75	−0.80	−0.84	−0.88	−0.89	−0.91	−0.91	−0.91
−0.13	−0.34	−0.50	−0.63	−0.69	−0.74	−0.78	−0.82	−0.85	−0.86	−0.87	−0.87	−0.87
−0.15	−0.35	−0.51	−0.63	−0.68	−0.72	−0.76	−0.79	−0.82	−0.83	−0.83	−0.83	−0.83
−0.16	−0.36	−0.51	−0.62	−0.67	−0.71	−0.74	−0.77	−0.79	−0.80	−0.80	−0.80	−0.80
−0.18	−0.37	−0.51	−0.62	−0.66	−0.70	−0.72	−0.75	−0.76	−0.77	−0.77	−0.77	−0.77
−0.19	−0.38	−0.51	−0.61	−0.65	−0.68	−0.71	−0.72	−0.74	−0.74	−0.74	−0.74	−0.74
−0.20	−0.38	−0.51	−0.60	−0.64	−0.67	−0.69	−0.70	−0.71	−0.71	−0.71	−0.71	−0.71
−0.22	−0.39	−0.51	−0.60	−0.63	−0.65	−0.67	−0.68	−0.69	−0.69	−0.69	−0.69	−0.69
−0.23	−0.40	−0.51	−0.59	−0.62	−0.64	−0.65	−0.66	−0.67	−0.67	−0.67	−0.67	−0.67

C_s ＼ $P/\%$	0.001	0.01	0.1	0.2	0.333	0.5	1	2	3	5	10	20	25	30
3.1	13.92	10.56	7.27	6.30	5.59	5.03	4.09	3.17	2.64	2.00	1.16	0.40	0.18	0.01
3.2	14.22	10.77	7.38	6.39	5.66	5.09	4.12	3.19	2.65	1.99	1.15	0.38	0.16	−0.01
3.3	14.52	10.97	7.50	6.47	5.73	5.14	4.16	3.20	2.65	1.99	1.13	0.36	0.14	−0.03
3.4	14.82	11.17	7.61	6.56	5.80	5.20	4.19	3.21	2.66	1.98	1.11	0.34	0.12	−0.04
3.5	15.11	11.37	7.72	6.65	5.87	5.25	4.22	3.23	2.66	1.97	1.10	0.32	0.10	−0.06
3.6	15.41	11.57	7.83	6.73	5.93	5.31	4.26	3.24	2.66	1.96	1.08	0.30	0.09	−0.07
3.7	15.70	11.77	7.94	6.81	6.00	5.36	4.29	3.25	2.66	1.95	1.06	0.28	0.07	−0.09
3.8	16.00	11.97	8.04	6.89	6.06	5.41	4.31	3.26	2.66	1.94	1.04	0.26	0.05	−0.10
3.9	16.29	12.16	8.15	6.97	6.12	5.46	4.34	3.27	2.66	1.93	1.02	0.24	0.04	−0.11
4.0	16.58	12.36	8.25	7.05	6.19	5.50	4.37	3.27	2.66	1.92	1.00	0.23	0.02	−0.13
4.1	16.87	12.55	8.36	7.13	6.24	5.55	4.39	3.28	2.66	1.91	0.98	0.21	0.01	−0.14
4.2	17.16	12.74	8.46	7.21	6.30	5.60	4.42	3.29	2.65	1.90	0.96	0.19	−0.01	−0.15
4.3	17.44	12.93	8.56	7.28	6.36	5.64	4.44	3.29	2.65	1.88	0.94	0.17	−0.02	−0.16
4.4	17.73	13.12	8.65	7.35	6.42	5.68	4.46	3.29	2.64	1.87	0.92	0.15	−0.04	−0.17
4.5	18.01	13.31	8.75	7.43	6.47	5.72	4.48	3.30	2.64	1.85	0.90	0.14	−0.05	−0.18
4.6	18.29	13.49	8.85	7.50	6.53	5.76	4.50	3.30	2.63	1.84	0.88	0.12	−0.06	−0.19
4.7	18.57	13.67	8.94	7.57	6.58	5.80	4.52	3.30	2.62	1.82	0.86	0.10	−0.08	−0.20
4.8	18.85	13.86	9.04	7.64	6.63	5.84	4.54	3.30	2.62	1.81	0.84	0.09	−0.09	−0.20
4.9	19.13	14.04	9.13	7.70	6.68	5.88	4.56	3.30	2.61	1.79	0.82	0.07	−0.10	−0.21
5.0	19.41	14.22	9.22	7.77	6.73	5.92	4.57	3.30	2.60	1.77	0.80	0.06	−0.11	−0.22
5.1	19.68	14.40	9.31	7.84	6.78	5.95	4.59	3.30	2.59	1.76	0.77	0.04	−0.12	−0.22
5.2	19.96	14.58	9.40	7.90	6.82	5.99	4.60	3.30	2.58	1.74	0.75	0.03	−0.13	−0.23
5.3	20.23	14.75	9.49	7.96	6.87	6.02	4.62	3.29	2.57	1.72	0.73	0.02	−0.14	−0.24
5.4	20.50	14.93	9.57	8.03	6.92	6.05	4.63	3.29	2.56	1.70	0.71	0.00	−0.15	−0.24
5.5	20.77	15.10	9.66	8.09	6.96	6.08	4.64	3.28	2.54	1.68	0.69	−0.01	−0.16	−0.24
5.6	21.04	15.28	9.74	8.15	7.00	6.11	4.65	3.28	2.53	1.66	0.67	−0.02	−0.16	−0.25
5.7	21.31	15.45	9.83	8.21	7.05	6.14	4.66	3.27	2.52	1.64	0.65	−0.03	−0.17	−0.25
5.8	21.58	15.62	9.91	8.26	7.09	6.17	4.67	3.27	2.50	1.63	0.63	−0.05	−0.18	−0.25
5.9	21.84	15.79	9.99	8.32	7.13	6.20	4.68	3.26	2.49	1.61	0.61	−0.06	−0.18	−0.26
6.0	22.11	15.96	10.07	8.38	7.17	6.23	4.69	3.25	2.48	1.59	0.59	−0.07	−0.19	−0.26
6.1	22.37	16.12	10.15	8.43	7.20	6.25	4.69	3.24	2.46	1.57	0.57	−0.08	−0.19	−0.26
6.2	22.63	16.29	10.22	8.49	7.24	6.28	4.70	3.23	2.44	1.54	0.55	−0.09	−0.20	−0.26
6.3	22.89	16.45	10.30	8.54	7.28	6.30	4.71	3.22	2.43	1.52	0.53	−0.09	−0.20	−0.26
6.4	23.15	16.62	10.38	8.59	7.31	6.32	4.71	3.21	2.41	1.50	0.51	−0.10	−0.21	−0.26

40	50	60	70	75	80	85	90	95	97	99	99.9	100
-0.24	-0.40	-0.51	-0.58	-0.60	-0.62	-0.63	-0.64	-0.64	-0.64	-0.65	-0.65	-0.65
-0.25	-0.40	-0.51	-0.57	-0.59	-0.61	-0.62	-0.62	-0.62	-0.62	-0.62	-0.62	-0.63
-0.26	-0.41	-0.50	-0.56	-0.58	-0.59	-0.60	-0.60	-0.61	-0.61	-0.61	-0.61	-0.61
-0.27	-0.41	-0.50	-0.55	-0.57	-0.58	-0.58	-0.59	-0.59	-0.59	-0.59	-0.59	-0.59
-0.28	-0.41	-0.49	-0.54	-0.55	-0.56	-0.57	-0.57	-0.57	-0.57	-0.57	-0.57	-0.57
-0.29	-0.41	-0.49	-0.53	-0.54	-0.55	-0.55	-0.55	-0.56	-0.56	-0.56	-0.56	-0.56
-0.29	-0.41	-0.48	-0.52	-0.53	-0.54	-0.54	-0.54	-0.54	-0.54	-0.54	-0.54	-0.54
-0.30	-0.41	-0.48	-0.51	-0.52	-0.52	-0.52	-0.53	-0.53	-0.53	-0.53	-0.53	-0.53
-0.31	-0.41	-0.47	-0.50	-0.51	-0.51	-0.51	-0.51	-0.51	-0.51	-0.51	-0.51	-0.51
-0.31	-0.41	-0.46	-0.49	-0.49	-0.50	-0.50	-0.50	-0.50	-0.50	-0.50	-0.50	-0.50
-0.32	-0.41	-0.46	-0.48	-0.48	-0.49	-0.49	-0.49	-0.49	-0.49	-0.49	-0.49	-0.49
-0.32	-0.41	-0.45	-0.47	-0.47	-0.48	-0.48	-0.48	-0.48	-0.48	-0.48	-0.48	-0.48
-0.32	-0.41	-0.44	-0.46	-0.46	-0.46	-0.46	-0.47	-0.47	-0.47	-0.47	-0.47	-0.47
-0.33	-0.40	-0.44	-0.45	-0.45	-0.45	-0.45	-0.45	-0.45	-0.45	-0.45	-0.45	-0.45
-0.33	-0.40	-0.43	-0.44	-0.44	-0.44	-0.44	-0.44	-0.44	-0.44	-0.44	-0.44	-0.44
-0.33	-0.40	-0.42	-0.43	-0.43	-0.43	-0.43	-0.43	-0.43	-0.43	-0.43	-0.43	-0.43
-0.33	-0.39	-0.42	-0.42	-0.42	-0.43	-0.43	-0.43	-0.43	-0.43	-0.43	-0.43	-0.43
-0.33	-0.39	-0.41	-0.42	-0.42	-0.42	-0.42	-0.42	-0.42	-0.42	-0.42	-0.42	-0.42
-0.33	-0.38	-0.40	-0.41	-0.41	-0.41	-0.41	-0.41	-0.41	-0.41	-0.41	-0.41	-0.41
-0.33	-0.38	-0.39	-0.40	-0.40	-0.40	-0.40	-0.40	-0.40	-0.40	-0.40	-0.40	-0.40
-0.33	-0.37	-0.39	-0.39	-0.39	-0.39	-0.39	-0.39	-0.39	-0.39	-0.39	-0.39	-0.39
-0.33	-0.37	-0.38	-0.38	-0.38	-0.38	-0.38	-0.38	-0.38	-0.38	-0.38	-0.38	-0.38
-0.33	-0.36	-0.37	-0.38	-0.38	-0.38	-0.38	-0.38	-0.38	-0.38	-0.38	-0.38	-0.38
-0.33	-0.36	-0.37	-0.37	-0.37	-0.37	-0.37	-0.37	-0.37	-0.37	-0.37	-0.37	-0.37
-0.33	-0.35	-0.36	-0.36	-0.36	-0.36	-0.36	-0.36	-0.36	-0.36	-0.36	-0.36	-0.36
-0.33	-0.35	-0.36	-0.36	-0.36	-0.36	-0.36	-0.36	-0.36	-0.36	-0.36	-0.36	-0.36
-0.32	-0.34	-0.35	-0.35	-0.35	-0.35	-0.35	-0.35	-0.35	-0.35	-0.35	-0.35	-0.35
-0.32	-0.34	-0.34	-0.34	-0.34	-0.34	-0.34	-0.34	-0.34	-0.34	-0.34	-0.34	-0.34
-0.32	-0.33	-0.34	-0.34	-0.34	-0.34	-0.34	-0.34	-0.34	-0.34	-0.34	-0.34	-0.34
-0.31	-0.33	-0.33	-0.33	-0.33	-0.33	-0.33	-0.33	-0.33	-0.33	-0.33	-0.33	-0.33
-0.31	-0.32	-0.33	-0.33	-0.33	-0.33	-0.33	-0.33	-0.33	-0.33	-0.33	-0.33	-0.33
-0.31	-0.32	-0.32	-0.32	-0.32	-0.32	-0.32	-0.32	-0.32	-0.32	-0.32	-0.32	-0.32
-0.31	-0.32	-0.32	-0.32	-0.32	-0.32	-0.32	-0.32	-0.32	-0.32	-0.32	-0.32	-0.32
-0.30	-0.31	-0.31	-0.31	-0.31	-0.31	-0.31	-0.31	-0.31	-0.31	-0.31	-0.31	-0.31

附录 B 皮尔逊Ⅲ型频率曲线的模比系数 K_P 值表

$P/\%$ ＼ C_v	0.01	0.1	0.2	0.33	0.5	1	2	5	10	20	50	75	90	95	99
						(一) $C_s=C_v$									
0.05	1.19	1.16	1.15	1.14	1.13	1.12	1.11	1.09	1.07	1.04	1.00	0.97	0.94	0.92	0.89
0.10	1.39	1.32	1.30	1.28	1.27	1.24	1.21	1.17	1.13	1.08	1.00	0.93	0.87	0.84	0.77
0.15	1.61	1.50	1.46	1.43	1.41	1.37	1.32	1.25	1.19	1.13	1.00	0.90	0.81	0.76	0.67
0.20	1.83	1.68	1.62	1.59	1.55	1.49	1.43	1.34	1.26	1.17	0.99	0.86	0.75	0.68	0.56
0.25	2.07	1.86	1.80	1.75	1.70	1.63	1.55	1.43	1.33	1.21	0.99	0.83	0.69	0.61	0.46
0.30	2.31	2.06	1.97	1.91	1.86	1.76	1.66	1.52	1.39	1.25	0.99	0.79	0.63	0.53	0.37
0.35	2.57	2.26	2.16	2.08	2.02	1.90	1.78	1.61	1.46	1.29	0.98	0.75	0.57	0.46	0.28
0.40	2.84	2.47	2.35	2.26	2.18	2.05	1.90	1.70	1.53	1.33	0.97	0.72	0.51	0.39	0.19
0.45	3.12	2.68	2.54	2.44	2.35	2.19	2.03	1.79	1.59	1.37	0.97	0.68	0.45	0.32	0.10
0.50	3.41	2.91	2.74	2.62	2.52	2.34	2.16	1.89	1.66	1.40	0.96	0.64	0.39	0.25	0.02
0.55	3.71	3.14	2.95	2.81	2.70	2.50	2.28	1.98	1.73	1.44	0.95	0.61	0.34	0.19	−0.05
0.60	4.03	3.37	3.17	3.01	2.88	2.65	2.42	2.08	1.80	1.48	0.94	0.57	0.28	0.13	−0.13
0.65	4.35	3.62	3.38	3.21	3.07	2.81	2.55	2.18	1.87	1.52	0.93	0.53	0.23	0.06	−0.20
0.70	4.69	3.87	3.61	3.42	3.26	2.98	2.68	2.27	1.93	1.55	0.92	0.49	0.17	0.00	−0.26
0.75	5.04	4.13	3.84	3.63	3.45	3.14	2.82	2.37	2.00	1.59	0.91	0.46	0.12	−0.05	−0.33
0.80	5.40	4.40	4.08	3.85	3.65	3.31	2.96	2.47	2.07	1.62	0.89	0.42	0.07	−0.11	−0.39
0.85	5.77	4.67	4.32	4.07	3.85	3.49	3.10	2.57	2.14	1.66	0.88	0.38	0.02	−0.17	−0.44
0.90	6.16	4.95	4.57	4.29	4.06	3.66	3.25	2.67	2.20	1.69	0.87	0.34	−0.03	−0.22	−0.49
0.95	6.55	5.24	4.83	4.53	4.27	3.84	3.39	2.77	2.27	1.73	0.85	0.31	−0.08	−0.27	−0.54
1.00	6.96	5.53	5.09	4.76	4.49	4.02	3.54	2.88	2.34	1.76	0.84	0.27	−0.13	−0.32	−0.59
1.05	7.37	5.83	5.35	5.00	4.71	4.21	3.69	2.98	2.41	1.79	0.82	0.23	−0.17	−0.36	−0.63
1.10	7.80	6.14	5.63	5.25	4.93	4.40	3.84	3.08	2.48	1.82	0.80	0.19	−0.22	−0.41	−0.67
1.15	8.24	6.46	5.90	5.50	5.16	4.59	4.00	3.19	2.54	1.85	0.78	0.16	−0.26	−0.45	−0.71
1.20	8.69	6.78	6.19	5.76	5.39	4.78	4.15	3.29	2.61	1.88	0.77	0.12	−0.30	−0.49	−0.74
1.25	9.16	7.11	6.48	6.01	5.63	4.98	4.31	3.40	2.67	1.91	0.75	0.08	−0.34	−0.53	−0.77
1.30	9.63	7.44	6.77	6.28	5.87	5.17	4.47	3.50	2.74	1.93	0.73	0.04	−0.38	−0.57	−0.80
1.35	10.12	7.78	7.07	6.55	6.11	5.38	4.63	3.61	2.81	1.96	0.71	0.01	−0.42	−0.60	−0.82
1.40	10.61	8.13	7.37	6.82	6.36	5.58	4.79	3.71	2.87	1.99	0.68	−0.03	−0.46	−0.64	−0.85
1.45	11.12	8.49	7.68	7.10	6.61	5.79	4.95	3.82	2.94	2.01	0.66	−0.06	−0.49	−0.67	−0.87
1.50	11.64	8.85	8.00	7.38	6.86	6.00	5.11	3.93	3.00	2.04	0.64	−0.10	−0.53	−0.70	−0.88

续表

C_v \ $P/\%$	0.01	0.1	0.2	0.33	0.5	1	2	5	10	20	50	75	90	95	99
（二）$C_s = 1.5 C_v$															
0.05	1.19	1.16	1.15	1.14	1.13	1.12	1.10	1.08	1.06	1.04	1.00	0.97	0.94	0.92	0.89
0.10	1.40	1.33	1.31	1.29	1.27	1.24	1.21	1.17	1.13	1.08	1.00	0.93	0.87	0.84	0.78
0.15	1.63	1.51	1.47	1.44	1.42	1.37	1.33	1.26	1.20	1.12	0.99	0.90	0.81	0.76	0.68
0.20	1.87	1.70	1.65	1.61	1.57	1.51	1.44	1.35	1.26	1.16	0.99	0.86	0.75	0.69	0.58
0.25	2.14	1.91	1.83	1.78	1.73	1.65	1.56	1.44	1.33	1.20	0.98	0.82	0.69	0.62	0.49
0.30	2.41	2.12	2.03	1.96	1.90	1.80	1.69	1.53	1.40	1.24	0.98	0.79	0.63	0.55	0.40
0.35	2.71	2.35	2.23	2.15	2.07	1.95	1.81	1.62	1.46	1.28	0.97	0.75	0.58	0.48	0.32
0.40	3.02	2.58	2.44	2.34	2.25	2.10	1.94	1.72	1.53	1.32	0.96	0.71	0.52	0.42	0.25
0.45	3.35	2.83	2.66	2.54	2.44	2.26	2.08	1.82	1.60	1.36	0.95	0.68	0.47	0.36	0.18
0.50	3.69	3.09	2.89	2.75	2.63	2.43	2.21	1.91	1.67	1.39	0.94	0.64	0.41	0.30	0.12
0.55	4.06	3.35	3.13	2.97	2.83	2.60	2.36	2.01	1.74	1.43	0.93	0.60	0.36	0.24	0.06
0.60	4.44	3.63	3.38	3.20	3.04	2.77	2.50	2.12	1.80	1.46	0.91	0.56	0.31	0.19	0.00
0.65	4.83	3.92	3.64	3.43	3.25	2.95	2.65	2.22	1.87	1.49	0.90	0.52	0.26	0.14	−0.04
0.70	5.25	4.22	3.90	3.67	3.47	3.14	2.79	2.32	1.94	1.53	0.88	0.49	0.22	0.09	−0.09
0.75	5.68	4.53	4.18	3.92	3.70	3.33	2.95	2.42	2.01	1.56	0.86	0.45	0.17	0.05	−0.13
0.80	6.13	4.85	4.46	4.17	3.93	3.52	3.10	2.53	2.07	1.59	0.84	0.41	0.13	0.01	−0.16
0.85	6.60	5.18	4.75	4.43	4.17	3.72	3.26	2.63	2.14	1.61	0.82	0.37	0.09	−0.03	−0.19
0.90	7.08	5.52	5.05	4.70	4.41	3.92	3.42	2.74	2.20	1.64	0.80	0.34	0.05	−0.07	−0.22
0.95	7.58	5.87	5.35	4.97	4.66	4.12	3.58	2.84	2.27	1.67	0.78	0.30	0.02	−0.10	−0.24
1.00	8.09	6.23	5.67	5.25	4.91	4.33	3.74	2.95	2.33	1.69	0.76	0.27	−0.02	−0.13	−0.26
1.05	8.62	6.60	5.99	5.54	5.17	4.54	3.91	3.06	2.40	1.71	0.74	0.23	−0.05	−0.16	−0.27
1.10	9.17	6.98	6.32	5.84	5.43	4.76	4.08	3.16	2.46	1.73	0.71	0.20	−0.08	−0.18	−0.29
1.15	9.74	7.37	6.65	6.13	5.70	4.98	4.25	3.27	2.52	1.75	0.69	0.16	−0.11	−0.20	−0.30
1.20	10.32	7.77	7.00	6.44	5.98	5.20	4.42	3.38	2.58	1.77	0.66	0.13	−0.13	−0.22	−0.30
1.25	10.92	8.18	7.35	6.75	6.26	5.42	4.59	3.48	2.64	1.79	0.64	0.10	−0.16	−0.24	−0.31
1.30	11.53	8.59	7.71	7.07	6.54	5.65	4.77	3.59	2.70	1.80	0.61	0.07	−0.18	−0.26	−0.32
1.35	12.16	9.02	8.08	7.39	6.83	5.88	4.94	3.70	2.76	1.82	0.58	0.04	−0.20	−0.27	−0.32
1.40	12.80	9.45	8.45	7.72	7.12	6.12	5.12	3.80	2.81	1.83	0.55	0.01	−0.22	−0.28	−0.32
1.45	13.46	9.90	8.83	8.06	7.42	6.36	5.30	3.91	2.87	1.84	0.53	−0.01	−0.23	−0.29	−0.33
1.50	14.14	10.35	9.21	8.40	7.72	6.59	5.48	4.01	2.92	1.85	0.50	−0.04	−0.25	−0.30	−0.33
（三）$C_s = 2 C_v$															
0.05	1.20	1.16	1.15	1.14	1.13	1.12	1.11	1.08	1.06	1.04	1.00	0.97	0.94	0.92	0.89
0.10	1.42	1.34	1.31	1.29	1.28	1.25	1.22	1.17	1.13	1.08	1.00	0.93	0.87	0.84	0.78
0.15	1.66	1.53	1.49	1.46	1.43	1.38	1.33	1.26	1.20	1.12	0.99	0.90	0.81	0.77	0.68
0.20	1.92	1.73	1.67	1.63	1.59	1.52	1.45	1.35	1.26	1.16	0.99	0.86	0.75	0.70	0.59
0.25	2.21	1.95	1.87	1.81	1.76	1.67	1.58	1.44	1.33	1.20	0.98	0.82	0.70	0.63	0.51
0.30	2.51	2.19	2.08	2.01	1.94	1.83	1.71	1.54	1.40	1.24	0.97	0.78	0.64	0.56	0.44
0.35	2.85	2.44	2.31	2.21	2.13	1.99	1.84	1.64	1.47	1.28	0.96	0.75	0.59	0.50	0.37
0.40	3.20	2.70	2.54	2.42	2.32	2.16	1.98	1.74	1.53	1.31	0.95	0.71	0.53	0.44	0.31
0.45	3.58	2.97	2.79	2.65	2.53	2.33	2.12	1.84	1.60	1.35	0.93	0.67	0.48	0.39	0.25
0.50	3.98	3.27	3.04	2.88	2.74	2.51	2.27	1.94	1.67	1.38	0.92	0.63	0.44	0.34	0.21

$P/\%$ C_v	0.01	0.1	0.2	0.33	0.5	1	2	5	10	20	50	75	90	95	99
0.55	4.40	3.57	3.31	3.12	2.97	2.70	2.42	2.04	1.74	1.41	0.90	0.60	0.39	0.30	0.17
0.60	4.85	3.89	3.59	3.38	3.20	2.89	2.58	2.15	1.80	1.44	0.88	0.56	0.35	0.25	0.13
0.65	5.32	4.22	3.88	3.64	3.43	3.09	2.73	2.25	1.87	1.47	0.86	0.52	0.31	0.22	0.10
0.70	5.81	4.57	4.19	3.91	3.68	3.29	2.89	2.36	1.94	1.49	0.84	0.49	0.27	0.18	0.08
0.75	6.32	4.93	4.50	4.19	3.93	3.50	3.06	2.46	2.00	1.52	0.82	0.45	0.24	0.15	0.06
0.80	6.85	5.30	4.82	4.48	4.19	3.71	3.22	2.57	2.06	1.54	0.80	0.42	0.20	0.13	0.04
0.85	7.41	5.68	5.16	4.78	4.46	3.93	3.39	2.68	2.13	1.56	0.77	0.38	0.18	0.10	0.03
0.90	7.99	6.08	5.50	5.08	4.73	4.15	3.56	2.78	2.19	1.58	0.75	0.35	0.15	0.08	0.02
0.95	8.59	6.49	5.85	5.39	5.01	4.38	3.74	2.89	2.25	1.60	0.72	0.32	0.13	0.07	0.01
1.00	9.21	6.91	6.21	5.71	5.30	4.61	3.91	3.00	2.30	1.61	0.69	0.29	0.11	0.05	0.01
1.05	9.85	7.34	6.59	6.04	5.59	4.84	4.09	3.10	2.36	1.62	0.67	0.26	0.09	0.04	0.01
1.10	10.51	7.78	6.97	6.38	5.89	5.08	4.27	3.21	2.41	1.63	0.64	0.23	0.07	0.03	0.00
1.15	11.20	8.24	7.36	6.72	6.19	5.32	4.45	3.31	2.46	1.64	0.61	0.21	0.06	0.02	0.00
1.20	11.90	8.71	7.75	7.07	6.50	5.56	4.63	3.41	2.51	1.64	0.58	0.18	0.05	0.02	0.00
1.25	12.62	9.19	8.16	7.42	6.81	5.81	4.81	3.52	2.56	1.65	0.55	0.16	0.04	0.01	0.00
1.30	13.37	9.67	8.57	7.78	7.13	6.06	4.99	3.62	2.61	1.65	0.52	0.14	0.03	0.01	0.00
1.35	14.13	10.17	9.00	8.15	7.46	6.31	5.18	3.72	2.65	1.65	0.49	0.12	0.02	0.01	0.00
1.40	14.91	10.68	9.43	8.53	7.79	6.56	5.36	3.81	2.69	1.64	0.46	0.11	0.02	0.00	0.00
1.45	15.71	11.20	9.86	8.91	8.12	6.82	5.54	3.91	2.73	1.64	0.43	0.09	0.01	0.00	0.00
1.50	16.53	11.73	10.31	9.29	8.45	7.08	5.73	4.01	2.77	1.63	0.41	0.08	0.01	0.00	0.00

（四）$C_s = 2.5C_v$

$P/\%$ C_v	0.01	0.1	0.2	0.33	0.5	1	2	5	10	20	50	75	90	95	99
0.05	1.20	1.16	1.15	1.14	1.13	1.12	1.11	1.08	1.06	1.04	1.00	0.97	0.94	0.92	0.89
0.10	1.43	1.34	1.32	1.30	1.28	1.25	1.22	1.17	1.13	1.08	1.00	0.93	0.87	0.84	0.79
0.15	1.68	1.54	1.50	1.47	1.44	1.39	1.34	1.26	1.20	1.12	0.99	0.89	0.81	0.77	0.69
0.20	1.96	1.76	1.70	1.65	1.61	1.54	1.46	1.35	1.26	1.16	0.98	0.86	0.76	0.70	0.61
0.25	2.28	2.00	1.91	1.84	1.79	1.69	1.59	1.45	1.33	1.20	0.97	0.82	0.70	0.64	0.53
0.30	2.62	2.25	2.14	2.05	1.98	1.86	1.73	1.55	1.40	1.24	0.96	0.78	0.65	0.58	0.47
0.35	2.99	2.52	2.38	2.27	2.18	2.03	1.87	1.65	1.47	1.27	0.95	0.74	0.60	0.52	0.41
0.40	3.38	2.81	2.64	2.51	2.40	2.21	2.02	1.75	1.54	1.30	0.93	0.71	0.55	0.47	0.36
0.45	3.81	3.12	2.91	2.75	2.62	2.40	2.17	1.85	1.60	1.33	0.92	0.67	0.50	0.43	0.32
0.50	4.26	3.44	3.19	3.01	2.85	2.59	2.32	1.96	1.67	1.36	0.90	0.63	0.46	0.39	0.29
0.55	4.75	3.78	3.49	3.27	3.09	2.79	2.48	2.06	1.74	1.39	0.88	0.60	0.42	0.35	0.27
0.60	5.26	4.14	3.80	3.55	3.35	3.00	2.65	2.17	1.80	1.41	0.86	0.56	0.39	0.32	0.25
0.65	5.79	4.51	4.12	3.84	3.61	3.21	2.81	2.28	1.86	1.44	0.83	0.53	0.36	0.30	0.23
0.70	6.36	4.90	4.46	4.14	3.88	3.43	2.98	2.38	1.92	1.46	0.81	0.49	0.33	0.27	0.22
0.75	6.95	5.31	4.81	4.45	4.15	3.65	3.15	2.49	1.98	1.47	0.78	0.46	0.31	0.26	0.21
0.80	7.57	5.73	5.17	4.77	4.44	3.88	3.33	2.60	2.04	1.49	0.75	0.43	0.28	0.24	0.21
0.85	8.21	6.16	5.54	5.10	4.73	4.12	3.51	2.70	2.10	1.50	0.73	0.40	0.27	0.23	0.20
0.90	8.88	6.61	5.93	5.44	5.03	4.36	3.69	2.81	2.15	1.51	0.70	0.38	0.25	0.22	0.20
0.95	9.58	7.07	6.32	5.78	5.34	4.60	3.87	2.91	2.20	1.51	0.67	0.35	0.24	0.21	0.20
1.00	10.30	7.55	6.73	6.14	5.65	4.85	4.05	3.01	2.25	1.52	0.64	0.33	0.23	0.21	0.20
1.05	11.04	8.04	7.14	6.50	5.97	5.10	4.23	3.11	2.30	1.52	0.61	0.31	0.22	0.21	0.20

C_v ＼ $P/\%$	0.01	0.1	0.2	0.33	0.5	1	2	5	10	20	50	75	90	95	99
1.10	11.81	8.54	7.57	6.87	6.30	5.35	4.41	3.21	2.34	1.52	0.58	0.29	0.22	0.20	0.20
1.15	12.61	9.06	8.00	7.25	6.63	5.60	4.60	3.31	2.38	1.51	0.55	0.28	0.21	0.20	0.20
1.20	13.43	9.58	8.45	7.63	6.96	5.86	4.78	3.40	2.42	1.50	0.53	0.26	0.21	0.20	0.20
1.25	14.27	10.12	8.90	8.02	7.30	6.12	4.97	3.50	2.45	1.49	0.50	0.25	0.21	0.20	0.20
1.30	15.13	10.67	9.36	8.42	7.65	6.38	5.15	3.59	2.48	1.48	0.47	0.24	0.20	0.20	0.20
1.35	16.01	11.24	9.83	8.82	8.00	6.65	5.33	3.67	2.51	1.47	0.45	0.23	0.20	0.20	0.20
1.40	16.92	11.81	10.30	9.23	8.35	6.91	5.52	3.76	2.53	1.45	0.42	0.23	0.20	0.20	0.20
1.45	17.85	12.39	10.79	9.65	8.71	7.18	5.70	3.84	2.56	1.43	0.40	0.22	0.20	0.20	0.20
1.50	18.80	12.99	11.28	10.07	9.07	7.45	5.88	3.92	2.57	1.41	0.38	0.21	0.20	0.20	0.20

（五）$C_s = 3C_v$

C_v ＼ $P/\%$	0.01	0.1	0.2	0.33	0.5	1	2	5	10	20	50	75	90	95	99
0.05	1.20	1.17	1.15	1.14	1.14	1.12	1.11	1.08	1.06	1.04	1.00	0.97	0.94	0.92	0.89
0.10	1.44	1.35	1.32	1.30	1.29	1.25	1.22	1.17	1.13	1.08	1.00	0.93	0.88	0.84	0.79
0.15	1.71	1.56	1.51	1.48	1.45	1.40	1.34	1.26	1.20	1.12	0.99	0.89	0.82	0.77	0.70
0.20	2.01	1.79	1.72	1.67	1.63	1.55	1.47	1.36	1.27	1.16	0.98	0.86	0.76	0.71	0.62
0.25	2.35	2.04	1.95	1.88	1.82	1.71	1.61	1.46	1.33	1.20	0.97	0.82	0.71	0.65	0.56
0.30	2.72	2.32	2.19	2.10	2.02	1.89	1.75	1.56	1.40	1.23	0.96	0.78	0.66	0.59	0.50
0.35	3.12	2.61	2.45	2.33	2.24	2.07	1.90	1.66	1.47	1.26	0.94	0.74	0.61	0.55	0.46
0.40	3.56	2.93	2.73	2.59	2.46	2.26	2.05	1.76	1.54	1.29	0.92	0.71	0.57	0.50	0.42
0.45	4.04	3.26	3.02	2.85	2.70	2.46	2.21	1.87	1.60	1.32	0.90	0.67	0.53	0.47	0.39
0.50	4.55	3.62	3.33	3.13	2.95	2.67	2.37	1.98	1.67	1.35	0.88	0.63	0.49	0.43	0.37
0.55	5.09	3.99	3.66	3.42	3.22	2.88	2.54	2.08	1.73	1.37	0.86	0.60	0.46	0.41	0.36
0.60	5.66	4.39	4.00	3.72	3.49	3.10	2.71	2.19	1.79	1.39	0.83	0.57	0.43	0.39	0.35
0.65	6.26	4.80	4.35	4.04	3.77	3.33	2.88	2.30	1.85	1.40	0.80	0.54	0.41	0.37	0.34
0.70	6.90	5.23	4.72	4.36	4.06	3.56	3.06	2.40	1.91	1.41	0.78	0.51	0.39	0.36	0.34
0.75	7.57	5.67	5.11	4.70	4.36	3.80	3.24	2.51	1.96	1.42	0.75	0.48	0.38	0.35	0.34
0.80	8.27	6.14	5.50	5.05	4.67	4.04	3.42	2.61	2.01	1.43	0.72	0.46	0.36	0.34	0.33
0.85	9.00	6.62	5.91	5.40	4.98	4.29	3.60	2.71	2.06	1.43	0.69	0.43	0.36	0.34	0.33
0.90	9.75	7.11	6.33	5.77	5.30	4.54	3.78	2.81	2.10	1.43	0.66	0.42	0.35	0.34	0.33
0.95	10.54	7.63	6.76	6.14	5.63	4.79	3.97	2.91	2.14	1.43	0.63	0.40	0.34	0.34	0.33
1.00	11.35	8.15	7.21	6.53	5.97	5.05	4.15	3.00	2.18	1.42	0.60	0.38	0.34	0.33	0.33
1.05	12.20	8.69	7.66	6.92	6.31	5.31	4.34	3.10	2.21	1.41	0.58	0.37	0.34	0.33	0.33
1.10	13.07	9.25	8.12	7.32	6.66	5.58	4.52	3.19	2.24	1.40	0.55	0.36	0.34	0.33	0.33
1.15	13.96	9.81	8.59	7.72	7.01	5.84	4.70	3.27	2.27	1.38	0.53	0.36	0.33	0.33	0.33
1.20	14.89	10.40	9.08	8.14	7.37	6.11	4.89	3.36	2.29	1.36	0.50	0.35	0.33	0.33	0.33
1.25	15.84	10.99	9.57	8.56	7.73	6.37	5.07	3.44	2.31	1.34	0.48	0.35	0.33	0.33	0.33
1.30	16.81	11.59	10.07	8.98	8.09	6.64	5.25	3.51	2.33	1.32	0.46	0.34	0.33	0.33	0.33
1.35	17.81	12.21	10.57	9.41	8.46	6.91	5.42	3.58	2.34	1.29	0.44	0.34	0.33	0.33	0.33
1.40	18.84	12.84	11.09	9.85	8.83	7.18	5.60	3.65	2.35	1.27	0.43	0.34	0.33	0.33	0.33
1.45	19.88	13.48	11.61	10.29	9.21	7.45	5.77	3.72	2.35	1.24	0.41	0.34	0.33	0.33	0.33
1.50	20.96	14.13	12.14	10.73	9.59	7.72	5.95	3.78	2.35	1.21	0.40	0.34	0.33	0.33	0.33

续表

C_v \ $P/\%$	0.01	0.1	0.2	0.33	0.5	1	2	5	10	20	50	75	90	95	99
（六）$C_s=3.5C_v$															
0.05	1.20	1.17	1.15	1.15	1.14	1.12	1.11	1.08	1.06	1.04	1.00	0.97	0.94	0.92	0.89
0.10	1.45	1.36	1.33	1.31	1.29	1.26	1.22	1.17	1.13	1.08	0.99	0.93	0.88	0.85	0.79
0.15	1.73	1.58	1.53	1.49	1.46	1.41	1.35	1.27	1.20	1.12	0.99	0.89	0.82	0.78	0.71
0.20	2.05	1.82	1.75	1.69	1.64	1.56	1.48	1.36	1.27	1.16	0.98	0.86	0.76	0.72	0.64
0.25	2.42	2.09	1.98	1.91	1.84	1.74	1.62	1.46	1.33	1.19	0.96	0.82	0.71	0.66	0.58
0.30	2.82	2.38	2.24	2.14	2.06	1.92	1.77	1.57	1.40	1.23	0.95	0.78	0.66	0.61	0.53
0.35	3.26	2.70	2.52	2.40	2.29	2.11	1.92	1.67	1.47	1.26	0.93	0.74	0.62	0.57	0.50
0.40	3.75	3.04	2.82	2.66	2.53	2.31	2.08	1.78	1.53	1.28	0.91	0.71	0.58	0.53	0.47
0.45	4.27	3.40	3.14	2.95	2.79	2.52	2.25	1.88	1.60	1.31	0.89	0.67	0.55	0.50	0.45
0.50	4.83	3.79	3.47	3.24	3.05	2.74	2.42	1.99	1.66	1.33	0.86	0.64	0.52	0.48	0.44
0.55	5.42	4.19	3.82	3.56	3.33	2.96	2.59	2.09	1.72	1.34	0.84	0.61	0.50	0.46	0.44
0.60	6.06	4.62	4.19	3.88	3.62	3.19	2.77	2.20	1.78	1.36	0.81	0.58	0.48	0.45	0.43
0.65	6.73	5.07	4.58	4.22	3.92	3.43	2.94	2.31	1.83	1.36	0.78	0.55	0.46	0.44	0.43
0.70	7.43	5.54	4.97	4.57	4.23	3.68	3.13	2.41	1.88	1.37	0.75	0.53	0.45	0.44	0.43
0.75	8.17	6.03	5.39	4.93	4.55	3.93	3.31	2.51	1.93	1.37	0.72	0.51	0.44	0.43	0.43
0.80	8.95	6.53	5.81	5.30	4.88	4.18	3.49	2.61	1.97	1.37	0.69	0.49	0.44	0.43	0.43
0.85	9.76	7.05	6.25	5.68	5.21	4.44	3.68	2.70	2.01	1.36	0.66	0.47	0.43	0.43	0.43
0.90	10.60	7.59	6.71	6.07	5.55	4.70	3.86	2.80	2.04	1.35	0.64	0.46	0.43	0.43	0.43
0.95	11.47	8.15	7.17	6.47	5.90	4.96	4.04	2.89	2.07	1.34	0.61	0.45	0.43	0.43	0.43
1.00	12.37	8.72	7.65	6.88	6.25	5.22	4.23	2.97	2.10	1.32	0.59	0.45	0.43	0.43	0.43
1.05	13.31	9.31	8.13	7.30	6.61	5.49	4.41	3.05	2.12	1.30	0.56	0.44	0.43	0.43	0.43
1.10	14.27	9.91	8.63	7.72	6.97	5.76	4.59	3.13	2.13	1.28	0.54	0.44	0.43	0.43	0.43
1.15	15.27	10.52	9.13	8.15	7.34	6.03	4.77	3.20	2.15	1.25	0.53	0.43	0.43	0.43	0.43
1.20	16.29	11.15	9.65	8.58	7.71	6.30	4.94	3.27	2.15	1.23	0.51	0.43	0.43	0.43	0.43
1.25	17.34	11.79	10.17	9.02	8.09	6.57	5.12	3.34	2.16	1.20	0.50	0.43	0.43	0.43	0.43
1.30	18.42	12.44	10.70	9.47	8.47	6.84	5.29	3.40	2.16	1.17	0.48	0.43	0.43	0.43	0.43
1.35	19.52	13.10	11.24	9.92	8.85	7.11	5.46	3.45	2.15	1.14	0.47	0.43	0.43	0.43	0.43
1.40	20.66	13.78	11.79	10.38	9.23	7.38	5.62	3.51	2.14	1.10	0.46	0.43	0.43	0.43	0.43
1.45	21.81	14.47	12.34	10.84	9.62	7.65	5.78	3.55	2.13	1.07	0.46	0.43	0.43	0.43	0.43
1.50	23.00	15.16	12.90	11.30	10.00	7.91	5.94	3.59	2.11	1.03	0.45	0.43	0.43	0.43	0.43
（七）$C_s=4C_v$															
0.05	1.21	1.17	1.16	1.15	1.14	1.12	1.11	1.08	1.07	1.04	1.00	0.97	0.94	0.92	0.89
0.10	1.46	1.37	1.34	1.31	1.29	1.26	1.23	1.18	1.13	1.08	0.99	0.93	0.88	0.85	0.80
0.15	1.76	1.59	1.54	1.50	1.47	1.41	1.35	1.27	1.20	1.12	0.99	0.89	0.82	0.78	0.72
0.20	2.10	1.85	1.77	1.71	1.66	1.58	1.49	1.37	1.27	1.16	0.97	0.85	0.77	0.72	0.65
0.25	2.49	2.13	2.02	1.94	1.87	1.76	1.64	1.47	1.34	1.19	0.96	0.82	0.72	0.67	0.60
0.30	2.92	2.44	2.30	2.19	2.10	1.94	1.79	1.57	1.40	1.22	0.94	0.78	0.67	0.63	0.57
0.35	3.40	2.78	2.59	2.46	2.34	2.14	1.95	1.68	1.47	1.25	0.92	0.74	0.64	0.59	0.54
0.40	3.93	3.15	2.91	2.74	2.60	2.36	2.11	1.78	1.53	1.27	0.90	0.71	0.60	0.56	0.52
0.45	4.49	3.54	3.25	3.04	2.87	2.57	2.28	1.89	1.59	1.29	0.87	0.67	0.57	0.54	0.51
0.50	5.11	3.95	3.61	3.36	3.15	2.80	2.46	2.00	1.65	1.30	0.85	0.64	0.55	0.53	0.51

续表

$P/\%$ C_v	0.01	0.1	0.2	0.33	0.5	1	2	5	10	20	50	75	90	95	99
0.55	5.76	4.39	3.98	3.69	3.44	3.04	2.63	2.10	1.71	1.32	0.82	0.62	0.54	0.52	0.50
0.60	6.45	4.85	4.38	4.03	3.75	3.28	2.81	2.21	1.76	1.32	0.79	0.59	0.52	0.51	0.50
0.65	7.18	5.34	4.79	4.39	4.07	3.53	3.00	2.31	1.80	1.32	0.76	0.57	0.51	0.50	0.50
0.70	7.96	5.84	5.21	4.76	4.39	3.78	3.18	2.41	1.85	1.32	0.73	0.55	0.51	0.50	0.50
0.75	8.77	6.36	5.65	5.15	4.73	4.04	3.36	2.50	1.89	1.32	0.70	0.54	0.50	0.50	0.50
0.80	9.61	6.91	6.11	5.54	5.07	4.30	3.55	2.59	1.92	1.30	0.68	0.53	0.50	0.50	0.50
0.85	10.50	7.47	6.58	5.94	5.42	4.56	3.73	2.68	1.95	1.29	0.65	0.52	0.50	0.50	0.50
0.90	11.42	8.05	7.06	6.35	5.78	4.83	3.91	2.77	1.97	1.27	0.63	0.51	0.50	0.50	0.50
0.95	12.37	8.64	7.55	6.77	6.14	5.10	4.10	2.85	1.99	1.25	0.61	0.51	0.50	0.50	0.50
1.00	13.36	9.25	8.05	7.20	6.50	5.37	4.27	2.92	2.00	1.23	0.59	0.51	0.50	0.50	0.50
1.05	14.38	9.88	8.57	7.64	6.88	5.64	4.45	2.99	2.01	1.20	0.57	0.50	0.50	0.50	0.50
1.10	15.43	10.52	9.09	8.08	7.25	5.91	4.62	3.05	2.01	1.17	0.56	0.50	0.50	0.50	0.50
1.15	16.51	11.18	9.62	8.52	7.63	6.18	4.79	3.11	2.01	1.14	0.54	0.50	0.50	0.50	0.50
1.20	17.63	11.84	10.16	8.98	8.01	6.45	4.96	3.17	2.00	1.11	0.53	0.50	0.50	0.50	0.50
1.25	18.78	12.52	10.71	9.43	8.40	6.72	5.13	3.22	1.99	1.07	0.53	0.50	0.50	0.50	0.50
1.30	19.95	13.22	11.27	9.90	8.78	6.98	5.28	3.26	1.98	1.04	0.52	0.50	0.50	0.50	0.50
1.35	21.15	13.92	11.84	10.36	9.17	7.25	5.44	3.30	1.96	1.00	0.51	0.50	0.50	0.50	0.50
1.40	22.39	14.64	12.41	10.83	9.56	7.51	5.59	3.33	1.94	0.97	0.51	0.50	0.50	0.50	0.50
1.45	23.65	15.37	12.98	11.31	9.95	7.77	5.74	3.36	1.91	0.93	0.51	0.50	0.50	0.50	0.50
1.50	24.93	16.10	13.56	11.78	10.34	8.03	5.88	3.38	1.88	0.90	0.51	0.50	0.50	0.50	0.50

（八）$C_s = 5C_v$

$P/\%$ C_v	0.01	0.1	0.2	0.33	0.5	1	2	5	10	20	50	75	90	95	99
0.05	1.21	1.17	1.16	1.15	1.14	1.13	1.11	1.09	1.07	1.04	1.00	0.97	0.94	0.92	0.89
0.10	1.48	1.38	1.35	1.32	1.30	1.27	1.23	1.18	1.13	1.08	0.99	0.93	0.88	0.85	0.80
0.15	1.81	1.63	1.57	1.53	1.49	1.43	1.36	1.27	1.20	1.12	0.98	0.89	0.82	0.79	0.73
0.20	2.19	1.91	1.82	1.75	1.70	1.60	1.51	1.38	1.27	1.15	0.97	0.85	0.77	0.74	0.68
0.25	2.63	2.22	2.10	2.00	1.93	1.80	1.66	1.48	1.33	1.18	0.95	0.82	0.73	0.69	0.65
0.30	3.13	2.57	2.40	2.28	2.17	2.00	1.82	1.59	1.40	1.21	0.93	0.78	0.69	0.66	0.62
0.35	3.68	2.95	2.73	2.57	2.44	2.22	1.99	1.69	1.46	1.23	0.90	0.75	0.66	0.64	0.61
0.40	4.28	3.36	3.09	2.89	2.72	2.44	2.16	1.80	1.52	1.24	0.88	0.72	0.64	0.62	0.60
0.45	4.94	3.80	3.46	3.22	3.02	2.68	2.34	1.90	1.58	1.25	0.85	0.69	0.63	0.61	0.60
0.50	5.65	4.27	3.86	3.57	3.33	2.92	2.52	2.01	1.63	1.26	0.82	0.66	0.61	0.60	0.60
0.55	6.41	4.77	4.28	3.94	3.65	3.17	2.71	2.11	1.67	1.26	0.79	0.65	0.61	0.60	0.60
0.60	7.21	5.29	4.72	4.32	3.98	3.43	2.89	2.20	1.71	1.25	0.76	0.63	0.60	0.60	0.60
0.65	8.06	5.84	5.18	4.71	4.33	3.69	3.08	2.29	1.74	1.24	0.74	0.62	0.60	0.60	0.60
0.70	8.96	6.40	5.65	5.12	4.68	3.96	3.26	2.38	1.77	1.23	0.71	0.61	0.60	0.60	0.60
0.75	9.90	6.99	6.14	5.53	5.04	4.22	3.44	2.46	1.79	1.20	0.69	0.61	0.60	0.60	0.60
0.80	10.89	7.60	6.64	5.96	5.40	4.49	3.62	2.54	1.80	1.18	0.67	0.60	0.60	0.60	0.60
0.85	11.91	8.23	7.16	6.40	5.77	4.76	3.80	2.61	1.81	1.15	0.65	0.60	0.60	0.60	0.60
0.90	12.97	8.88	7.68	6.84	6.15	5.03	3.97	2.67	1.81	1.12	0.64	0.60	0.60	0.60	0.60
0.95	14.08	9.54	8.22	7.29	6.53	5.30	4.14	2.72	1.81	1.09	0.63	0.60	0.60	0.60	0.60
1.00	15.22	10.22	8.77	7.75	6.92	5.57	4.30	2.77	1.80	1.06	0.62	0.60	0.60	0.60	0.60
1.05	16.40	10.91	9.33	8.21	7.30	5.84	4.46	2.82	1.78	1.02	0.61	0.60	0.60	0.60	0.60

C_v \ $P/\%$	0.01	0.1	0.2	0.33	0.5	1	2	5	10	20	50	75	90	95	99
1.10	17.61	11.62	9.90	8.68	7.69	6.10	4.61	2.85	1.76	0.99	0.61	0.60	0.60	0.60	0.60
1.15	18.86	12.35	10.47	9.15	8.08	6.37	4.76	2.88	1.74	0.95	0.61	0.60	0.60	0.60	0.60
1.20	20.15	13.08	11.05	9.62	8.47	6.62	4.90	2.90	1.71	0.92	0.60	0.60	0.60	0.60	0.60
1.25	21.47	13.83	11.64	10.10	8.86	6.88	5.04	2.92	1.67	0.89	0.60	0.60	0.60	0.60	0.60

（九）$C_s = 6C_v$

C_v \ $P/\%$	0.01	0.1	0.2	0.33	0.5	1	2	5	10	20	50	75	90	95	99
0.05	1.22	1.18	1.16	1.15	1.14	1.13	1.11	1.09	1.07	1.04	1.00	0.97	0.94	0.92	0.89
0.10	1.50	1.40	1.36	1.34	1.31	1.28	1.24	1.18	1.13	1.08	0.99	0.93	0.88	0.85	0.81
0.15	1.86	1.66	1.60	1.55	1.51	1.44	1.37	1.28	1.20	1.12	0.98	0.89	0.83	0.80	0.75
0.20	2.28	1.96	1.86	1.79	1.73	1.63	1.53	1.38	1.27	1.15	0.96	0.85	0.78	0.75	0.71
0.25	2.77	2.31	2.17	2.06	1.98	1.83	1.69	1.49	1.33	1.17	0.94	0.82	0.75	0.72	0.69
0.30	3.33	2.69	2.50	2.36	2.24	2.05	1.85	1.59	1.40	1.19	0.92	0.78	0.72	0.69	0.67
0.35	3.95	3.11	2.86	2.68	2.53	2.28	2.03	1.70	1.45	1.21	0.89	0.75	0.70	0.68	0.67
0.40	4.63	3.57	3.25	3.02	2.83	2.52	2.21	1.80	1.50	1.21	0.86	0.73	0.68	0.67	0.67
0.45	5.38	4.06	3.67	3.38	3.15	2.77	2.39	1.91	1.55	1.22	0.83	0.71	0.67	0.67	0.67
0.50	6.18	4.58	4.10	3.76	3.48	3.03	2.58	2.00	1.59	1.21	0.80	0.69	0.67	0.67	0.67
0.55	7.03	5.12	4.56	4.16	3.83	3.29	2.76	2.09	1.62	1.20	0.78	0.68	0.67	0.67	0.67
0.60	7.94	5.70	5.04	4.57	4.18	3.55	2.94	2.18	1.65	1.18	0.75	0.68	0.67	0.67	0.67
0.65	8.91	6.30	5.53	4.99	4.55	3.82	3.12	2.26	1.66	1.16	0.73	0.67	0.67	0.67	0.67
0.70	9.92	6.92	6.04	5.42	4.92	4.09	3.30	2.33	1.67	1.13	0.71	0.67	0.67	0.67	0.67
0.75	10.98	7.56	6.57	5.87	5.29	4.36	3.47	2.39	1.67	1.10	0.70	0.67	0.67	0.67	0.67
0.80	12.09	8.23	7.11	6.32	5.67	4.63	3.64	2.45	1.67	1.07	0.69	0.67	0.67	0.67	0.67
0.85	13.24	8.91	7.66	6.78	6.06	4.90	3.80	2.49	1.66	1.04	0.68	0.67	0.67	0.67	0.67
0.90	14.44	9.62	8.22	7.24	6.45	5.17	3.96	2.53	1.64	1.00	0.68	0.67	0.67	0.67	0.67
0.95	15.68	10.33	8.80	7.71	6.84	5.43	4.11	2.56	1.62	0.97	0.67	0.67	0.67	0.67	0.67
1.00	16.96	11.07	9.38	8.19	7.23	5.69	4.25	2.59	1.59	0.93	0.67	0.67	0.67	0.67	0.67
1.05	18.28	11.82	9.97	8.67	7.62	5.94	4.39	2.60	1.56	0.90	0.67	0.67	0.67	0.67	0.67

t/k $\backslash$ n	1.0	1.1	1.2	1.3	1.4	1.5	1.6	1.7	1.8	1.9	2.0	2.1	2.2	2.3	2.4	2.5	2.6	2.7	2.8	2.9	3.0
0	0	0	0	0	0	0	0	0	0	0	0	0	0	0	0	0	0	0	0	0	0
0.1	0.095	0.072	0.054	0.041	0.030	0.022	0.017	0.012	0.009	0.006	0.005	0.003	0.002	0.002	0.001	0.001	0.001	0.000	0.000	0.000	0.000
0.2	0.181	0.147	0.118	0.095	0.075	0.060	0.047	0.037	0.029	0.023	0.018	0.014	0.010	0.008	0.006	0.005	0.004	0.003	0.002	0.002	0.001
0.3	0.259	0.218	0.182	0.152	0.126	0.104	0.085	0.069	0.056	0.046	0.037	0.030	0.024	0.019	0.015	0.012	0.009	0.007	0.006	0.005	0.004
0.4	0.330	0.285	0.245	0.209	0.178	0.151	0.127	0.107	0.089	0.074	0.062	0.051	0.042	0.034	0.028	0.023	0.019	0.015	0.012	0.010	0.008
0.5	0.393	0.347	0.304	0.265	0.230	0.199	0.171	0.147	0.125	0.106	0.090	0.076	0.064	0.054	0.045	0.037	0.031	0.026	0.021	0.018	0.014
0.6	0.451	0.404	0.359	0.319	0.281	0.247	0.216	0.188	0.164	0.141	0.122	0.105	0.090	0.076	0.065	0.055	0.047	0.039	0.033	0.028	0.023
0.7	0.503	0.456	0.412	0.370	0.331	0.294	0.261	0.231	0.203	0.178	0.156	0.136	0.118	0.102	0.088	0.076	0.065	0.056	0.047	0.040	0.034
0.8	0.551	0.505	0.460	0.418	0.378	0.341	0.306	0.273	0.243	0.216	0.191	0.169	0.148	0.130	0.113	0.099	0.086	0.074	0.064	0.055	0.047
0.9	0.593	0.549	0.505	0.463	0.423	0.385	0.349	0.315	0.284	0.255	0.228	0.203	0.180	0.159	0.141	0.124	0.109	0.095	0.083	0.072	0.063
1.0	0.632	0.589	0.547	0.506	0.466	0.428	0.391	0.356	0.324	0.293	0.264	0.238	0.213	0.190	0.170	0.151	0.134	0.118	0.104	0.092	0.080
1.1	0.667	0.626	0.585	0.545	0.506	0.468	0.431	0.396	0.363	0.331	0.301	0.273	0.247	0.222	0.200	0.179	0.160	0.143	0.127	0.113	0.100
1.2	0.699	0.660	0.621	0.582	0.544	0.506	0.470	0.435	0.401	0.368	0.337	0.308	0.281	0.255	0.231	0.209	0.188	0.169	0.151	0.135	0.121
1.3	0.727	0.691	0.654	0.616	0.579	0.543	0.507	0.471	0.437	0.405	0.373	0.343	0.315	0.288	0.262	0.239	0.216	0.196	0.177	0.159	0.143
1.4	0.753	0.719	0.684	0.648	0.612	0.577	0.541	0.507	0.473	0.440	0.408	0.378	0.348	0.321	0.294	0.269	0.246	0.224	0.203	0.184	0.167
1.5	0.777	0.744	0.711	0.677	0.643	0.608	0.574	0.540	0.507	0.474	0.442	0.411	0.382	0.353	0.326	0.300	0.275	0.252	0.231	0.210	0.191
1.6	0.798	0.768	0.736	0.704	0.671	0.638	0.605	0.572	0.539	0.507	0.475	0.444	0.414	0.385	0.357	0.331	0.305	0.281	0.258	0.237	0.217
1.7	0.817	0.789	0.759	0.729	0.698	0.666	0.634	0.602	0.570	0.538	0.507	0.476	0.446	0.417	0.389	0.361	0.335	0.310	0.287	0.264	0.243
1.8	0.835	0.808	0.781	0.752	0.722	0.692	0.661	0.630	0.599	0.568	0.537	0.507	0.477	0.448	0.419	0.392	0.365	0.340	0.315	0.292	0.269
1.9	0.850	0.826	0.800	0.773	0.745	0.716	0.687	0.657	0.627	0.596	0.566	0.536	0.507	0.478	0.449	0.421	0.395	0.368	0.343	0.319	0.296
2.0	0.865	0.842	0.818	0.792	0.766	0.739	0.710	0.682	0.653	0.623	0.594	0.565	0.536	0.507	0.478	0.451	0.423	0.397	0.372	0.347	0.323

续表

t/k \ n	3.0	2.9	2.8	2.7	2.6	2.5	2.4	2.3	2.2	2.1	2.0	1.9	1.8	1.7	1.6	1.5	1.4	1.3	1.2	1.1	1.0
2.1	0.350	0.375	0.400	0.425	0.452	0.479	0.507	0.535	0.563	0.592	0.620	0.649	0.677	0.705	0.733	0.759	0.785	0.810	0.834	0.856	0.878
2.2	0.377	0.402	0.427	0.453	0.480	0.507	0.534	0.562	0.590	0.618	0.645	0.673	0.700	0.727	0.753	0.779	0.803	0.826	0.849	0.870	0.889
2.3	0.404	0.429	0.454	0.480	0.507	0.533	0.560	0.588	0.615	0.642	0.669	0.696	0.722	0.748	0.772	0.796	0.819	0.841	0.862	0.882	0.900
2.4	0.430	0.455	0.481	0.507	0.533	0.559	0.586	0.613	0.639	0.665	0.692	0.717	0.742	0.767	0.790	0.813	0.835	0.855	0.875	0.893	0.909
2.5	0.456	0.481	0.506	0.532	0.558	0.584	0.610	0.636	0.662	0.688	0.713	0.737	0.761	0.784	0.807	0.828	0.849	0.868	0.886	0.902	0.918
2.6	0.482	0.506	0.532	0.557	0.582	0.608	0.634	0.659	0.684	0.708	0.733	0.756	0.779	0.801	0.822	0.842	0.861	0.879	0.896	0.912	0.926
2.7	0.506	0.531	0.556	0.581	0.606	0.631	0.656	0.680	0.704	0.728	0.751	0.774	0.796	0.816	0.836	0.855	0.873	0.890	0.905	0.920	0.933
2.8	0.531	0.555	0.579	0.604	0.629	0.653	0.677	0.701	0.724	0.747	0.769	0.790	0.811	0.831	0.849	0.867	0.884	0.899	0.914	0.927	0.939
2.9	0.554	0.578	0.602	0.626	0.650	0.674	0.697	0.720	0.742	0.764	0.785	0.806	0.825	0.844	0.862	0.878	0.894	0.908	0.922	0.934	0.945
3.0	0.577	0.600	0.624	0.648	0.671	0.694	0.716	0.738	0.760	0.781	0.801	0.820	0.839	0.856	0.873	0.888	0.903	0.916	0.929	0.940	0.950
3.1	0.599	0.622	0.645	0.668	0.691	0.713	0.734	0.756	0.776	0.796	0.815	0.834	0.851	0.868	0.883	0.898	0.911	0.924	0.935	0.946	0.955
3.2	0.620	0.643	0.665	0.688	0.709	0.731	0.752	0.772	0.792	0.811	0.829	0.846	0.863	0.878	0.893	0.906	0.919	0.930	0.941	0.951	0.959
3.3	0.641	0.663	0.685	0.706	0.727	0.748	0.768	0.787	0.806	0.824	0.841	0.858	0.873	0.888	0.902	0.914	0.926	0.937	0.946	0.955	0.963
3.4	0.660	0.682	0.703	0.724	0.744	0.764	0.783	0.802	0.820	0.837	0.853	0.869	0.883	0.897	0.910	0.921	0.932	0.942	0.951	0.959	0.967
3.5	0.679	0.700	0.721	0.741	0.760	0.779	0.798	0.815	0.832	0.849	0.864	0.879	0.892	0.905	0.917	0.928	0.938	0.947	0.956	0.963	0.970
3.6	0.697	0.718	0.737	0.757	0.776	0.794	0.811	0.828	0.844	0.860	0.874	0.888	0.901	0.913	0.924	0.934	0.944	0.952	0.960	0.967	0.973
3.7	0.715	0.734	0.753	0.772	0.790	0.807	0.824	0.840	0.856	0.870	0.884	0.897	0.909	0.920	0.930	0.940	0.948	0.956	0.963	0.970	0.975
3.8	0.731	0.750	0.768	0.786	0.804	0.820	0.836	0.851	0.866	0.880	0.893	0.905	0.916	0.926	0.936	0.945	0.953	0.960	0.967	0.973	0.978
3.9	0.747	0.765	0.783	0.800	0.817	0.832	0.848	0.862	0.876	0.889	0.901	0.912	0.923	0.932	0.941	0.950	0.957	0.964	0.970	0.975	0.980
4.0	0.762	0.779	0.796	0.813	0.829	0.844	0.858	0.872	0.885	0.897	0.908	0.919	0.929	0.938	0.946	0.954	0.961	0.967	0.973	0.977	0.982
4.2	0.790	0.806	0.822	0.837	0.851	0.864	0.877	0.890	0.901	0.912	0.922	0.931	0.940	0.948	0.955	0.962	0.967	0.973	0.977	0.981	0.985
4.4	0.815	0.830	0.844	0.857	0.870	0.883	0.894	0.905	0.915	0.925	0.934	0.942	0.949	0.956	0.962	0.968	0.973	0.978	0.981	0.985	0.988
4.6	0.837	0.851	0.864	0.876	0.888	0.899	0.909	0.919	0.928	0.936	0.944	0.951	0.957	0.963	0.968	0.973	0.978	0.981	0.985	0.987	0.990
4.8	0.857	0.870	0.881	0.892	0.903	0.913	0.922	0.930	0.938	0.946	0.952	0.958	0.964	0.969	0.974	0.978	0.981	0.985	0.987	0.990	0.992
5.0	0.875	0.886	0.897	0.907	0.916	0.925	0.933	0.940	0.947	0.954	0.960	0.965	0.970	0.974	0.978	0.981	0.984	0.987	0.990	0.992	0.993
5.5	0.912	0.920	0.928	0.935	0.942	0.949	0.955	0.960	0.965	0.969	0.973	0.977	0.980	0.983	0.986	0.988	0.990	0.992	0.994	0.995	0.996
6.0	0.938	0.944	0.950	0.956	0.961	0.965	0.969	0.973	0.977	0.980	0.983	0.985	0.987	0.989	0.991	0.993	0.994	0.995	0.996	0.997	0.998
7.0	0.970	0.974	0.977	0.980	0.982	0.984	0.986	0.988	0.990	0.991	0.993	0.994	0.995	0.996	0.996	0.997	0.998	0.998	0.998	0.999	0.999
8.0	0.986	0.988	0.989	0.991	0.992	0.993	0.994	0.995	0.996	0.996	0.997	0.997	0.998	0.998	0.999	0.999	0.999	0.999	0.999		
9.0	0.994	0.995	0.995	0.996	0.997	0.997	0.997	0.998	0.998	0.999	0.999	0.999	0.999	0.999	0.999						

续表

t/k \ n	3.0	3.1	3.2	3.3	3.4	3.5	3.6	3.7	3.8	3.9	4.0	4.1	4.2	4.3	4.4	4.5	4.6	4.7	4.8	4.9	5.0
0	0	0	0	0	0	0	0	0	0	0	0	0	0	0	0	0	0	0	0	0	0
0.5	0.014	0.012	0.010	0.008	0.006	0.005	0.004	0.003	0.003	0.002	0.002	0.001	0.001	0.001	0.001	0.001	0.000	0.000	0.000	0.000	0.000
1.0	0.080	0.070	0.061	0.053	0.046	0.040	0.035	0.030	0.026	0.022	0.019	0.016	0.014	0.012	0.010	0.009	0.007	0.006	0.005	0.004	0.004
1.1	0.100	0.088	0.077	0.068	0.060	0.052	0.045	0.040	0.034	0.030	0.026	0.022	0.019	0.016	0.014	0.012	0.010	0.009	0.008	0.006	0.005
1.2	0.121	0.107	0.095	0.084	0.074	0.066	0.058	0.051	0.044	0.039	0.034	0.029	0.026	0.022	0.019	0.017	0.014	0.012	0.011	0.009	0.008
1.3	0.143	0.128	0.114	0.102	0.091	0.081	0.071	0.063	0.056	0.049	0.043	0.038	0.033	0.029	0.025	0.022	0.019	0.017	0.014	0.012	0.011
1.4	0.167	0.150	0.135	0.121	0.109	0.097	0.087	0.077	0.069	0.061	0.054	0.047	0.042	0.037	0.032	0.028	0.025	0.022	0.019	0.016	0.014
1.5	0.191	0.173	0.157	0.142	0.128	0.115	0.103	0.092	0.083	0.074	0.066	0.058	0.052	0.046	0.040	0.036	0.031	0.028	0.024	0.021	0.019
1.6	0.217	0.198	0.180	0.164	0.148	0.134	0.121	0.109	0.098	0.088	0.079	0.070	0.063	0.056	0.050	0.044	0.039	0.035	0.031	0.027	0.024
1.7	0.243	0.223	0.204	0.186	0.170	0.154	0.140	0.127	0.115	0.103	0.093	0.084	0.075	0.067	0.060	0.054	0.048	0.043	0.038	0.033	0.030
1.8	0.269	0.248	0.228	0.210	0.192	0.175	0.160	0.146	0.132	0.120	0.109	0.098	0.089	0.080	0.072	0.064	0.058	0.051	0.046	0.041	0.036
1.9	0.296	0.274	0.253	0.234	0.215	0.197	0.181	0.166	0.151	0.138	0.125	0.114	0.103	0.093	0.084	0.076	0.068	0.061	0.055	0.049	0.044
2.0	0.323	0.301	0.279	0.258	0.239	0.220	0.203	0.186	0.171	0.156	0.143	0.130	0.119	0.108	0.098	0.089	0.080	0.072	0.065	0.059	0.053
2.1	0.350	0.327	0.305	0.283	0.263	0.244	0.225	0.208	0.191	0.176	0.161	0.148	0.135	0.123	0.112	0.102	0.093	0.084	0.076	0.069	0.062
2.2	0.377	0.354	0.331	0.309	0.287	0.267	0.248	0.230	0.212	0.196	0.181	0.166	0.153	0.140	0.128	0.117	0.107	0.097	0.088	0.080	0.072
2.3	0.404	0.380	0.356	0.334	0.312	0.291	0.271	0.252	0.234	0.217	0.201	0.185	0.171	0.157	0.144	0.132	0.121	0.111	0.101	0.092	0.084
2.4	0.430	0.406	0.382	0.359	0.337	0.316	0.295	0.275	0.256	0.238	0.221	0.205	0.190	0.175	0.161	0.149	0.137	0.125	0.115	0.105	0.096
2.5	0.456	0.432	0.408	0.385	0.362	0.340	0.319	0.299	0.279	0.260	0.242	0.225	0.209	0.194	0.179	0.166	0.153	0.141	0.129	0.119	0.109
2.6	0.482	0.457	0.433	0.410	0.387	0.364	0.343	0.322	0.302	0.283	0.264	0.246	0.229	0.213	0.198	0.183	0.170	0.157	0.145	0.133	0.123
2.7	0.506	0.482	0.458	0.434	0.411	0.389	0.367	0.346	0.325	0.305	0.286	0.268	0.250	0.233	0.217	0.202	0.187	0.174	0.161	0.149	0.137
2.8	0.531	0.506	0.482	0.459	0.436	0.413	0.391	0.369	0.348	0.328	0.308	0.289	0.271	0.253	0.237	0.221	0.206	0.191	0.178	0.165	0.152
2.9	0.554	0.530	0.506	0.483	0.460	0.437	0.414	0.392	0.371	0.350	0.330	0.311	0.292	0.274	0.257	0.240	0.224	0.209	0.195	0.181	0.168
3.0	0.577	0.553	0.530	0.506	0.483	0.460	0.438	0.416	0.394	0.373	0.353	0.333	0.314	0.295	0.277	0.260	0.244	0.228	0.213	0.198	0.185
3.1	0.599	0.576	0.552	0.529	0.506	0.483	0.461	0.439	0.417	0.396	0.375	0.355	0.335	0.316	0.298	0.280	0.263	0.247	0.231	0.216	0.202
3.2	0.620	0.597	0.574	0.552	0.529	0.506	0.484	0.462	0.440	0.418	0.397	0.377	0.357	0.338	0.319	0.301	0.283	0.266	0.250	0.234	0.219
3.3	0.641	0.618	0.596	0.573	0.551	0.528	0.506	0.484	0.462	0.441	0.420	0.399	0.379	0.359	0.340	0.321	0.303	0.286	0.269	0.253	0.237
3.4	0.660	0.638	0.616	0.594	0.572	0.550	0.528	0.506	0.484	0.463	0.442	0.421	0.400	0.380	0.361	0.342	0.324	0.306	0.289	0.272	0.256
3.5	0.679	0.658	0.636	0.615	0.593	0.571	0.549	0.528	0.506	0.485	0.463	0.442	0.422	0.402	0.382	0.363	0.344	0.326	0.308	0.291	0.275
3.6	0.697	0.677	0.656	0.634	0.613	0.592	0.570	0.549	0.527	0.506	0.485	0.464	0.443	0.423	0.403	0.384	0.365	0.346	0.328	0.311	0.294
3.7	0.715	0.695	0.674	0.653	0.633	0.612	0.590	0.569	0.548	0.527	0.506	0.485	0.464	0.444	0.424	0.404	0.385	0.366	0.348	0.330	0.313
3.8	0.731	0.712	0.692	0.672	0.651	0.631	0.610	0.589	0.568	0.547	0.527	0.506	0.485	0.465	0.445	0.425	0.406	0.387	0.368	0.350	0.332
3.9	0.747	0.728	0.709	0.689	0.670	0.649	0.629	0.609	0.588	0.567	0.547	0.526	0.506	0.485	0.465	0.446	0.426	0.407	0.388	0.370	0.352
4.0	0.762	0.744	0.725	0.706	0.687	0.667	0.648	0.627	0.607	0.587	0.567	0.546	0.526	0.506	0.486	0.466	0.446	0.427	0.408	0.389	0.371

续表

t/k \ n	3.0	3.1	3.2	3.3	3.4	3.5	3.6	3.7	3.8	3.9	4.0	4.1	4.2	4.3	4.4	4.5	4.6	4.7	4.8	4.9	5.0
4.2	0.790	0.773	0.756	0.738	0.720	0.701	0.682	0.663	0.644	0.624	0.605	0.585	0.565	0.545	0.525	0.506	0.486	0.467	0.448	0.429	0.410
4.4	0.815	0.799	0.783	0.767	0.750	0.733	0.715	0.697	0.678	0.660	0.641	0.621	0.602	0.583	0.563	0.544	0.525	0.506	0.486	0.468	0.449
4.6	0.837	0.823	0.809	0.793	0.778	0.761	0.745	0.728	0.710	0.692	0.674	0.656	0.637	0.619	0.600	0.581	0.562	0.543	0.524	0.505	0.487
4.8	0.857	0.845	0.831	0.817	0.803	0.788	0.772	0.756	0.740	0.723	0.706	0.688	0.671	0.653	0.634	0.616	0.598	0.579	0.561	0.542	0.524
5.0	0.875	0.864	0.851	0.839	0.825	0.811	0.797	0.782	0.767	0.751	0.735	0.718	0.702	0.685	0.667	0.650	0.632	0.614	0.596	0.578	0.560
5.2	0.891	0.881	0.870	0.858	0.846	0.833	0.820	0.806	0.792	0.777	0.762	0.746	0.731	0.714	0.698	0.681	0.664	0.647	0.629	0.612	0.594
5.4	0.905	0.896	0.886	0.875	0.864	0.852	0.840	0.828	0.814	0.801	0.787	0.772	0.757	0.742	0.726	0.710	0.694	0.678	0.661	0.644	0.627
5.6	0.918	0.909	0.900	0.891	0.880	0.870	0.859	0.847	0.835	0.822	0.809	0.796	0.782	0.768	0.753	0.738	0.722	0.707	0.691	0.674	0.658
5.8	0.928	0.921	0.913	0.904	0.895	0.885	0.875	0.865	0.854	0.842	0.830	0.818	0.805	0.791	0.777	0.763	0.749	0.734	0.719	0.703	0.687
6.0	0.938	0.931	0.924	0.916	0.908	0.899	0.890	0.881	0.870	0.860	0.849	0.837	0.825	0.813	0.800	0.787	0.773	0.759	0.745	0.730	0.715
6.5	0.957	0.952	0.947	0.941	0.935	0.928	0.921	0.913	0.905	0.897	0.888	0.879	0.869	0.859	0.848	0.837	0.826	0.814	0.802	0.789	0.776
7.0	0.970	0.967	0.963	0.958	0.954	0.949	0.943	0.938	0.932	0.925	0.918	0.911	0.903	0.895	0.887	0.878	0.868	0.859	0.848	0.838	0.827
7.5	0.980	0.977	0.974	0.971	0.968	0.964	0.960	0.956	0.951	0.946	0.941	0.935	0.929	0.923	0.916	0.909	0.902	0.894	0.886	0.877	0.868
8.0	0.986	0.984	0.982	0.980	0.978	0.975	0.972	0.969	0.965	0.962	0.958	0.953	0.949	0.944	0.939	0.933	0.927	0.921	0.915	0.908	0.900
9.0	0.994	0.993	0.992	0.991	0.989	0.988	0.986	0.985	0.983	0.981	0.979	0.976	0.974	0.971	0.968	0.965	0.961	0.958	0.954	0.950	0.945
10.0	0.997	0.997	0.996	0.996	0.995	0.994	0.994	0.993	0.992	0.991	0.990	0.988	0.987	0.986	0.984	0.982	0.980	0.978	0.976	0.973	0.971
11.0	0.999	0.999	0.998	0.998	0.998	0.997	0.997	0.997	0.996	0.996	0.995	0.994	0.994	0.993	0.992	0.991	0.990	0.989	0.988	0.986	0.985
12.0	0.999	0.999	0.999	0.999	0.999	0.999	0.999	0.998	0.998	0.998	0.998	0.997	0.997	0.997	0.996	0.996	0.995	0.995	0.994	0.993	0.992

t/k \ n	5.0	5.1	5.2	5.3	5.4	5.5	5.6	5.7	5.8	5.9	6.0	6.1	6.2	6.3	6.4	6.5	6.6	6.7	6.8	6.9	7.0
0	0	0	0	0	0	0	0	0	0	0	0	0	0	0	0	0	0	0	0	0	0
0.5	0.000	0.000	0.000	0.000	0.000	0.000	0.000	0.000	0.000	0.000	0.000	0.000	0.000	0.000	0.000	0.000	0.000	0.000	0.000	0.000	0.000
1.0	0.004	0.003	0.003	0.002	0.002	0.002	0.001	0.001	0.001	0.001	0.001	0.000	0.000	0.000	0.000	0.000	0.000	0.000	0.000	0.000	0.000
1.5	0.019	0.016	0.014	0.012	0.011	0.009	0.008	0.007	0.006	0.005	0.004	0.004	0.003	0.003	0.002	0.002	0.002	0.002	0.001	0.001	0.000
2.0	0.053	0.047	0.042	0.038	0.034	0.030	0.027	0.024	0.021	0.019	0.017	0.015	0.013	0.011	0.010	0.009	0.008	0.007	0.006	0.005	0.005
2.5	0.109	0.100	0.091	0.083	0.076	0.069	0.063	0.057	0.051	0.047	0.042	0.038	0.034	0.031	0.028	0.025	0.022	0.020	0.018	0.016	0.014
3.0	0.185	0.172	0.160	0.148	0.137	0.127	0.117	0.108	0.099	0.091	0.084	0.077	0.071	0.065	0.059	0.054	0.049	0.045	0.041	0.037	0.034
3.2	0.219	0.205	0.192	0.179	0.166	0.155	0.144	0.133	0.123	0.114	0.105	0.097	0.090	0.082	0.076	0.070	0.064	0.058	0.053	0.049	0.045
3.4	0.256	0.240	0.226	0.211	0.198	0.185	0.173	0.161	0.150	0.139	0.129	0.120	0.111	0.103	0.095	0.088	0.081	0.075	0.069	0.063	0.058
3.6	0.294	0.277	0.261	0.246	0.231	0.217	0.204	0.191	0.179	0.167	0.156	0.145	0.135	0.126	0.117	0.108	0.100	0.093	0.086	0.079	0.073
3.8	0.332	0.315	0.298	0.282	0.266	0.251	0.237	0.223	0.210	0.197	0.184	0.173	0.162	0.151	0.141	0.131	0.122	0.114	0.106	0.098	0.091
4.0	0.371	0.353	0.336	0.319	0.303	0.287	0.271	0.256	0.242	0.228	0.215	0.202	0.190	0.178	0.167	0.156	0.146	0.137	0.128	0.119	0.111
4.1	0.391	0.373	0.355	0.338	0.321	0.305	0.289	0.274	0.259	0.244	0.231	0.217	0.205	0.193	0.181	0.170	0.159	0.149	0.139	0.130	0.121
4.2	0.410	0.392	0.374	0.357	0.340	0.323	0.307	0.291	0.276	0.261	0.247	0.233	0.220	0.207	0.195	0.183	0.172	0.162	0.151	0.142	0.133

续表

t/k \ n	5.0	5.1	5.2	5.3	5.4	5.5	5.6	5.7	5.8	5.9	6.0	6.1	6.2	6.3	6.4	6.5	6.6	6.7	6.8	6.9	7.0
4.3	0.430	0.411	0.393	0.375	0.358	0.341	0.325	0.309	0.293	0.278	0.263	0.249	0.236	0.222	0.210	0.198	0.186	0.175	0.164	0.154	0.144
4.4	0.449	0.430	0.412	0.394	0.377	0.360	0.343	0.327	0.311	0.295	0.280	0.266	0.251	0.238	0.225	0.212	0.200	0.188	0.177	0.167	0.156
4.5	0.468	0.449	0.431	0.413	0.395	0.378	0.361	0.344	0.328	0.312	0.297	0.282	0.268	0.254	0.240	0.227	0.214	0.202	0.191	0.180	0.169
4.6	0.487	0.468	0.450	0.432	0.414	0.397	0.379	0.363	0.346	0.330	0.314	0.299	0.284	0.270	0.256	0.242	0.229	0.217	0.205	0.193	0.182
4.7	0.505	0.487	0.469	0.451	0.433	0.415	0.398	0.381	0.364	0.348	0.332	0.316	0.301	0.286	0.272	0.258	0.244	0.232	0.219	0.207	0.195
4.8	0.524	0.505	0.487	0.469	0.451	0.433	0.416	0.399	0.382	0.365	0.349	0.333	0.318	0.303	0.288	0.274	0.260	0.247	0.234	0.221	0.209
4.9	0.542	0.524	0.505	0.487	0.469	0.452	0.434	0.417	0.400	0.383	0.366	0.350	0.335	0.319	0.304	0.290	0.276	0.262	0.249	0.236	0.223
5.0	0.560	0.541	0.523	0.505	0.487	0.470	0.452	0.435	0.418	0.401	0.384	0.368	0.352	0.336	0.321	0.306	0.292	0.278	0.264	0.251	0.238
5.1	0.577	0.559	0.541	0.523	0.505	0.488	0.470	0.453	0.435	0.418	0.402	0.385	0.369	0.353	0.338	0.322	0.308	0.293	0.279	0.266	0.253
5.2	0.594	0.576	0.558	0.541	0.523	0.505	0.488	0.470	0.453	0.436	0.419	0.402	0.386	0.370	0.354	0.339	0.324	0.309	0.295	0.281	0.268
5.3	0.610	0.593	0.575	0.558	0.540	0.523	0.505	0.488	0.471	0.453	0.437	0.420	0.403	0.387	0.371	0.356	0.340	0.326	0.311	0.297	0.283
5.4	0.627	0.609	0.592	0.575	0.557	0.540	0.522	0.505	0.488	0.471	0.454	0.437	0.421	0.404	0.388	0.372	0.357	0.342	0.327	0.312	0.298
5.5	0.642	0.626	0.608	0.591	0.574	0.557	0.539	0.522	0.505	0.488	0.471	0.454	0.438	0.421	0.405	0.389	0.374	0.358	0.343	0.328	0.314
5.6	0.658	0.641	0.624	0.607	0.590	0.573	0.556	0.539	0.522	0.505	0.488	0.471	0.455	0.438	0.422	0.406	0.390	0.375	0.359	0.344	0.330
5.7	0.673	0.656	0.640	0.623	0.606	0.590	0.573	0.556	0.539	0.522	0.505	0.488	0.472	0.455	0.439	0.423	0.407	0.391	0.376	0.360	0.346
5.8	0.687	0.671	0.655	0.639	0.622	0.606	0.589	0.572	0.555	0.538	0.522	0.505	0.488	0.472	0.456	0.439	0.423	0.408	0.392	0.377	0.362
5.9	0.701	0.686	0.670	0.654	0.638	0.621	0.605	0.588	0.571	0.555	0.538	0.522	0.505	0.488	0.472	0.456	0.440	0.424	0.408	0.393	0.378
6.0	0.715	0.700	0.684	0.668	0.652	0.636	0.620	0.604	0.587	0.571	0.554	0.538	0.521	0.505	0.489	0.472	0.456	0.440	0.425	0.409	0.394
6.2	0.741	0.726	0.712	0.696	0.681	0.666	0.650	0.634	0.618	0.602	0.586	0.570	0.553	0.537	0.521	0.505	0.489	0.473	0.457	0.441	0.426
6.4	0.765	0.751	0.737	0.723	0.708	0.693	0.678	0.663	0.648	0.632	0.616	0.600	0.585	0.569	0.553	0.537	0.521	0.505	0.489	0.473	0.458
6.6	0.787	0.774	0.761	0.748	0.734	0.720	0.705	0.690	0.676	0.661	0.645	0.630	0.614	0.599	0.583	0.568	0.552	0.536	0.520	0.505	0.489
6.8	0.808	0.796	0.783	0.771	0.758	0.744	0.730	0.716	0.702	0.688	0.673	0.658	0.643	0.628	0.613	0.597	0.582	0.567	0.551	0.536	0.520
7.0	0.827	0.816	0.804	0.792	0.780	0.767	0.754	0.741	0.727	0.713	0.699	0.685	0.671	0.656	0.641	0.626	0.611	0.596	0.581	0.566	0.550
7.2	0.844	0.834	0.823	0.812	0.800	0.788	0.776	0.764	0.751	0.738	0.724	0.710	0.697	0.682	0.668	0.654	0.639	0.624	0.610	0.595	0.580
7.4	0.860	0.851	0.841	0.830	0.819	0.808	0.797	0.785	0.773	0.760	0.747	0.734	0.721	0.708	0.694	0.680	0.666	0.652	0.637	0.623	0.608
7.6	0.875	0.866	0.857	0.847	0.837	0.826	0.816	0.805	0.793	0.781	0.769	0.757	0.744	0.731	0.718	0.705	0.691	0.678	0.664	0.650	0.635
7.8	0.888	0.880	0.871	0.862	0.853	0.843	0.833	0.823	0.812	0.801	0.790	0.778	0.766	0.754	0.741	0.729	0.716	0.702	0.689	0.675	0.662
8.0	0.900	0.893	0.885	0.877	0.868	0.859	0.850	0.840	0.830	0.819	0.809	0.798	0.786	0.775	0.763	0.751	0.738	0.726	0.713	0.700	0.687
8.5	0.926	0.920	0.913	0.907	0.899	0.892	0.884	0.876	0.868	0.859	0.850	0.841	0.831	0.821	0.811	0.801	0.790	0.779	0.767	0.756	0.744
9.0	0.945	0.940	0.935	0.930	0.924	0.918	0.912	0.906	0.899	0.892	0.884	0.877	0.869	0.860	0.851	0.842	0.833	0.824	0.814	0.804	0.793
9.5	0.960	0.956	0.952	0.948	0.944	0.939	0.934	0.929	0.923	0.918	0.911	0.905	0.899	0.892	0.884	0.877	0.869	0.861	0.853	0.844	0.835
10.0	0.971	0.968	0.965	0.962	0.958	0.955	0.951	0.947	0.942	0.938	0.933	0.928	0.922	0.917	0.911	0.905	0.898	0.892	0.885	0.877	0.870
11.0	0.985	0.983	0.982	0.980	0.978	0.976	0.973	0.971	0.968	0.965	0.962	0.959	0.956	0.952	0.949	0.945	0.940	0.936	0.931	0.926	0.921
12.0	0.992	0.992	0.991	0.990	0.988	0.987	0.986	0.985	0.983	0.981	0.980	0.978	0.976	0.974	0.971	0.969	0.966	0.964	0.961	0.957	0.954
13.0	0.996	0.996	0.995	0.995	0.994	0.994	0.993	0.992	0.991	0.990	0.989	0.988	0.987	0.986	0.984	0.983	0.981	0.980	0.978	0.976	0.974
14.0	0.998	0.998	0.998	0.997	0.997	0.997	0.996	0.996	0.996	0.995	0.994	0.994	0.993	0.993	0.992	0.991	0.990	0.989	0.988	0.987	0.986
15.0	0.999	0.999	0.999	0.999	0.999	0.998	0.998	0.998	0.998	0.997	0.997	0.997	0.997	0.996	0.996	0.995	0.995	0.994	0.994	0.993	0.992

附录 D　1000 hPa 地面到指定高度（用气压表示）间饱和假绝热大气中的可降水量与 1000 hPa 露点函数关系表

mm

气压/hPa	0	1	2	3	4	5	6	7	8	9	10	11	12	13	14	15	16	17	18	19	20	21	22	23	24	25	26	27	28	29	30
																	1000 hPa 露点/℃														
990	0	0	0	0	0	0	1	1	1	1	1	1	1	1	1	1	1	1	1	1	1	1	2	2	2	2	2	2	2	2	3
980	1	1	1	1	0	1	1	1	1	1	1	2	2	2	2	2	2	2	2	3	3	3	3	3	4	4	4	4	5	5	5
970	1	1	1	1	1	1	2	2	2	2	2	2	3	3	3	3	3	4	4	4	4	5	5	5	5	6	6	7	7	7	8
960	1	1	1	1	1	2	2	2	2	2	3	3	3	4	4	4	4	5	5	5	5	6	6	7	7	8	8	9	9	10	11
950	1	2	2	2	2	2	3	2	3	3	3	3	4	4	5	5	6	6	6	7	7	8	8	9	9	10	10	11	12	12	13
940	1	2	2	2	2	3	3	3	3	3	4	4	5	5	6	6	7	6	7	8	9	9	10	10	11	12	12	13	14	15	16
930	2	2	2	3	3	3	4	3	4	4	4	5	6	6	7	7	8	8	9	9	10	11	11	12	13	14	14	15	16	17	18
920	2	2	3	3	3	4	4	4	4	4	5	5	7	7	8	8	9	9	10	10	11	12	13	14	14	15	16	17	19	20	21
910	2	3	3	3	4	4	5	5	5	5	6	6	7	8	8	9	10	10	11	12	13	13	14	15	16	17	18	20	21	22	23
900	2	3	3	4	4	5	5	5	5	5	6	7	8	9	9	10	11	11	12	13	14	15	16	17	18	19	20	22	23	24	26
890	3	3	4	4	5	5	6	6	6	6	7	7	9	9	10	11	12	12	13	14	15	16	17	18	20	21	22	24	25	27	28
880	3	4	4	5	5	6	6	6	6	7	8	8	9	10	11	11	12	13	14	15	16	17	19	20	21	23	24	26	27	29	31
870	4	4	5	5	6	6	7	7	7	7	8	9	10	11	12	12	13	14	15	16	18	19	20	21	23	24	26	28	29	31	33
860	4	4	5	5	6	6	7	7	7	8	9	9	11	12	12	13	14	15	16	18	19	20	21	23	24	26	28	30	32	34	36
850	4	5	5	6	6	7	7	7	8	8	9	10	11	13	13	13	15	16	18	19	20	21	23	24	26	28	30	32	34	36	38
840	4	5	5	6	7	7	8	8	8	9	10	11	12	14	14	14	16	17	19	20	21	23	24	26	28	30	32	34	36	38	40
830	5	5	6	6	7	8	8	8	9	10	10	11	13	14	15	15	17	18	19	21	22	24	26	27	29	31	33	35	38	40	43
820	5	5	6	6	7	8	8	9	9	10	11	12	13	15	15	17	18	19	20	22	24	25	27	29	31	33	35	37	40	42	45
810	5	6	6	7	8	8	9	9	10	11	11	12	14	16	16	17	19	20	21	23	25	26	28	30	32	34	37	39	42	44	47
800	5	6	6	7	8	8	9	10	10	11	12	13	15	16	17	18	19	21	22	24	26	28	29	32	34	36	38	41	44	46	49
790	6	6	7	7	8	9	9	10	11	12	13	14	15	16	17	19	20	22	23	25	27	29	31	33	35	38	40	43	46	49	52

续表

1000 hPa 露点/℃

气压/hPa	0	1	2	3	4	5	6	7	8	9	10	11	12	13	14	15	16	17	18	19	20	21	22	23	24	25	26	27	28	29	30
780	6	7	7	8	8	9	10	11	11	12	13	14	16	17	18	19	21	23	24	26	28	30	32	34	37	39	42	45	48	51	54
770	6	7	7	8	9	9	10	11	12	13	14	15	16	17	19	20	22	23	25	27	29	31	33	35	38	41	43	46	49	53	56
760	6	7	7	8	9	10	10	11	12	13	14	15	17	18	19	21	22	24	26	28	29	32	34	37	39	42	45	48	51	55	58
750	6	7	7	8	9	10	11	12	13	14	15	16	17	18	20	21	23	25	27	29	30	32	35	38	41	44	47	50	53	57	60
740	7	7	8	9	9	10	11	12	13	14	15	16	18	19	20	22	24	26	28	30	31	33	37	39	42	45	48	51	55	59	62
730	7	7	8	9	10	10	11	12	13	14	15	17	18	20	21	23	24	26	28	30	32	34	38	40	43	46	50	53	57	60	64
720	7	7	8	9	10	11	11	12	13	15	16	17	18	20	22	23	25	27	29	30	33	35	39	42	45	48	51	55	58	62	66
710	7	8	8	9	10	11	12	13	14	15	16	17	19	20	22	24	26	28	30	31	34	36	40	43	46	49	53	56	60	64	68
700	7	8	8	9	10	11	12	13	14	15	16	18	19	21	23	24	26	28	31	32	35	37	41	44	47	50	54	58	62	66	70
680	7	8	8	9	10	11	12	13	15	16	17	19	20	22	24	25	27	30	32	33	35	38	43	46	49	53	57	61	65	69	74
660	8	8	9	10	11	12	13	14	15	16	18	19	21	23	24	26	29	31	33	34	37	40	45	48	52	55	60	64	69	73	78
640	8	8	9	10	11	12	13	14	15	17	18	20	21	23	25	27	29	32	35	36	39	42	46	50	54	58	62	67	71	76	81
620	8	8	9	10	11	12	13	14	16	17	19	20	22	24	26	28	30	33	36	37	40	43	48	52	56	60	65	69	74	79	85
600	8	9	9	10	12	13	14	15	16	18	19	21	23	25	27	29	31	34	37	38	42	45	50	54	58	62	67	72	77	82	89
580	8	9	9	10	12	13	14	15	16	18	20	21	23	25	27	30	32	35	38	40	43	46	51	55	60	64	69	74	80	85	91
560	8	9	10	11	12	13	14	15	17	18	20	21	23	26	28	30	33	36	39	41	44	48	53	57	61	66	71	77	82	88	94
540	8	9	10	11	12	13	14	15	17	19	20	22	24	26	28	31	33	36	39	42	45	49	54	58	63	68	73	79	85	91	97
520	8	9	10	11	12	13	14	16	17	19	20	22	24	26	29	31	34	37	40	43	46	50	55	60	64	70	75	81	87	93	100
500	8	9	10	11	12	13	14	16	17	19	21	22	24	27	29	32	34	37	41	43	47	51	56	61	66	71	77	83	89	96	103
480	8	9	10	11	12	13	14	16	17	19	21	23	25	27	29	32	35	38	41	44	48	52	57	62	67	73	78	85	91	98	105
460	8	9	10	11	12	13	14	16	18	19	21	23	25	27	30	32	35	38	42	45	49	53	58	63	68	74	80	86	93	100	108
440	8	9	10	11	12	13	15	16	18	19	21	23	25	27	30	33	36	39	42	46	49	54	59	64	69	75	81	88	95	102	110
420	8	9	10	11	12	13	15	16	18	19	21	23	25	28	30	33	36	39	43	46	50	54	60	65	70	76	82	89	96	104	112
400	8	9	10	11	12	13	15	16	18	19	21	23	25	28	30	33	36	39	43	46	50	55	60	65	71	77	84	90	98	105	114
380	8	9	10	11	12	13	15	16	18	19	21	23	25	28	30	33	36	39	43	47	51	55	61	66	72	78	85	92	99	107	115
360	8	9	10	11	12	13	15	16	18	19	21	23	25	28	30	33	36	40	43	47	51	56	61	66	72	79	86	93	100	108	117
340	8	9	10	11	12	13	15	16	18	19	21	23	25	28	30	33	36	40	44	47	51	56	61	67	73	79	86	93	101	109	118
320	8	9	10	11	12	13	15	16	18	19	21	23	25	28	30	33	36	40	44	47	52	56	62	67	73	80	87	94	102	111	120
300	8	9	10	11	12	13	15	16	18	19	21	23	25	28	30	33	36	40	44	48	52	57	62	67	73	80	87	95	103	111	121
280	8	9	10	11	12	13	15	16	18	19	21	23	25	28	30	33	36	40	44	48	52	57	62	68	74	80	88	95	103	112	121
260	8	9	10	11	12	13	15	16	18	19	21	23	25	28	30	33	36	40	44	48	52	57	62	68	74	81	88	96	104	113	122
240	8	9	10	11	12	13	15	16	18	19	21	23	25	28	30	33	36	40	44	48	52	57	62	68	74	81	88	96	104	113	123
220	8	9	10	11	12	13	15	16	18	19	21	23	25	28	30	33	36	40	44	48	52	57	62	68	74	81	88	96	104	113	123
200	8	9	10	11	12	13	15	16	18	19	21	23	25	28	30	33	36	40	44	48	52	57	62	68	74	81	88	96	105	114	123

附录 E　1000 hPa 地面到指定高度（距地面的高度）间饱和假绝热大气中的可降水量与 1000 hPa 露点函数关系表

mm

1000 hPa 露点/℃

高度/m	0	1	2	3	4	5	6	7	8	9	10	11	12	13	14	15	16	17	18	19	20	21	22	23	24	25	26	27	28	29	30
200	1	1	1	1	1	1	1	2	2	2	2	2	2	2	2	2	3	3	3	3	3	4	4	4	4	4	5	5	5	6	6
400	2	2	2	2	2	3	3	3	3	3	4	4	4	4	5	5	5	5	6	6	6	7	7	8	8	9	9	10	10	11	12
600	3	3	3	3	3	4	4	4	5	5	5	6	6	6	7	7	7	8	8	9	10	10	11	11	12	13	14	15	15	16	17
800	3	3	4	4	4	5	5	5	6	6	7	7	8	8	9	9	10	10	11	12	13	13	14	15	16	17	18	19	20	21	22
1000	4	4	4	5	5	6	6	6	7	7	8	9	9	10	10	11	12	13	13	14	15	16	17	18	20	21	22	23	25	26	28
1200	4	5	5	6	6	7	7	8	8	9	9	10	11	11	12	13	14	15	16	17	18	19	20	21	23	24	26	27	29	31	33
1400	5	5	6	6	7	7	8	8	9	10	10	11	12	13	14	15	16	17	18	19	20	22	23	24	26	28	29	31	33	35	37
1600	5	6	6	7	7	8	9	9	10	10	11	12	13	14	15	16	17	19	20	21	23	24	25	27	29	31	33	35	37	39	41
1800	6	6	7	7	8	9	10	10	11	11	13	13	14	15	17	18	19	20	22	23	25	26	28	30	32	34	36	39	41	43	46
2000	6	7	7	8	9	9	10	11	11	12	13	14	16	17	18	19	21	22	24	25	27	29	31	33	35	37	39	42	44	47	50
2200	7	7	8	8	9	10	11	11	12	13	14	15	16	18	19	20	22	24	25	27	29	31	33	35	37	40	42	45	48	51	54
2400	7	8	8	9	10	11	11	12	13	13	15	16	17	19	20	22	23	25	27	29	31	33	35	37	40	43	45	48	51	54	57
2600	7	8	8	9	10	11	12	12	13	14	16	17	18	20	21	23	24	26	28	30	32	35	37	40	42	45	48	51	54	58	61
2800	7	8	9	9	10	11	12	13	14	14	16	18	19	21	22	24	26	27	30	32	34	36	39	42	45	48	51	54	58	61	65
3000	8	8	9	10	10	11	13	13	14	15	17	18	20	21	23	25	27	29	31	33	35	38	41	44	47	50	53	57	61	64	68
3200	8	8	9	10	11	12	13	14	15	15	17	19	20	22	24	26	28	30	32	34	37	40	42	45	49	52	56	59	63	67	71
3400	8	8	9	10	11	12	13	14	15	16	18	19	21	23	24	26	29	31	33	36	38	41	44	47	51	54	58	62	66	70	74
3600	8	9	9	10	11	13	13	14	15	16	18	20	21	23	25	27	29	32	34	37	39	42	45	49	52	56	60	64	68	73	77
3800	8	9	10	10	11	13	14	14	16	17	19	20	22	24	26	28	30	32	35	38	41	44	47	50	54	58	62	66	70	75	80
4000	8	9	10	11	11	13	14	15	16	17	19	21	22	24	26	28	31	33	36	39	42	45	48	52	56	60	64	68	73	78	83
4200	8	9	10	11	12	13	14	15	16	18	19	21	23	25	27	29	31	34	37	40	43	46	49	53	57	61	66	70	75	80	85

续表

1000 hPa 露点/℃

高度/m	0	1	2	3	4	5	6	7	8	9	10	11	12	13	14	15	16	17	18	19	20	21	22	23	24	25	26	27	28	29	30
4400	8	9	10	11	12	13	14	15	16	18	20	21	23	25	27	29	32	34	37	40	44	47	51	54	58	63	67	72	77	82	87
4600	8	9	10	11	12	13	14	15	17	18	20	22	24	25	28	30	32	35	38	41	44	48	52	56	60	64	69	74	79	84	90
4800	8	9	10	11	12	13	14	15	17	18	20	22	24	26	28	30	33	36	39	42	45	49	53	57	61	65	70	75	81	86	92
5000	8	9	10	11	12	13	14	16	17	19	20	22	24	26	28	31	33	36	39	42	46	50	54	58	62	67	72	77	82	88	94
5200	8	9	10	11	12	13	14	16	17	19	20	22	24	26	29	31	34	37	40	43	47	50	54	59	63	68	73	78	84	90	96
5400	8	9	10	11	12	13	14	16	17	19	20	22	24	26	29	32	34	37	40	44	47	51	55	60	64	69	74	80	86	92	98
5600	8	9	10	11	12	13	14	16	17	19	21	22	24	27	29	32	35	38	41	44	48	52	56	60	65	70	76	81	87	93	100
5800	8	9	10	11	12	13	14	16	17	19	21	22	25	27	29	32	35	38	41	45	48	52	57	61	66	71	77	82	88	95	101
6000	8	9	10	11	12	13	15	16	17	19	21	23	25	27	30	33	35	38	42	45	49	53	57	62	67	72	78	84	90	96	103
6200	8	9	10	11	12	13	15	16	17	19	21	23	25	27	30	32	35	38	42	45	49	54	58	63	68	73	79	85	91	98	104
6400	8	9	10	11	12	13	15	16	18	19	21	23	25	28	30	33	36	39	42	46	50	54	58	63	68	74	80	86	92	99	106
6600	8	9	10	11	12	13	15	16	18	19	21	23	25	28	30	33	36	39	42	46	50	54	59	64	69	74	80	87	93	100	107
6800	8	9	10	11	12	13	15	16	18	19	21	23	25	28	30	33	36	39	42	46	50	55	60	65	70	75	81	87	94	101	108
7000	8	9	10	11	12	13	15	16	18	19	21	23	25	28	30	33	36	39	43	47	51	55	60	65	70	76	82	88	95	102	110
7200	8	9	10	11	12	13	15	16	18	19	21	23	25	28	30	33	36	39	43	47	51	55	60	65	71	76	82	89	96	103	111
7400	8	9	10	11	12	13	15	16	18	19	21	23	25	28	30	33	36	39	43	47	51	56	61	66	71	77	83	90	97	104	112
7600	8	9	10	11	12	13	15	16	18	19	21	23	25	28	30	33	36	39	43	47	51	56	61	66	72	77	83	90	98	105	113
7800	8	9	10	11	12	13	15	16	18	19	21	23	25	28	30	33	36	40	43	47	51	56	61	66	72	78	84	91	98	106	114
8000	8	9	10	11	12	14	15	16	18	19	21	23	25	28	30	33	36	40	43	47	52	56	61	67	72	78	85	92	99	107	115
8200	8	9	10	11	12	14	15	16	18	19	21	23	26	28	30	33	36	40	43	47	52	57	62	67	73	78	85	92	100	108	115
8400	8	9	10	11	12	14	15	16	18	19	21	23	26	28	30	33	36	40	43	47	52	57	62	67	73	79	85	92	100	108	116
8600	8	9	10	11	12	14	15	16	18	19	21	23	26	28	30	33	36	40	43	47	52	57	62	68	73	79	86	93	101	109	117
8800	8	9	10	11	12	14	15	16	18	19	21	23	26	28	31	33	36	40	43	47	52	57	62	68	73	79	86	93	101	109	118
9000	8	9	10	11	12	14	15	16	18	19	21	23	26	28	31	33	36	40	43	48	52	57	62	68	74	80	87	94	102	110	118
9200	8	9	10	11	12	14	15	16	18	19	21	23	26	28	31	33	36	40	43	48	52	57	62	68	74	80	87	94	102	110	119
9400						14	15	16	18	19	21	23	26	28	31	33	36	40	43	48	52	57	62	68	74	80	87	94	102	110	119
9600						14	15	16	18	19	21	23	26	28	31	33	37	40	43	48	52	57	62	68	74	80	87	94	102	111	120
9800						14	15	16	18	19	21	23	26	28	31	33	37	40	43	48	52	57	62	68	74	80	87	95	103	111	120
10 000											21	23	26	28	31	33	37	40	43	48	52	57	62	68	74	81	88	95	103	112	121
11 000															31	33	37	40	43	48	52	57	63	68	74	81	88	96	104	113	122
12 000															31	33	37	40	43	48	52	57	63	68	74	81	88	96	105	114	123

各章主要名词中英文对照

第 1 章　绪论

水文学	hydrology
气象水文学	hydrometeorology
海洋水文学	marine hydrology
陆地水文学	terrestrial hydrology
流域水文学	watershed hydrology
湖泊水文学	limnology
地下水水文学	groundwater hydrology
冰川水文学	glaciology
沼泽（湿地）水文学	swamp hydrology

第 2 章　地球上水的分布及循环

水循环	water cycle
水量平衡	water balance
降雨	precipitation/rainfall
径流	streamflow/runoff
蒸发	evaporation
散发	transpiration
蒸散发	evapotranspiration
蓄水量	storage
径流系数	runoff coefficient
蒸发系数	evaporation coefficient
能量平衡	energy balance
短波辐射	shortwave radiation
长波辐射	long-wave radiation
土壤热通量	soil heat flux
显热通量	sensible heat flux
潜热通量	latent heat flux

第 3 章　降水

雨	rain
雪	snow
霰	graupel
雹	hail
露	dew
霜	hoar frost
对流雨	convectional rain
地形雨	orographic rain
气旋雨	cyclonic rain
锋面雨	frontal rain
雨量筒	rain gauge
天气雷达	weather radar
卫星遥感降雨	satellite remote sensing of rainfall
降雨量	rainfall amount
降雨历时	rainfall duration
降雨强度	rainfall intensity
降雨强度历时曲线	hyetograph
降雨面积	rainfall area
降雨中心	rainfall center
地理统计学	geostatistics
泰森多边形法	thiessen polygons method
距离倒数权重法	inverse distance weighted method

第 4 章　积雪与融雪

积雪	snow cover
融雪	snowmelt
液态含水量	liquid-water content
雪体密度	snow density
水当量	water equivalent
孔隙度	porosity
相变	phase transformation
重力作用	gravitational setting
破坏变质作用	destructive metamorphism
增温变质作用	constructive metamorphism
融化变质作用	melt metamorphism
雪中白霜	depth hoar
预热期	warming period
成熟期	ripening period
出流期	output period
冷质	cold content
比热容	specific heat capacity
融化点	melting point
能量平衡	energy balance
均匀多孔介质	homogeneous porous media

续表

能量平衡法	energy balance approach
温度指数法	temperature-index approach
融雪因子	melt coefficient
地表反照率	surface albedo
植被覆盖度	vegetation coverage
比降因子	slope factor
降雪量	snowfall amount
积雪层	snowpack
融雪量	snowmelt amount
消融量	ablation amount
出水量	water output
标准方法	standard method
万能尺	universal gage
雷达	radar
雪尺	snow stake
测雪	snow survey
测雪路线	snow courses
取雪管	snow tube
雪枕	snow pillow
卫星	satellite
遥感	remote sensing
测渗计	lysimeter

第 5 章　蒸发

蒸发	evaporation
波文比	bowen ratio
显热通量	sensible heat flux
潜热通量	latent heat flux
紊流扩散	turbulent diffusion
湍流通量	turbulent flux
潜在蒸发率	potential evaporation
参考作物蒸发率	reference crop evaporation
水面蒸发率	free-water evaporation
蒸发皿	evaporation pan
折算系数	conversion coefficient
饱和水汽压	saturation vapour pressure
冠层截留	canopy interception
蒸腾	transportation
SPAC 系统	soil plant atmosphere continuum
气孔	stomata
光合作用	photosynthesis
作物系数	crop coefficient
叶面积指数	leaf area index
蒸渗仪	lysimeter

续表

涡度相关系统	eddy covariance system
气候变化	climate change
水热耦合	hydro-thermal coupling

第6章 降雨下渗及土壤中的水分运动

下渗	infiltration
下渗总量	cumulative infiltration
下渗率	infiltration rate
下渗能力曲线	infiltration capacity curve
土壤吸水系数	sorptivity
下渗仪	infiltrometer
时间变异性	temporal variability
空间变异性	spatial variability
包气带	vadose zone
吸湿水	absorbed water
薄膜水	pellicular water
毛管水	capillary water
重力水	gravity water
土壤含水量	soil moisture content
重量含水率	weight ratio
体积含水率	volumetric ratio
饱和度	saturation ratio
土壤干容重	soil dry bulk density
土壤水分常数	soil moisture parameter
最大吸湿量	maximum hygroscopic moisture
最大分子持水量	maximum molecular moisture capacity
凋萎含水量	wilting coefficient
田间持水量	field capacity
饱和含水量	saturation capacity
土壤水势	soil water potential
土壤导水率	hydraulic conductivity
达西定律	Darcy's law
溶质势	solute potential
温度势	thermal potential
重力势	gravitational potential
基质势	matric potential
压力势	pressure potential
基流	base flow
潜水	phreatic water
承压水	confined water
补给系数	replenishment factor
补给区	recharge area
承压区	confined area
排泄区	discharge area

第 7 章　河川径流

河川径流	river runoff
分水线	divide
流域	watershed river basin/catchment
闭合流域	enclosed basin
非闭合流域	non-enclosed basin
水系(河系、河网)	hydrographic net
干流	main river
支流	tributary
河源	headwaters
上游	upstream
中游	midstream
下游	downstream
河口	estuary
河网结构	structure of river network
落差	fall
比降	slope
弯曲系数	meander ratio
河网密度	drainage density
河网分级	classification of river network
分叉比	bifurcation ratio
长度比	length ratio
面积比	area ratio
霍顿定律	Horton's law
河数律	law of stream number
河长律	law of stream length
面积律	law of stream area
流域面积	catchment area
流域长度	catchment length
流域平均宽度	width of watershed
流域形状系数	shape factor
地理位置	geographic location
气候条件	climatic condition
流域的土壤岩石性质和地质构造	soil, bedrock and geologic structures
流域地形特征	topographic features
流域的植被率和湖沼率	vegetation rate & limnetic ratio
地貌特征	geomorphological features
流域宽度方程	width function
流域面积方程	area function
产流	runoff yield
汇流	flow concentration
冠层截留	canopy interception/storage
填洼	depression detention
雨间蒸发	evaporation during rainfall
净雨量	net rainfall

坡面流	overland flow
地下径流	groundwater flow
壤中流	interflow/unsaturated flow
坡面汇流	overland flow concentration
表层汇流	surface flow
地下汇流	groundwater flow concentration
河网汇流	river network flow concentration
基流	base flow
流量	discharge
流量过程线	hydrograph
平均流量	average flow
径流量	runoff volume
径流深	runoff depth
径流模数	runoff modulus
径流系数	runoff coefficient
水文测验	hydrological measurement
水文测站	hydrological station
基本站	basic station
专用站	special station
水文站网	hydrologic network
基本水尺断面	stuff gauging section
流速仪测流断面	current meters gauging section
浮标测流断面	float gauging section
比降断面	gradient section
水准基点	bench mark
水位	water stage
水尺	gauge
水位计	stage gauge
流量测量	flow measurement; discharge measurement
流量计算	calculation of discharge
水位-流量关系	stage-discharge relation

第8章　流域产汇流分析及水文模型

超渗产流	infiltration excess runoff; Horton's runoff
蓄满产流	saturation excess runoff; Dunne's runoff
流域蓄水容量曲线	basin storage capacity curve
流域最大蓄水量	basin maximum storage capacity
降雨径流经验相关法	rainfall-runoff correlation method
前期影响雨量	antecedent rainfall
示踪剂	tracer
旧水	old water
新水	new water
下渗能力	infiltration capability
土壤含水率	soil water content

初损	initial losses
后损	continuing losses
净雨(产流量)	excess rainfall
圣维南方程组	de Saint-Venant equations
汇流时间	travel time
等流时线	isochrone
单位线	unit hydrograph
s-曲线	s-curve
瞬时单位线	instantaneous unit hydrograph
地下水库蓄水量	underground reservoir storage
地下水库调蓄系数	storage coefficient of underground runoff
黑箱模型/经验模型	black-box model/empirical model
灰箱模型/概念模型	grey-box model/conceptual model
水箱模型	tank model
新安江模型	Xin'anjiang model
分布式水文模型	geomorphology-based hydrological model
植被蒸腾	transpiration

第 9 章　流域水文预报

水文预报	hydrological forecast
预见期	forecast lead time
降雨径流预报	rainfall-runoff forecasting method
沙情预报	sediment-regime forecasting
冰情预报	ice-regime forecasting
水质预报	water quality prediction
上下游相关法	method of related upstream and downstream
洪水波	flood wave
运动波	kinematic wave
扩散波	diffusion wave
惯性波	inertial wave
马斯京根法	Muskingum routing method
相应水位	equivalent stage
合成流量法	combined-discharge method
槽蓄曲线(槽蓄方程)	storage-discharge curve
槽蓄系数	storage-discharge coefficient
短期水文预报	short-term hydrologic forecasting
中长期水文预报	medium and long-term hydrologic forecasting
汛期	flood season
枯水期	low-flow period
退水曲线	recession curve
降尺度	down-scaling

第 10 章　水文统计分析方法

水文统计	hydrological statistics
随机性	randomness
概率	probability
随机变量	random variable
特征参数	characteristic parameter
水文频率	hydrologic frequency
概率分布	probability distribution
正态分布	gaussian/normal distribution
时间序列	time series
均方误差	mean square error
经验频率曲线	empirical frequency curve
重现期	recurrence interval
适线法	curve-fitting method
趋势	trend
自相关	autocorrelation
回归分析	analysis of regression
相关系数	coefficient of association
统计检验	statistical test

第 11 章　设计年径流

年径流量	annual flow
年径流深	annual runoff depth
年径流模数	annual runoff modulus
年径流极值比	annual runoff extremum ratio
水量平衡	water balance
资料审查	auditting
变差系数	variation coefficient
径流还原	restoration of runoff
水利年	water conservancy annual
代表年法	representative years method
同倍比缩放法	the method of zoom with the same ratio
相关分析	correlation analysis
等值线图法	contour diagram method
水文比拟法	hydrologic analogy method

第 12 章　设计洪水

设计洪水	design flood
防洪标准	flood control standard
校核洪水	check flood
洪峰流量	peak discharge
洪水过程线	flood hydrograph
频率曲线	frequency curve

年最大值法	annual maximum method
特大洪水	catastrophic flood
独立处理法	the independent processing method
统一样本法	the uniform sampling method
适线法	curve-fitting method
点暴雨量	point rainstorm
面暴雨量	areal rainstorm
可能最大洪水	probable maximum flood

《流域水文学》是一本适合全国综合性重点大学本科生使用的专业基础课教材，面向水文学与水资源、水利水电工程、土木工程、环境科学与工程及城市生态与人居环境等相关专业的本科学生。全书共12章，主要内容包括：地球上水的分布及循环，降水，积雪与融雪，蒸发，降雨下渗及土壤中的水分运动，河川径流，流域产汇流分析及水文模型，流域水文预报，水文统计分析方法，设计年径流，设计洪水等。全书系统介绍了流域水文学的基本概念、原理和方法，包括流域水文基本过程、流域水文计算方法和工程水文设计三大部分。

本书的特色和创新主要体现在以下三方面：

(1) 体现对自然规律的认识论，从不同时间和空间尺度讲解水文循环的现象、过程和原理，揭示水循环与能量循环之间的关系；

(2) 系统介绍水文学的方法论，做到从原理到方法的自然过渡，注重科学与工程的结合；

(3) 做到经典与前沿结合，在保持水文学经典内容的基础上适当体现水文学的一些前沿发展。

本书可供高等院校相关专业的师生使用，也可作为相关专业科研人员和工程技术人员的参考书。

清华社官方微信号

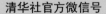

扫 我 有 惊 喜

ISBN 978-7-302-36069-8

9 787302 360698

定价：49.80元